现代电子系统设计与实践

刘延飞　李　琪　编著

西北工业大学出版社

【内容简介】 本书力求遵循由浅入深、由易到难、由简到繁、循序渐进的教学规律，其内容由电子系统设计基础、电子设计常用软件实践、典型单元电路设计、单片机应用系统设计、CPLD/FPGA应用系统设计、电子综合系统设计实例、电子系统的工程实践和电子系统设计题选等八部分组成。题目的设置遵从循序渐进的原则，从简单的单元电路开始，介绍电子电路的设计和调测方法，逐步增加电路的复杂程度，直至设计和调测小型电子电路系统，既有训练性、验证性实验，也有设计性实验。

本书可作为高等院校工科学生的工程实训指导书和参加竞赛用参考书。

图书在版编目(CIP)数据

现代电子系统设计与实践/刘延飞，李琪编著．—西安：西北工业大学出版社，2011.11（2019.1重印）

ISBN 978-7-5612-3230-9

Ⅰ.①现…　Ⅱ.①刘…②李…　Ⅲ.①电子系统—系统设计　Ⅳ.①TN02

中国版本图书馆CIP数据核字(2011)第228742号

出版发行：西北工业大学出版社
通信地址：西安市友谊西路127号　　**邮编**：710072
电　　话：(029)88493844　88491757
网　　址：www.nwpup.com
印 刷 者：陕西向阳印务有限公司
开　　本：787 mm×1 092 mm　　1/16
印　　张：14
字　　数：340千字
版　　次：2011年11月第1版　　2019年1月第3次印刷
定　　价：39.00元

前　言

随着半导体加工工艺和集成电路技术的发展，现代电子系统设计、功能实现、信息采集处理和应用方式等发生了质的变化。这对当今大学电子信息类学科专业人才的培养提出了严峻挑战。如何培养理论基础扎实、创新能力强、综合素质高的人才成为电子信息类教学改革的重要目标。

《现代电子系统设计与实践》一书是针对国内应用电子系统设计的特点和需要，以高校工科专业课程设计(电子基础课程设计)、毕业设计和全国大学生电子设计竞赛为背景，为高等院校工科学生编写的工程实训指导和参加竞赛用书。

本书力求遵循由浅入深、由易到难、由简到繁、循序渐进的教学规律。其内容由电子系统设计基础、电子设计常用软件实践、典型单元电路设计、单片机应用系统设计、CPLD/FPGA应用系统设计、电子综合系统设计实例、电子系统的工程实践和电子系统设计题选等八部分组成。第一章:基础知识。介绍有关电子系统设计的基础知识，设计原则、方法、抗干扰技术和一篇完整的电子系统设计报告范例等。第二章:常用电子类设计仿真软件介绍，对电子仿真软件multisim、单片机仿真软件Proteus、电路图设计制作软件protel、有源滤波器设计软件Filter wiz pro进行步步引导的讲解。第三至六章:讲解具体单元模块和综合实例设计，分别对基本模拟数字单元电路进行总结说明，对单片机应用设计、CPLD/FPGA应用设计和电子综合实例进行了详细的讲解和实例说明，力求让学生了解这两种目前最常用芯片的设计理念和设计方法步骤。尤其第六章整理收录了多篇全国大学生电子设计大赛获奖作品制作全过程和技术报告，对学生全面了解电子系统设计步骤和方法有很强的指导意义。第七章:电子系统的工程实践，从元器件挑选、焊接到调试全面介绍工程中应掌握的技术和注意事项。第八章:电子设计题选，编写了多个适合大学生设计的电子系统设计题目供学员选择设计。题目的设置遵从循序渐进的原则，从简单的单元电路开始，介绍电子电路的设计和调测方法，逐步增加电路的复杂程度，直至设计和调测小型电子电路系统，既有训练性、验证性实验，也有设计性实验。

本书的出版，首先要感谢第二炮兵工程大学和西北工业大学出版社的领导和编辑，是他们的帮助使本书列入出版计划。在本书的撰写过程中，第二炮兵工程大学罗正文教授、李正生教授给本书的撰写和修改提出了宝贵的意见；得到了第二炮兵工程大学专业基础实验中心毕经存主任、毛端海高级实验师和许剑锋教员、101教研室王国华主任、302教研室何华锋副主任、303教研室程昊明副教授的大力支持，他们给予了作者鼓励和工作的方便；研究生侯荣昌和姜柯以及本科学生李振中、王飞飞、田彪、程毅和冯涛参与了本书实例电路和软件使用的验证和调试，他们对书中部分硬件电路和部分程序的初步调试做了有益的工作。在此一并表示衷心的感谢！

另外，书后所列参考文献，为本书的基本内容提供了素材，有的还引用了其中的部分内容，尤其全国电子设计大赛获奖论文和网络资源，在此，谨向有关作者表示谢意。

由于水平有限，错误和不妥之处恳请读者批评指正。

编著者

2011 年 6 月

目　　录

第一章 电子系统设计基础

1.1 电子系统概述

电子系统分为模拟型、数字型及两者兼而有之的混合型三种，无论哪一种电子系统，它们都是能够完成某种任务的电子设备。通常把规模较小、功能单一的电子系统称为单元电路，实际应用中的电子系统由若干单元电路构成。一般的电子系统由输入、输出和信息处理三大部分组成，用来实现对信息的采集处理、变换与传输功能。图 1-1 为电子系统基本组成方框图。

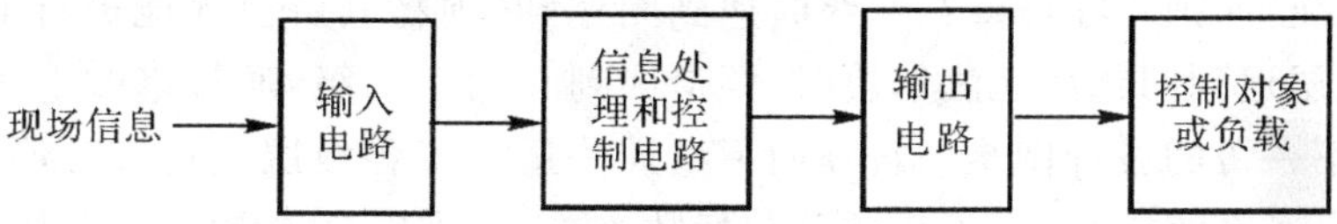

图 1-1　电子系统基本组成方框图

从系统的角度看，电子系统是能按特定的控制信号，执行所设想的功能，由一组元件（通常是电子元件）联成的一个整体。这样，很多东西，例如从单级放大器到最复杂的计算机都可以称为一个电子系统。我们可以将很多元件集成为一个功能单元，再用若干个功能单元去描述一个系统。在认识、理解与设计电子系统的过程中，这样的功能单元常常不用给出详细的内部结构，而只须从输入、输出特性去描述，这就需要用到黑箱分析法。

黑箱分析法是系统科学中的主要方法之一。人们在从事科学研究时，常常会遇到一些需要认识或控制的系统（称为客体）。由于种种条件限制，这些客体的内部结构和机理尚不能或不便被直接观察到，仿若一个不透明的密封箱子，将这种客体称为黑箱（Black Box）是极其形象的。所谓黑箱辨识方法，就是通过考察黑箱的输入、输出及其动态过程，而不是通过直接考察其内部结构，来定量地研究黑箱的功能特性、行为方式，从而探索其内部结构和机理。

1.2 电子系统设计常用方法及设计原则

1.2.1 自底向上设计方法

传统的系统设计采用自底向上的设计方法。这种设计方法采用“分而治之”的思想，在系统功能划分完成后，利用所选择的元器件进行逻辑电路设计，完成系统各独立功能模块设计，然后将各功能模块按搭积木的方式连接起来构成更大的功能模块，直到构成整个系统，完成系统的硬件设计。这个过程从系统的最底层开始设计，直至完成顶层设计，因此将这种设计方法称为自底向上的设计方法。用自底向上设计方法进行系统设计时，整个系统的功能验证要在所有底层模块设计完成之后才能进行，一旦不满足设计要求，所有底层模块可能需要重新设计，延长了设计时间。

1.2.2 自顶向下设计方法

自顶向下设计方法是从系统的组成开始设计，然后进行系统级设计，单元级设计，最后落实到选择什么器件和芯片。这种方法的优点是能站得高、看得远，把握系统设计的主线，思路很清晰。

使用自顶向下设计方法时应注意以下两点：

(1)在进行系统级设计时，要抓主要矛盾，不必过多地考虑底层选择什么电路、选什么器件，要“抓大放小”，稳步推进，这时获得的设计结果往往是系统的方框图或称为方案。系统级设计很重要，但所需时间比较少，特别是竞赛题目，应能很快确定方案，不可在确定方案时犹豫不决，拿不定注意，延误时间。

(2)上一级设计应对下一级设计负责，保证上一级设计的正确和完美，称为“高层主导”原则和“问题不下放”原则。在设计某一级时遇到问题，必须将其解决才能进行下一级设计。此外，当设计到底层遇到问题而无法解决时，要退回到它的上一级，通过修改上一级或更上一级的设计来减轻下一级的设计困难。自顶向下设计法适合于各级层次比较分明的大型系统，一个系统包括数个子系统，而每个子系统又包括数个单元，采用自顶向下法较为合理。

1.2.3 层次式设计方法

层次式设计方法的基本策略是将一个复杂系统按功能分解成可以独立设计的子系统，子系统设计完成后，将各子系统拼接在一起完成整个系统的设计。一个复杂的系统分解成子系统进行设计可大大降低设计复杂度。由于各子系统可以单独设计，因此具有局部性，即各子系统的设计与修改只影响子系统本身，而不会影响其他子系统。

利用层次性，将一个系统划分成若干子系统，然后子系统可以再分解成更小的子系统，重复这一过程，直至子系统的复杂性达到了在细节上可以理解的适当的程度。

模块化是实现层次式设计方法的重要技术途径，模块化是将一个系统划分成一系列的子模块，对这些子模块的功能和物理界面明确地加以定义，模块化可以帮助设计人员阐明或明确解决问题，还可以在模块建立时检查其属性的正确性，因而使系统设计更加简单明了。将一个系统的设计划分成一系列已定义的模块还有助于进行集体间共同设计，使设计工作能够并行开展，缩短设计时间。

1.2.4 嵌入式设计方法

现代电子系统的规模越来越复杂，而产品的上市时间(time to market)却要求越来越短，即使采用自顶向下设计方法和更好的计算机辅助设计技术，对于一个百万门级规模的应用电子系统，完全从零开始自主设计是难以满足上市时间要求的。嵌入式设计方法在这种背景下应运而生。嵌入式设计方法除继续采用自顶向下设计方法和计算机综合技术外，它的最主要的特点是大量知识产权(Intellectual Property，IP)模块的复用，这种IP模块可以是RAM，CPU以及数字信号处理器等。在系统设计中引入IP模块，使得设计者可以只设计实现系统其他功能的部分以及与IP模块的互连部分，从而简化设计，缩短设计时间。

一个复杂的系统通常既包含有硬件，又有软件，因此需要考虑哪些功能用硬件实现，哪些功能用软件实现，这就是硬件/软件协同设计的问题。硬件/软件协同设计要求硬件和软件同时进行设计，并在设计的各个阶段进行模拟验证，减少设计的反复，缩短设计时间。硬件/软件协同是将一个嵌入式系统描述划分为硬件和软件模块以满足系统的功耗、面积和速度等约束的过程。

嵌入式系统的规模和复杂度逐渐增长，其发展的另一趋势是系统中软件实现功能增加，并用软件区分不同的产品，增加灵活性、快速响应标准的改变，降低升级费用和缩短产品上市时间。

1.2.5　基于 IP 的系统芯片(SOC)的设计

为了解决当前集成电路的设计能力落后于加工技术的发展与集成电路行业的产品更新换代周期短等问题，基于 IP 的集成电路设计方法应运而生。IP 的基本定义是知识产权模块。对于集成电路设计师来说，IP 则是可以完成特定电路功能的模块，在设计电路时可以将 IP 看作黑匣子，只须保证 IP 模块与外部电路的接口，无须关心其内部操作。这样在设计芯片时所处理的是一个个的模块，而不是单个的门电路，可以大幅度地降低电路设计的工作量，加快芯片的设计流程。利用 IP 还可以使设计师不必了解设计芯片所需要的所有技术，降低了芯片设计的技术难度。利用 IP 进行设计的另一好处是消除了不必要的重复劳动。IP 与工业产品不同，复制 IP 是不需要花费任何代价的，一旦完成了 IP 的设计，使用的次数越多，则分摊到每个芯片的初始投资越少，芯片的设计费用也因此会降低。

SOC(System on a Chip)系统芯片有各种不同的定义方式。具体到芯片功能来说，SOC 芯片意味着在单个芯片上，完成以前需要一个或多个印刷线路板才能够完成的电路功能。SOC 芯片意味着在单芯片上集成一个完整的数据处理系统，其结构是比较复杂的。SOC 芯片的运行需要强大的软件支持，而且芯片的功能会随支持软件的不同而变化，因此在设计芯片的同时需要进行软件编写工作，并非以往单纯的电路设计。这一特点在增强芯片功能及适用范围的同时增加了芯片的设计与验证难度，在芯片设计的初期需要仔细地进行功能划分，确定芯片的运算结构，并评估系统的性能与代价。SOC 芯片的出现在芯片的优化设计方面也提出了很大的挑战。芯片的设计需要系统设计人员与软件设计人员的深入参与，在 SOC 芯片的设计流程中，一般都结合了自顶向下和自底向上设计的特点。与传统的芯片设计相比，SOC 芯片设计有以下几项主要特点：

(1)芯片的软件设计与硬件设计同步进行。

(2)各模块的综合与验证同步进行。

(3)在综合阶段考虑芯片的布局布线；

(4)只在没有可利用的硬模块或软宏模块的情况下重新设计模块。

1.2.6　设计应遵循基本原则

电子电路设计最基本的原则应该使用最经济的资源实现最好的电路功能。在这一基本原则下，应注意以下几个方面：

1. 尽量提高性价比

合理权衡成本、体积、功耗等指标。例如，对电池供电的便携式仪器仪表电路，设计时要重点考虑功耗和体积。而对由市电供电的实验室仪器，功耗将不是主要的考虑因素。一个电子电路，可能有多种设计方案，在设计时，应尽量提高性价比。例如设计一个电子计数器，用PLD器件7128和单片机都能实现，但采用7128就显得浪费，因为7128约80元一片，而51单片机约8元一片。也就是说，7128可以用来设计较大的数字系统，用它来设计电子计数器是大材小用。再者，在一般的放大电路中，能用普通运放，就不必采用高精度运放；能用8位单片机实现功能，就不必采用16位单片机。

2.设计中的“软件”与“硬件”的考虑

设计中，能用软件编程实现的功能，就不要用硬件电路来实现，这实质上也是在追求性价比。仍以电子计数器为例，在计数频率不高的情况下，有现成的电子计数芯片7226，40引脚封装，如果用7226来实现，不但价格高，电路也复杂。如果用单片机来实现，只要利用其丰富的指令系统对其编程开发，不但实现电子计数功能，还能扩展其他功能，如键盘管理、自动测试、实时时钟显示，而这些功能并不增加硬件电路。

3.单元电路的选取

电路设计的工作主要是选择或设计单元电路的结构形式，所设计的电路能用软件实现的就不用硬件。在非用硬件不可的情况下，也应在满足性能指标要求的前提下，力求结构简单，合理实用，技术先进，切忌电路复杂。例如：能用集成块就不用分立元件；能用单电源供电就不用双电源；对于组合逻辑电路，可借助于逻辑表达式、卡诺图等工具化简。最终目的是使设计的电路简单、可靠性高、成本低。在选择单元电路时，最好选择典型电路或现成电路，最简单的方法是从已学过的或从文献资料中寻找现成的电路，各种单元电路的参考资料很多，资料中所介绍的电路形式有的可直接借用，有的略加改进即可应用。

4.采用器件的考虑

电子电路设计中涉及许多器件，在选择器件时主要考虑规格、型号、报价、性能甚至厂商。以下几个问题值得注意：

(1)电子器件的更新换代非常快，新器件不断进入电子市场，而且新器件为了抢占市场，往往价位定的较低。在电子电路中，鼓励采用新技术、新工艺、新器件，电子电路采用较多的新器件，说明该电子电路有创新。

(2)应选择当前流行的“大路货”。有些“大路货”器件，如51系列单片机、555时基块、三端稳压器等占据市场经久不衰，价格低廉，很容易买到。切忌过分追求使用高档、贵重器件。

(3)应尽量选用现成的模块或组件。模块或组件实际上是半成品或成品，是器件开发商推出的实现某一功能的电路，内部已组装完成，对外只有几个引脚，如电源、地、输出、输入，这些电路模块价位低廉，使用方便，很受欢迎。

5.尽量采用标准接口

采用国际标准接口易于实现各种仪器设备的控制、数据传输和通信，便于功能扩展，易于组成功能更强的电路系统。设计中应注意采用模块化结构、总线结构和标准化的接口。

优秀的电路实现方案应该是简洁、可靠的。要以最少的社会劳动消耗获得最大的劳动成果。这里所说的社会劳动，包括在产品设计、产品生产、产品维护以及元器件的生产中所付出的劳动。为了控制产品成本，常常采用目标价格反算法，也就是先根据市场调查对相应的技术指标制定目标价格，然后在设计实施中找出影响产品经济指标的关键因素，并采取针对性较强的措施。

1.3　电子系统设计一般步骤

电子系统的设计方法，没有一成不变的步骤，它往往与设计者的经验、兴趣、爱好密切相关。为了便于理解，设计过程归纳为以下五个技术环节，设计流程如图 1－2 所示。

设计电子电路系统时，首先必须明确系统的设计任务，根据任务进行方案选择，然后对方案中的各个部分进行单元的设计，参数计算和器件选择，最后将各个部分连接在一起，画出符合设计要求的完整的系统电路图。

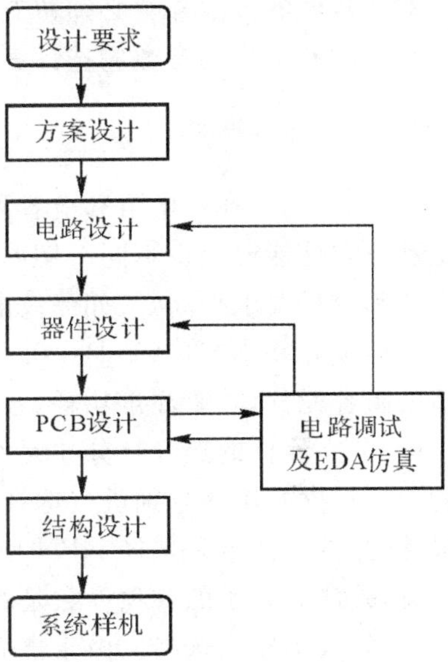

图 1－2　电子系统设计流程图

1.3.1　明确系统的设计任务要求

对系统的设计任务进行具体分析，充分了解系统的性能、指标、内容及要求，以明确系统应完成的任务。

1.3.2　方案论证与选择

方案例证与选择的要求是把系统要完成的任务分配给若干个单元电路，并画出一个能表示各单元功能的系统原理框图。

方案选择的重要任务是根据掌握的知识和资料，针对系统提出的任务、要求和条件，完成系统的功能设计。在这个过程中要敢于探索、勇于创新，力争做到设计方案合理、可靠、经济、功能齐全和技术先进，并且对方案要不断进行可行性和有缺点的分析，最后设计出一个完整框图。系统框图必须正确反映应完成的任务和各组成部分的功能，清楚表示系统的基本组成和相互关系。

1.3.3　单元电路的设计、仿真与参数计算

根据系统的指标和功能框图，明确各部分任务，进行各单元电路的设计、参数计算和器件选择。

(1)单元电路设计。单元电路是整机的一部分，只有把各单元电路设计好才能提高整机设计水平。每个单元电路设计前都须明确各单元电路的任务，详细拟定出单元电路的性能指标，与前后级之间的关系，分析电路的组成形式。具体设计时，可以模仿传输先进的电路，也可以进行创新或改进，但都必须保证性能要求。而且，不仅单元电路本身要设计合理，各单元电路间也要互相配合，注意各部分的输入信号、输出信号和控制信号的关系。

(2)计算机仿真。随着计算机技术的飞速发展，电子系统的设计方法发生的很大变化。目前，EDA(电子设计自动化)技术已成为现代电子系统设计的必要条件。在计算机平台上，利用 EDA 软件，可对各种电子电路进行调试、测量、修改，这样可大大提高电子系统设计的效率，同时节约设计费用。

(3)参数计算。为保证单元电路达到功能指标要求，就需要用电子技术知识对参数进行计算。例如，放大电路中各电阻值、放大倍数的计算；振荡器中电阻、电容、振荡频率等参数的计

算。只有很好地理解电路的工作原理，正确利用计算公式，计算的参数才能满足设计要求。

参数计算时，同一个电路可能有几组数据，注意选择一组能完成电路设计要求功能的，并在实践中能真正可行的参数。

计算电路参数时应注意下列问题：

1）元器件的工作电流、电压、频率和功耗等参数应能满足电路指标的要求。

2）元器件的极限参数必须留有足够充裕量，一般应大于额定值的1.5倍。

3）电阻和电容的参数应选计算值附近的标称值。

1.3.4 器件选择

（1）元件的选择。电阻和电容种类很多，正确选择电阻和电容是很重要的。不同的电路对电阻和电容性能要求也不同。例如电解电路对电容的漏电要求很严，还有些电路对电阻、电容的性能和容量要求很高，又如滤波电路中常用大容量（100～3 000 μF）铝电解电容，为滤掉高频通常还须并联小容量（0.01～0.1 μF）瓷片电容。设计时要根据电路的要求选择性能和参数合适的阻容元件，并要注意功耗、容量、频率和耐压范围是否满足要求。

（2）分立元件的选择。分立元件包括二极管、晶体三极管、场效应管、光电二（三）极管、晶闸管等。根据其用途分别进行选择。选择的器件种类不同，注意事项也不同。例如选择晶体三极管时，首先注意是选择NPN型还是PNP型管，是高频管还是低频管，是大功率管还是小功率管，并注意管子的各项参数是否满足电路设计指标的要求。

（3）集成电路的选择。由于集成电路可以实现很多单元电路甚至整机电路的功能，所以选用集成电路来设计单元电路和总体电路既方便又灵活，它不仅使系统体积缩小，而且性能可靠，便于调试及运用，在设计电路时颇受欢迎。

集成电路又分为模拟集成电路和数字集成电路。国内外已生成出大量集成电路，其器件的型号、原理、功能、特征可查阅有关手册。选择的集成电路不仅要在功能和特性上实现设计方案，而且要满足功耗、电压、速度、价格等多方面的要求。

1.3.5 系统电路设计与绘制

为详细表示设计的整机电路及各单元电路的连接关系，设计时须绘制完整电路图。电路图通常是在系统框图、单元电路设计、参数计算和器件选择的基础上绘制的，它是组装、调试和维修的依据。绘制电路图时要注意以下几点：

（1）布局合理，排列均匀，图片清晰，便于看图，有利于对图的理解和阅读。有时一个总电路由几部分组成，绘图时应尽量把总电路图画在一张图纸上。如果电路比较复杂，须绘制几张图，则应把主电路画在同一张图纸上，而把一些比较独立和次要的部分画在另外的图纸上，并在图的断口两端做上标记，标出信号从一张图到另一张图的引出点和引入点，以此说明各图纸在电路连线之间的关系。有时为了强调并便于看清各单元电路的功能关系，每一个功能单元电路的元件应集中布置在一起，并尽可能按工作顺序排列。

（2）注意信号的流向。一般从输入端和信号源画起，由左至右或由上至下按信号的流向依次画出各单元电路，而反馈通路的信号流向则与此相反。

（3）图形符号要标准，图中应加适当的标注。图形符号表示器件的项目或概念。电路图中的中、大规模集成电路器件一般用方框表示，在方框中标出它的型号，在方框的两侧标出每根线的功能名称和管脚号。图中除大规模器件外,其余元器件符号应当标准化。

(4)连接线应为直线,并且交叉和折弯应最少。通常连接可以水平或垂直布置,一般不画斜线。互相连通的交叉除用原点表示外,根据需要,可以在连接线上加注信号名或其他标记,表示其功能或去向。有的连线可用符号表示,例如器件的电源一般标电源电压的数值,地线用符号(⊥)表示。

1.3.6 电路安装与调试

设计电子系统的安装与调试大多在通用实验板或逻辑实验箱上进行,用来验证是否达到任务书中各项要求。若达到设计任务即可告一段落,可以进行样机研制阶段。若未达到,则须查找原因,从而决定返回以上哪个步骤重新进行,直到达到设计目的。

安装与调试过程按照先局部后整机的原则,把系统划分为若干个功能块,根据信号的流向逐块装调,使各功能块达到各自技术指标的要求,然后把它们连接起来进行统调和系统测试。在局部电路调试中,要注意各信号输入端的正确处理和恢复,一般不允许悬空,以便使调试工作顺利进行。

通常安装调试工作的第一步,就是根据实验板或实验箱为设计者提供的使用面积和各元器件体积大小,画出一张简单的装配图,以确定各元器件的实际位置,这对于后面的布线和调试工作是十分重要的。第二步就是把元器件按装配图指示的位置插入实验板或实验箱的面包板上,然后进行接线。在接线时,应首先连接各集成块的电源线和地线,然后插入外围电路各器件,最后完成各集成块之间的信号连线。忘记电源线和地线是初学者很容易出现的错误。在接线完成之后就可以进行第三步调试工作了。

在电路接通电源之前,对照原理图和布线图反复检查,尽量排除接线上的错误,特别是各集成块的电源线和地线的连接,因为这两条线一旦接反就会造成器件永久性损坏,所以在查线时要特别注意(查线可借助于万用表进行)。

检查接线确定无误后方可通电。通电后如果没有发现冒烟和集成块过热现象,就可以进行电路的调试,如检查电路能否正常复位,信号是否送到,电路的状态转换和输出是否正常等。如果所设计的是模拟系统,首先把输入端对地短路,检查各级静态工作点是否正确,输出信号是否为零,加入信号后各级输入与输出信号的对应关系是否正确等。

在调试过程中会遇到各种故障。模拟系统最常见的故障是系统自激,即把输入端对地短路,用示波器观察各功能块的输出端有幅度很大、频率很高的电压波形,这说明系统产生了自激振荡,如不采取措施,很快会导致组件过热而损坏。产生自激振荡的原因主要有3种:一是各组件(某些运算放大器、模拟乘法器等)的频率补偿端漏接补偿电容,或电容的容量不合适;二是由于布线不合理形成空间交叉耦合,如功放级与输入级在几何位置上靠得太近,或由于输入级与输出级同用一根电源线或地线等;第三种原因是各功能块工作电流都要流经电源内阻,内阻压降对于系统某一级形成正反馈,而电路又未采取去耦措施等。以上3种原因都可能引起系统自激。如是第一种原因产生的自激,可在外补偿端接入30 pF以下的电容,或在输出端和反相输入端之间接入1~10 pF的补偿电容;如是第二种原因产生的自激,要重新布线,使输出级在几何位置上远离输入级,输出级的电源线和地线最好从电源的输出端点上单独接线;如是第三种原因产生的自激,可采用去耦电路或加强电源滤波等方法加以解决,可用两级电容滤波,或电容、电感复合滤波等。

数字系统在安装调试中常见的故障有3种：接错线、漏接线和逻辑设计错误。排除方法可利用“故障点跟踪测试法”，即通过对某一预知特征点的观察，来确定电路工作是否正常，如发现该点的信号特征与预期结果不符，则向前一级查找，直到找到故障源。这种方法如能熟练地应用，可迅速找到故障点。

在应用以上方法时，要根据实际情况分别采用静态和动态测试法。例如，要测定电路的初始状态用静态测试法（电位法）；如要了解电路状态转换情况，可用动态测试法（脉冲法）。最常见的布线错误是漏接线和接错线。漏接线的结果往往使输入端悬空，悬空点的电平将偏离正常的逻辑电平，如TTL电路的输入端悬空点的电平大约为1.6 V，而正常的“0”电平在0.2～0.4 V之间，“1”电平在2.4～3.5 V之间。CMOS电路的正常逻辑电平等于所用电源电压和地线电平。接错线有时会使器件输出端之间短路，两个具有相反电平的TTL电路输出端短路，输出电压大约为0.6 V。对于这些特点的了解，将有利于故障点的查找。最常见的设计错误是对于某些输入端，设计者忘记了处理，从而造成浮空端子。对于TTL电路，这些端子相当接了逻辑1电平，而对于CMOS电路，由于输入阻抗非常高，所以很小的噪声都会引起输入电平在逻辑1和逻辑0之间漂移。如计数器不计数、寄存器不寄存信息等，常常是设计者对诸如清零端、置数端、使能端等输入端未加处理而引入噪声所致。此外，设计中常见的错误是对于竞争冒险考虑不周。这样的问题在调试过程中发现后，可根据具体情况选择不同的方法加以解决，例如，加滤波电容或重新修改逻辑设计等。

1.3.7 设计报告的撰写

在整个系统实验完成后，应整理出的设计文件包括：完整的电路原理图、详细的程序清单、所用元器件清单、功能与性能测试结果及使用说明书。技术报告的写作风格请参考1.5节内容。

1.4 电子系统设计抗干扰技术

1.4.1 干扰产生原因

在电子系统设计中，为了少走弯路和节省时间，应充分考虑并满足抗干扰性的要求，避免在设计完成后再去进行抗干扰的补救措施。形成干扰的基本要素有3个：

（1）干扰源，指产生干扰的元件、设备或信号。用数学语言描述如下：du/dt，di/dt 大的地方就是干扰源。例如：雷电、继电器、可控硅、电机、高频时钟等都可能成为干扰源。

（2）传播路径，指干扰从干扰源传播到敏感器件的通路或媒介。典型的干扰传播路径是通过导线的传导和空间的辐射。

（3）敏感器件，指容易被干扰的对象。例如：A/D、D/A变换器，单片机，数字IC，弱信号放大器等。

抗干扰设计的基本原则是：抑制干扰源，切断干扰传播路径，提高敏感器件的抗干扰性能。

1.4.2 抑制干扰源措施

抑制干扰源就是尽可能地减小干扰源的 du/dt，di/dt。这是抗干扰设计中最优先考虑和最重要的原则，常常会起到事半功倍的效果。减小干扰源的 du/dt 主要是通过在干扰源两端并联电容来实现的。减小干扰源的 di/dt 则是在干扰源回路串联电感或电阻以及增加续流二极管来实现的。抑制干扰源的常用措施如下：

(1)继电器线圈增加续流二极管，消除断开线圈时产生的反电动势干扰。仅加续流二极管会使继电器的断开时间滞后，增加稳压二极管后继电器在单位时间内可动作更多的次数。

(2)在继电器接点两端并接火花抑制电路(一般是 RC 串联电路，电阻一般选几千欧到几十千欧，电容选 0.01 μF)，减小电火花影响。

(3)给电机加滤波电路，注意电容、电感引线要尽量短。

(4)电路板上每个 IC 要并接一个 0.01～0.1 μF 高频电容，以减小 IC 对电源的影响。注意高频电容的布线，连线应靠近电源端并尽量粗短，否则，等于增大了电容的等效串联电阻，会影响滤波效果。

(5)布线时避免 90°折线，减少高频噪声发射。

(6)可控硅两端并接 RC 抑制电路，减小可控硅产生的噪声(这个噪声严重时可能会把可控硅击穿)。

1.4.3　切断干扰传播路径

按干扰的传播路径可分为传导干扰和辐射干扰两类。所谓传导干扰是指通过导线传播到敏感器件的干扰。高频干扰噪声和有用信号的频带不同，可以通过在导线上增加滤波器的方法切断高频干扰噪声的传播，有时也可加隔离光耦来解决。电源噪声的危害最大，要特别注意处理。所谓辐射干扰是指通过空间辐射传播到敏感器件的干扰。一般的解决方法是增加干扰源与敏感器件的距离，用地线把它们隔离和在敏感器件上加蔽罩。切断干扰传播路径的常用措施如下：

(1)充分考虑电源对单片机的影响。电源做得好，整个电路的抗干扰就解决了一大半。许多单片机对电源噪声很敏感，要给单片机电源加滤波电路或稳压器，以减小电源噪声对单片机的干扰。比如，可以利用磁珠和电容组成 π 形滤波电路，当然条件要求不高时也可用 100 Ω 电阻代替磁珠。

(2)如果单片机的 I/O 口用来控制电机等噪声器件，在 I/O 口与噪声源之间应加隔离(增加 π 形滤波电路)。控制电机等噪声器件，在 I/O 口与噪声源之间应加隔离(增加 π 形滤波电路)。

(3)注意晶振布线。晶振与单片机引脚尽量靠近，用地线把时钟区隔离起来，晶振外壳接地并固定。此措施可解决许多疑难问题。

(4)电路板合理分区，如强、弱信号，数字、模拟信号。尽可能把干扰源(如电机，继电器)与敏感元件(如单片机)远离。

(5)用地线把数字区与模拟区隔离，数字地与模拟地要分离，最后在一点接于电源地。A/D,D/A 芯片布线也以此为原则，厂家分配 A/D,D/A 芯片引脚排列时已考虑此要求。

(6)单片机和大功率器件的地线要单独接地，以减小相互干扰。大功率器件尽可能放在电路板边缘。

(7)在单片机 I/O 口，电源线、电路板连接线等关键地方使用抗干扰元件，如磁珠、磁环、电源滤波器、屏蔽罩，这样可显著提高电路的抗干扰性能。

1.4.4 提高敏感器件的抗干扰性能

提高敏感器件的抗干扰性能是指从敏感器件这方面考虑尽量减少对干扰噪声的拾取，以及从不正常状态尽快恢复的方法。提高敏感器件抗干扰性能的常用措施如下：

(1)布线时尽量减少回路环的面积，以降低感应噪声。

(2)布线时，电源线和地线要尽量粗。除减小压降外，更重要的是降低耦合噪声。

(3)对于单片机闲置的I/O口，不要悬空，要接地或接电源。其他IC的闲置端在不改变系统逻辑的情况下接地或接电源。

(4)对单片机使用电源监控及看门狗电路，如IMP809，IMP706，IMP813，X25043，X25045等，可大幅度提高整个电路的抗干扰性能。

(5)在速度能满足要求的前提下，尽量降低单片机的晶振和选用低速数字电路。

(6)IC器件尽量直接焊在电路板上，少用IC座。

1.5 电子系统设计实例——液体点滴速度监控装置

下面用2003年全国大学生电子设计竞赛获得一等奖的一个作品来实践电子系统设计的全过程，并了解技术报告的写作风格。

液体点滴速度监控装置

上海交通大学 赵兆俞 怡炜 章鹤麟

赛前辅导教师 马伟敏等 文稿整理辅导教师 诸勤敏 袁焱

摘要：本设计完成对点滴液体的计数，通过反馈装置来控制水滴下落的速度。计数可以通过红外对管的感应产生脉冲来完成。而反馈以步进电机为动力装置，根据设定好的反馈算法来实现对水流速度的控制。为了将此系统更方便地用于实际生活，本装置扩展完成了主、从机之间的通信，以及主机对从机的控制。

一、初步方案的论证

首先本小组认为这个系统的实现有其现实价值。这一系统可以给医院的护士在管理病人点滴方面带来多种方便，因而系统中许多部分的设计应尽量体现方便、简单、实用。整个装置可以简单分为电路控制部分和机械传动部分。

1. 电路控制部分

以单片机为主体。由于整个系统对频率、资源方面没有很高要求，大众型的C51系列芯片已经可以满足。电路逻辑部分也比较简单，单片机可以帮助完成。无须FPGA CPLD等高端产品。

作为主要的电路部分，对液滴的计数问题可以有2种方案。一种是簧片振动，另一种是红外对管脉冲。此次设计采用了第二种方案。因为这种方案电路对只计脉冲数而言实现是非常简单的，而且受外界的干扰也比较小。

为了方便护士的管理，主从机的交互也是必不可少的功能。此装置采用串行技术通信，用普通电话线就可相连(使用 MAX485 通信距离可达几百米)。

2. 机械传动部分

用 KP6P8－701 步进电机作传动，对输液软管进行卡掐和放松来控制它的速度。而步进电机又可以通过功率放大器而被单片机信号所控制。

二、部分电路的设计方案

1. 红外对管对滴落液滴的信号响应

如图 1－3 所示，红外对管夹在滴管两边，一边发射管发出的红外光被另一边的接收管所接收。一旦光路上有水滴通过，由于水对红外光的反射与折射，使得接收管的接收信号变弱，形成一个小脉冲。为了验证以上的理论分析专门用示波器记录了多次这样的脉冲，如图 1－4 所示。多次测量稳定，虽有一些 V_{bas} 值上、下的波动，但是脉冲还是比较明显的。通过设定一个参考电平 V_{ref}，可以用运放来产生一个 TTL 电平的脉冲。经多次分析，有以下不稳定因素：

(1)外界对红外对管的干扰。附近辐射源对信号干扰极大。为此采取黑色覆盖物包裹在对管周围，不仅可以很好地吸收水滴反射和折射的红外光，而且能尽量减小干扰。

(2)V_{ref}的选取。考虑 V_{ref}的选取应该略大于 V_{bas}，这样可以减小波动对输出脉冲信号的影响。但不能太高，不然无法精确测量出脉冲来。所以可以使用精密电阻来微调 V_{ref}，让其保持在一个合适的值。

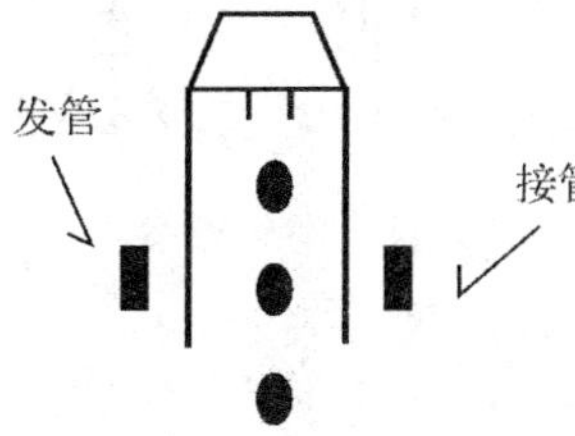

图 1－3　红外对管安装示意图

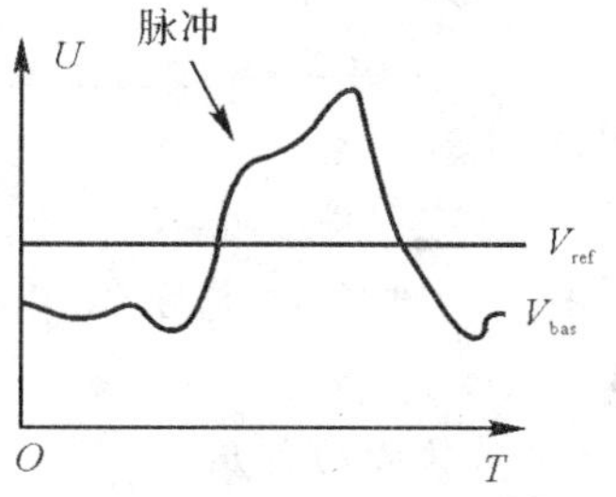

图 1－4　红外对管产生脉冲波形图

2. 键盘的实现

键盘以矩阵形式级联，并通过 8279 芯片与 CPU 连接。8279 芯片和 CPU 之间，通信方便，而且由 8279 对键盘进行自动扫描，可以去除抖动，充分提高 CPU 的工作效率。

三、部分电路的调试方案

1. 信号接收板块

利用运算放大器和微调电阻，液滴脉冲的接收电路如图 1－5 所示，液滴脉冲接收电路的实际输出电平波形(V_{out})如图 1－6 所示。此脉冲可以用单片机中断触发或外触发计数器来计数。

2. 单片机信号的放大和对步进电机的控制

单片机的输出信号无法驱动步进电机，所以必须对其进行功率放大，使用的是 TIP122 功率管，放大电路如图 1－7 所示。

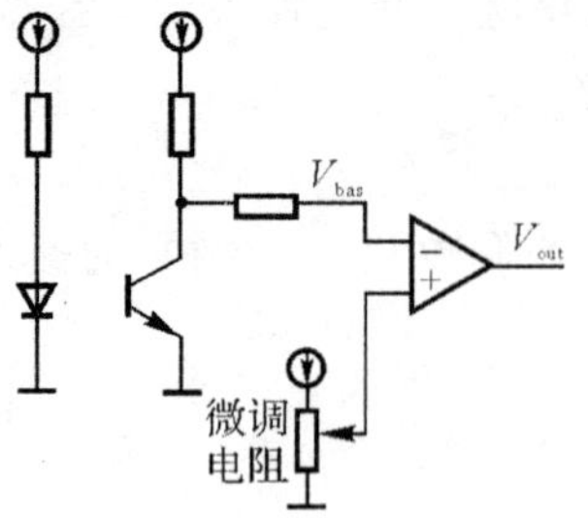

图 1-5　液滴脉冲的接收电路图

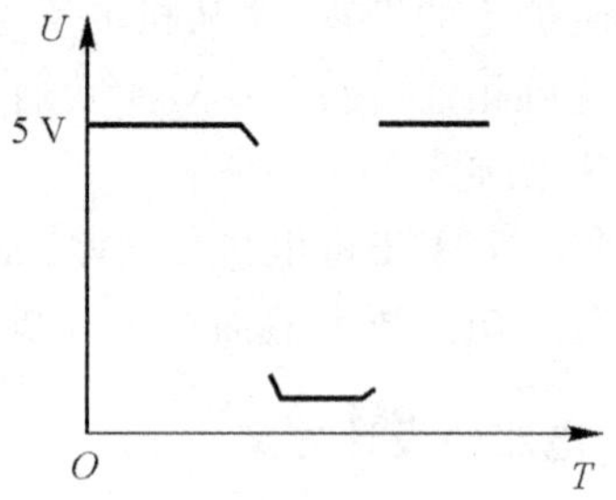

图 1-6　液滴脉冲接收电路波形图

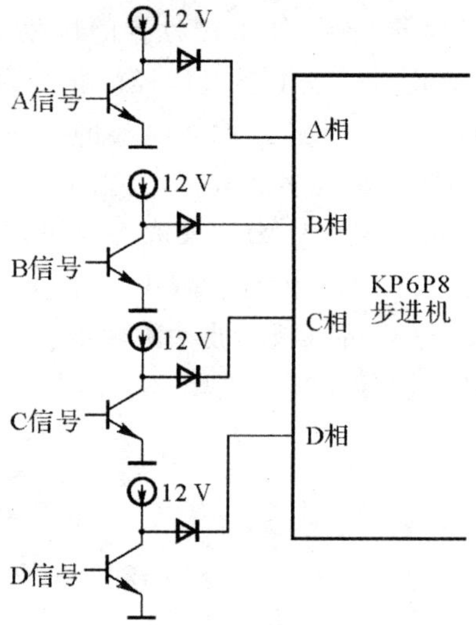

图 1-7　步进电机信号控制电路

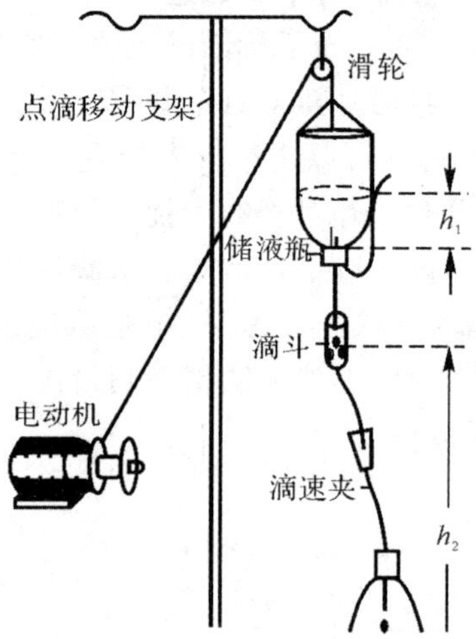

图 1-8　滑轮方案

3. 步进电机对软管的作用

此装置可以有多种方案，其中较成熟的有以下 3 种：

(1)滑轮方案，如图 1-8 所示。

(2)凸轮方案，如图 1-9 所示。

(3)拉绳索方案，如图 1-10 所示。

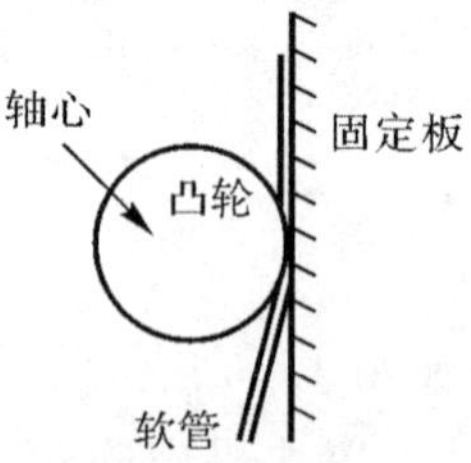

图 1-9　凸轮方案

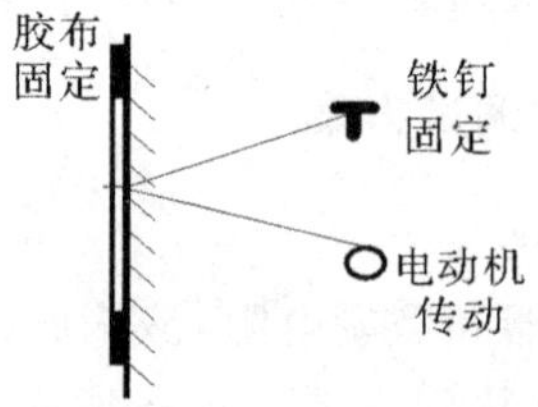

图 1-10　拉绳索方案

若是用方案(1)，由于滴液数的变化范围较大，导致导管的高低变化较大，操作困难且危险；方案(2)对电机的扭矩要求较高，步进电机不足以提供这样大的扭矩；经过实际多次实验，用方案(3)比较好,因为比较容易卡住液滴的流速。

四、软件设计和操作说明

单片机系统操作流程如图 1-11 所示。

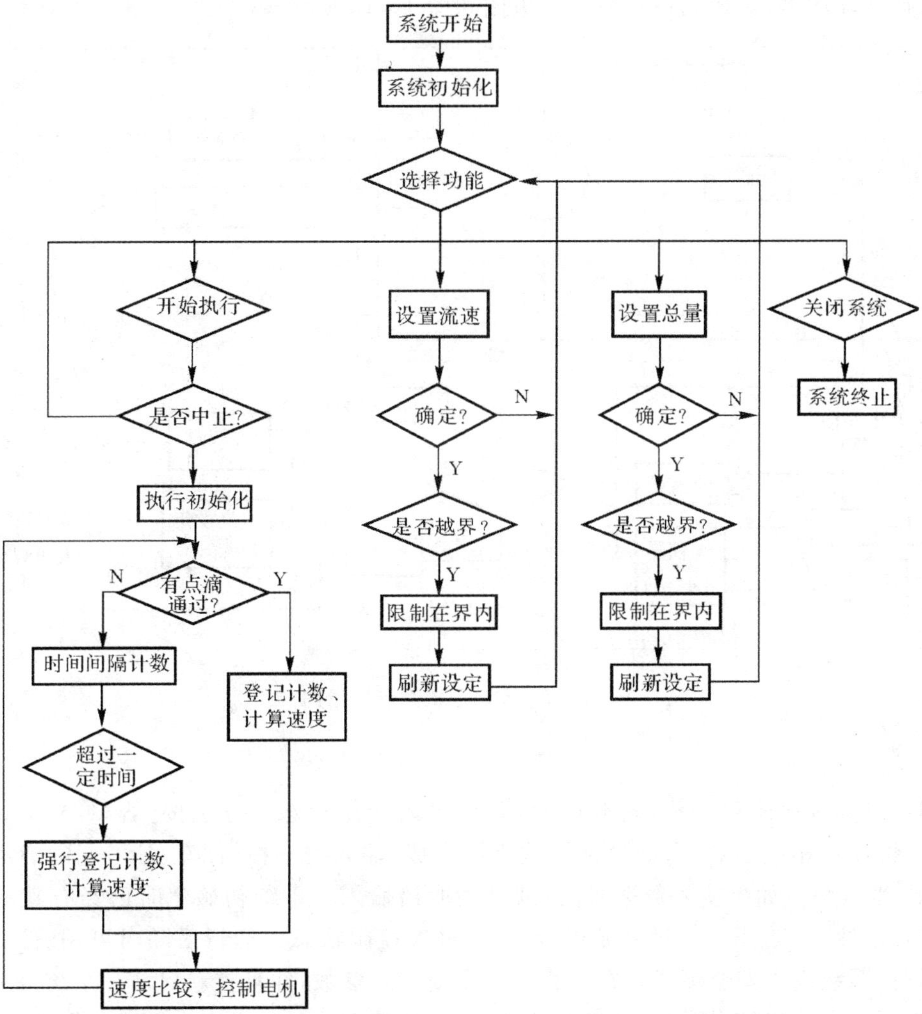

图 1-11　系统操作流程图

1. 即时计数,测速的实现

由单片机建立一 5 ms 时钟,对于最高的滴速 150 滴/分,即 0.4 秒/滴=400 毫秒/滴,而 148 滴/分,为 0.405 秒/滴=405 毫秒/滴,取两个滴点之间的时间间隔,能够保证足够的精度,并且具有良好的实时演示特性,这是这种方法的优点。

但也存在一些问题:第一,对于较长的点滴间隔,会发生取样速率降低,导致读取点滴速率不及时,影响系统反馈控制和实时显示的实施。第二,对于点滴速率的振荡过于敏感,由即时间隔导出的速率会快速振荡,影响系统决策,进而影响控制。所以针对第一种情况,采用等待固定延迟时间策略,即等待下一滴液滴的时间超过了一个固定值,则判断,如果上一个时间间隔大于该固定值则继续等待到该上一个固定值，再强制取样；否则立刻强制取样，得到新的值，该值是从最近一个点滴至今的值。于是可以判断出滴速的下降，达到一个阈值之后就判断此时的速度为零，供报警使用。对于第二种情况，则采用多值平均的方法，先设定一个窗口长度，将测的数据以先进先出的顺序放入窗中取得平均，从而可以得到较为平缓的速度值（一开始时窗口中数据逐渐增多）。控制逻辑系统抽象图如图 1-12 所示。

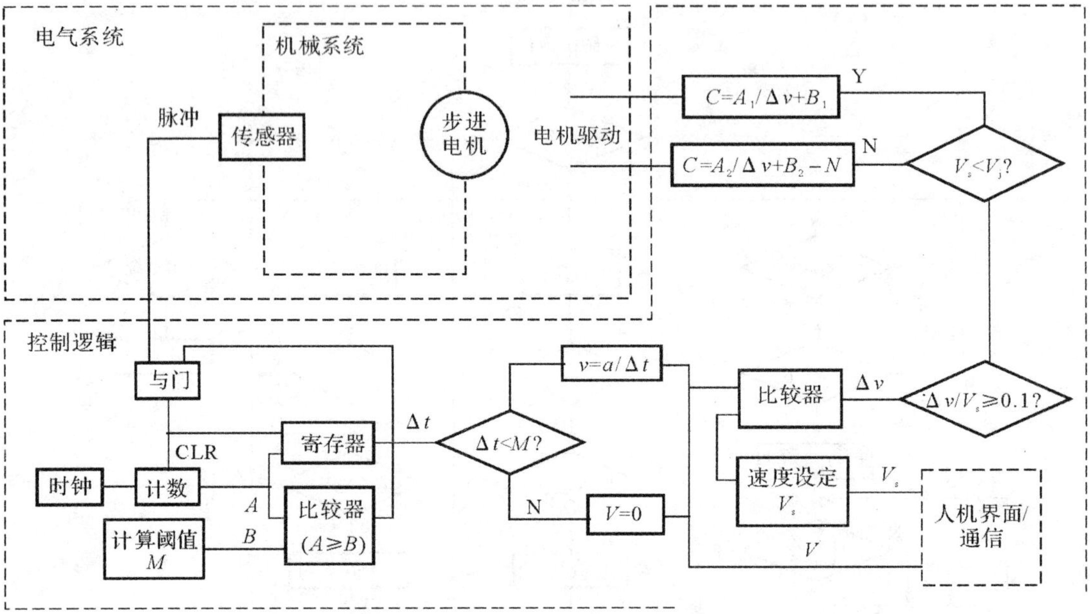

图 1-12　控制逻辑系统抽象图

2. 系统操作说明

按照键盘和程序流程操作，打开电源，系统进入待命状态。分别按[容量/Volume]、[速度/Speed]键设定相应参数，参数全部用数字键完成，输入完毕按[回车/Enter]键确定，按[取消/Cancel]键取消。如果输入数据非法，则自动取消输入。系统初始化时已经有默认的容量和速度设定。按[启动/Start]键开始运行，自动进入控制状态。运行后随时可用[停止/Stop]键中止运行，系统进入安全模式。在中止后可重新设定参数，并且重新启动。系统自动进行点滴计数，根据输入的容量，推算出结束点滴数，并在计数到达时进入安全模式并报警。

五、系统测试结果

1. 水滴计数的测试

目测与机测相比较，如表 1-1 所示（时间 1 分钟）。

表 1-1　水滴计数测试表

测试序号	机测/滴	目测/滴
测试 1	103	101
测试 2	67	66
测试 3	157	151

结果：误差较小。滴速越快，误差也越大，但考虑到目测的精度，机测结果基本令人信服。

2. 水滴滴速的测试

目测与机测比较如表 1－2 所示(稳定 1 个滴速测 1 分钟)。

表 1－2 水滴滴速测试表

机测/(滴·min^{-1})	目测/(滴·min^{-1})
65～79	71

结果：基本符合题目要求。

3. 机械反馈的测试

目测系统运行状态：当液滴滴速变大而超过设定点时，电机运转控制绳索收紧软管，缩小水流量。

当液滴滴速变小而低于设定点时，电机运转控制绳索放松软管，放大水流量。从而纠正液滴速度。对于一般设定点，由于步进电机无法恰好调节到位，所以往往在其几个工作角度(相)之间振荡，振荡受到反馈的控制，直到滴速能较好地稳定在设定值附近。

通过观测 3 min 系统运行，记录数据如表 1－3 所示。

表 1－3 设定值与实测值比较表

测试序号	设定值/(滴·min^{-1})	实际运行值/(滴·min^{-1})
测试 1	70	74
测试 2	145	151

改变速度设置后，调整到新稳定所需时间的测定如表 1－4 所示。

表 1－4 改变速度设置稳定时间表

测试序号	达到目标速度所需时间/s	速度稳定下来所需时间/s
测试 1：(60～20)	17	17
测试 2：(20～60)	8	10
测试 3：(100～60)	9	8
测试 4：(60～100)	8	6

结果：误差在允许的范围内，对于振荡幅度也基本符合实际要求。

专家点评：该作品通过步进电机和相应的机构以绳索拉压软管的方式控制点滴速度，极为独特。其对几种控制滴速方式的图示，以及对电路的说明都十分简洁而清晰，有鲜明的特色。

点评专家：白美卿，重庆大学教授，全国大学生电子设计竞赛专家组专家。

第二章　电子设计常用软件实践

现代电子设计过程中大量地使用各种计算机软件来完成设计、电路仿真和规定文件制作，其中电路仿真就是利用计算机技术在模拟实际系统的情况下进行的电子系统运行实验。电路设计与仿真框图如图 2-1 所示。

电子系统设计的层次一般分为系统级（SYSTEM）、板卡级（BOARD）和芯片级（CHIP）。

基于电子系统设计的 3 个层次的代表性仿真工具有以下几种：

系统级：multisim，matlab 等；

板卡级：protel，OrCAD 等；

芯片级：foundation，maxpulsII 等。

这里重点介绍几种常用的软件：电子仿真软件 multisim、单片机仿真软件 Proteus、电路图设计制作软件 protel、有源滤波器设计软件 Filter wiz pro。

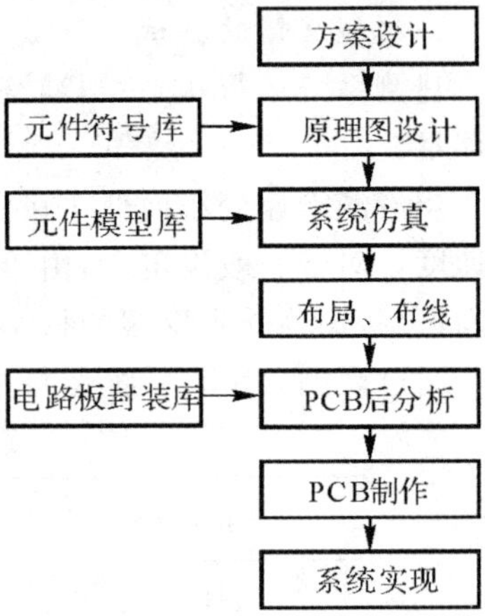

图 2-1　电路设计与仿真流程图

2.1　Multisim——电路仿真软件

2.1.1　Multisim 概述

Multisim 是 Interactive Image Technologies（Electronics Workbench）公司推出的以 Windows 为基础的仿真工具，适用于板级的模拟/数字电路板的设计工作。它包含了电路原理图的图形输入和电路硬件描述语言输入方式，具有丰富的仿真分析能力。其最新版本为 Multisim 10，目前普遍使用的是 Multisim 9。

相对于其他 EDA 软件，Multisim 9 具有以下特点：

(1)更加形象直观的人机交互界面，特别是其仪器仪表库中的各仪器仪表，与操作真实实验中的实际仪器仪表完全没有两样。

(2)模/数电路的混合仿真功能很强，几乎能够 100%仿真出真实电路的结果。

(3)Multisim 9 元件库含有所有的标准器件及当今最先进的数字集成电路。数据库中的每一个器件都有具体的符号、仿真模型和封装，用于电路图的建立、仿真和印刷电路板的制作。

(4)与其他软件相比，能提供更多方法向元件库中添加个人建立的元件模型。

(5)虚拟仪器 Multisim 9 提供了逻辑分析仪、安捷伦仪器、波特图仪、失真分析仪、频率计数器、函数信号发生器、数字万用表、网络分析仪、频谱分析仪、瓦特表和字信号发生器等 18 种虚拟仪器，其功能与实际仪表相同。

(6)强大的电路分析功能以及作图功能。

(7)后处理器的利用。

(8)Multisim 9 提供了专门用于射频电路仿真的元件模型库和仪表,以此搭建射频电路并进行实验,提高了射频电路仿真的准确性。

(9)Multisim 9 还可以进行硬件描述语言(Hardware Description Language,HDL)仿真。

在利用 Multisim 进行电路的设计与仿真时,首先要知道 Multisim 对元器件的管理,接下来是输入并编辑电路,在对电路进行仿真运行时,需要使用虚拟仪器,通过虚拟仪器可对运行结果进行分析,判断设计是否正确合理。

下面几小节我们将分别从 Multisim 界面、Multisim 对元器件的管理、输入电路、虚拟仪器使用等几方面对 Multisim 电路分析设计与仿真工具进行一个说明。

2.1.2 Multisim 界面介绍

1. *Multisim 主窗口界面*

启动 Multisim 9 后,将出现如图 2-2 所示的界面。界面由多个区域构成:菜单栏、各种工具栏、电路输入窗口、状态条、列表框等。通过对各部分的操作可以实现电路图的输入、编辑,并根据需要对电路进行相应的观测和分析。用户可以通过菜单或工具栏改变主窗口的视图内容。

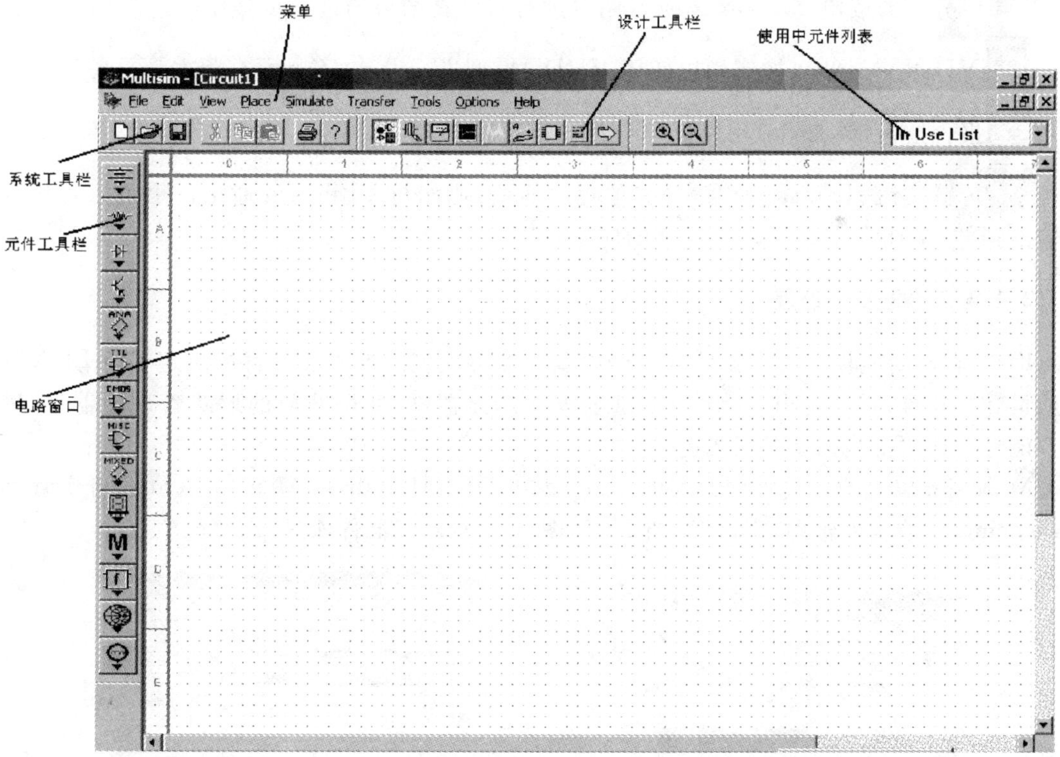

图 2-2 Multisim 主窗口界面

与所有的 Windows 应用程序类似,可在菜单(Menus)中找到所有共能的命令。

系统工具栏(System Toolbar)包含常用的基本功能按钮。

设计工具栏(Multisim Design Bar)是 Multisim 的一个完整部分,下面将详细介绍。

使用元件列表(In Use)列出了当前电路所使用的全部元件。

元件工具栏(Component Toolbar)包含元件箱按钮(Parts Bin),单击它可以代开元件族工具栏。

2. 设计工具栏(Design Bar)

设计是 Multisim 的核心部分,它可以指导用户按部就班地进行电路的建立、仿真、分析并最终输出设计输据。

元件设计按钮(Component)缺省显示,因为进行电路设计的第一步是往电路窗口中放置元件。

元件编辑按钮(Component Editor)用以调整或增加元件。

仪表按钮(Instruments)用以给电路添加仪表或观察仿真结果。

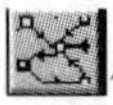仿真按钮(Simulate)用以开始、暂停或结束电路仿真。

分析按钮(Analysis)用以选择要进行的分析。

后分析器按钮(Postprocessor)用以进行对仿真结果的进一步操作。

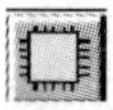 VHDL/Verilog 按钮用以使用 VHDL 模型进行设计(不是所有版本都具备)。

报告按钮(Reports)用以打印有关电路的报告。

传输按钮(Transfer)用以与其他程序通信,比如与 Ultiboard 通信。也可以将仿真结果输出到像 MathCAD 和 Excel 这样的应用程序。

2.1.3 元器件的管理

EDA 软件所能提供的元器件的多少以及元器件模型的准确性都直接决定了该 EDA 软件的质量和易用性。Multisim 为用户提供了丰富的元器件,并以开放的形式管理元器件,使得用户能够自己添加所需要的元器件。

Multisim 以库的形式管理元器件,通过菜单 Tools/Database Management 打开 Database Management(数据库管理)窗口(见图 2-3、图 2-4),对元器件库进行管理。

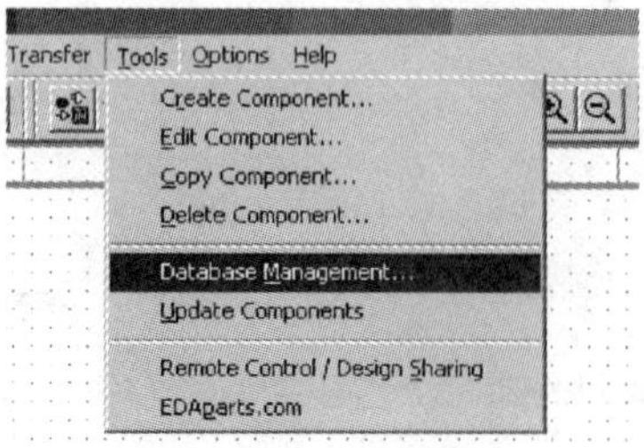

图 2-3 数据库管理选择菜单

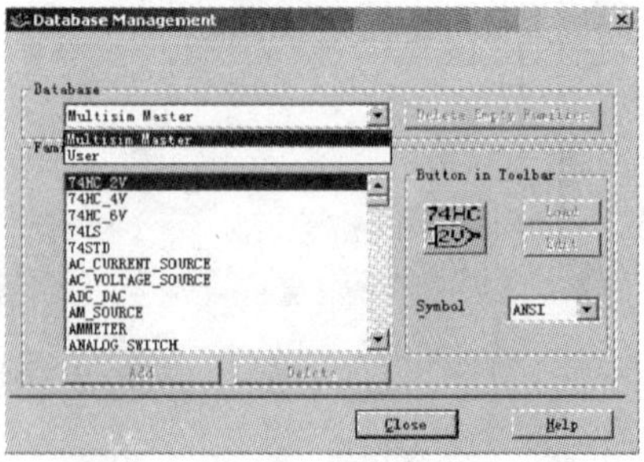

图 2-4 数据库管理窗口选择

在 Database Management 窗口中的 Database 列表中有两个数据库：Multisim Master 和 User。其中 Multisim Master 库中存放的是软件为用户提供的元器件，User 是为用户自建元器件准备的数据库。用户对 Multisim Master 数据库中的元器件和表示方式没有编辑权。当选中 Multisim Master 时，窗口中对库的编辑按钮全部失效而变成灰色，如图 2－4 所示。但用户可以通过这个对话窗口中的 Button in Toolbar 显示框，查找库中不同类别器件在工具栏中的表示方法。

据此用户可以通过选择 User 数据库，进而对自建元器件进行编辑管理。

在 Multisim Master 中有实际元器件和虚拟元器件，它们之间根本差别在于：一种是与实际元器件的型号、参数值以及封装都相对应的元器件，在设计中选用此类器件，不仅可以使设计仿真与实际情况有良好的对应性，还可以直接将设计导出到 Ultiboard 中进行 PCB 的设计。另一种器件的参数值是该类器件的典型值，不与实际器件对应，用户可以根据需要改变器件模型的参数值，只能用于仿真，这类器件称为虚拟器件。它们在工具栏和对话窗口中的表示方法也不同。在元器件工具栏中，虽然代表虚拟器件的按钮的图标与该类实际器件的图标形状相同，但虚拟器件的按钮有底色，而实际器件没有，如图 2－5 所示。

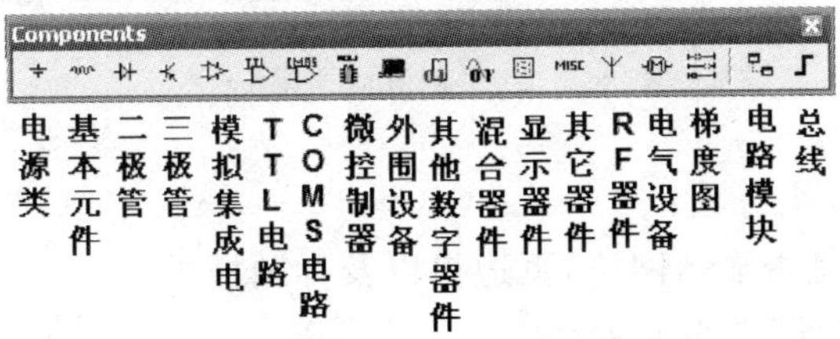

图 2－5　Multisim Master 快捷菜单

2.1.4　绘图编辑电路

输入电路图是分析和设计工作的第一步，用户从元器件库中选择需要的元器件放置在电路图中并连接起来，为分析和仿真做准备。

1. 设置 Multisim 的通用环境变量

为了适应不同的需求和用户习惯，用户可以用菜单 Option/Preferences 打开 Preferences 对话窗口，如图 2－6 所示。

图 2－6　Preferences 对话窗口

通过该窗口的 6 个标签选项，用户可以就编辑界面颜色、电路尺寸、缩放比例、自动存储时间等内容作相应的设置。以标签 Workspace 为例，当选中该标签时，Preferences 对话框如图 2－7所示。

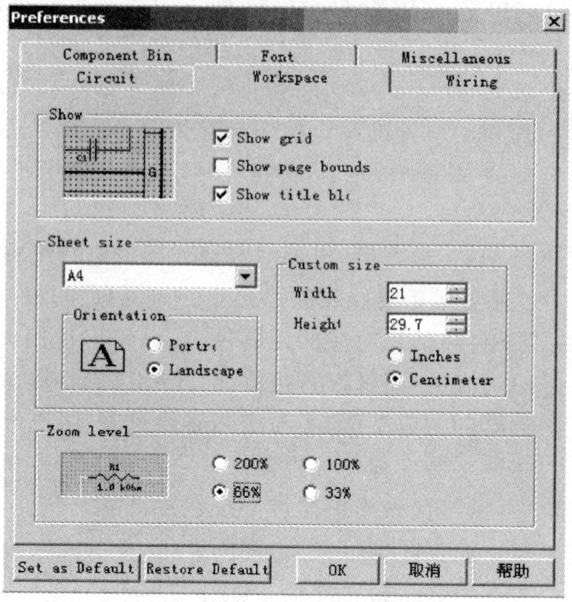

图 2-7 Preferences 框

在这个对话框中有 3 个分项：

(1)Show：可以设置是否显示网格，页边界以及标题框。

(2)Sheet size：设置电路图页面大小。

(3)Zoom level：设置缩放比例。

其余的标签选项在此不再详述。

2.取用元器件

取用元器件的方法有两种：从工具栏取用和从菜单取用。下面将以 74LS00 为例说明这两种方法。

(1)从工具栏取用：Design 工具栏→Multisim Master 工具栏→TTL 工具栏→74LS 按钮。

从 TTL 工具栏中选择 74LS 按钮打开这类器件的 Component Browser 窗口，如图 2-8 所示。其中包含的字段有 Database Name(元器件数据库)，Component Family(元器件类型列表)，Component Name List(元器件名细表)，Manufacture Name(生产厂家)，Model Level-ID(模型层次)等内容。

(2)从菜单取用：通过 Place/Place Component 命令打开 Component Browser 窗口。该窗口与图 2-8 一样。

3.选中相应的元器件

在 Component Family Name 中选择 74LS 系列，在 Component Name List 中选择 74LS00。单击 OK 按钮就可以选中 74LS00，出现如下备选窗口。7400 是四/二输入与非门，在窗口中的 Section A/B/C/D 分别代表其中的一个与非门，用鼠标选中其中的一个放置在电路图编辑窗口中，如图 2-9 所示。器件在电路图中显示的图形符号，用户可以在上面的 Component Browser 中的 Symbol 选项框中预览到。器件放置到电路编辑窗口中后，用户就可以进行移动、复制、粘贴等编辑工作了，在此不再详述。

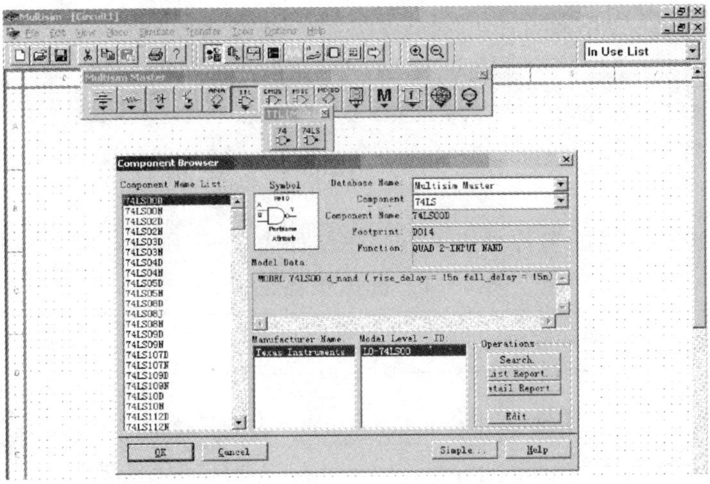

图 2－8　Component Browser 窗口

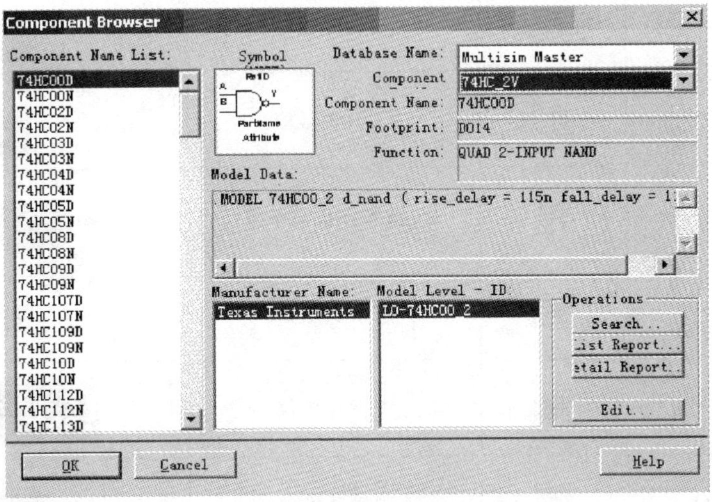

图 2－9　Section 窗口

4. 将元器件连接成电路

在将电路需要的元器件放置在电路编辑窗口后，用鼠标就可以方便地将器件连接起来。方法是：用鼠标单击连线的起点并拖动鼠标至连线的终点。在 Multisim 中连线的起点和终点不能悬空。

2.1.5　虚拟仪器及其使用

对电路进行仿真运行，通过对运行结果的分析，判断设计是否正确合理，是 EDA 软件的一项主要功能。为此，Multisim 为用户提供了类型丰富的虚拟仪器，可以从 Design 工具栏→Instruments 工具栏，或用菜单命令(Simulation/Instrument)选用这 11 种仪表，如图 2－10 所示。在选用后，各种虚拟仪表都以面板的方式显示在电路中。

图 2-10　Instruments 工具栏

下面将 11 种虚拟仪器的名称及表示方法总结如表 2-1 所示。

表 2-1　虚拟仪器汇总表

菜单上的表示方法	对应按钮	仪器名称	电路中的仪器符号
Multimeter		万用表	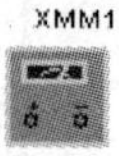
Function Generator		波形发生器	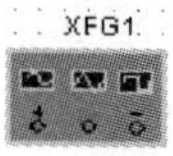
Wattermeter		瓦特表	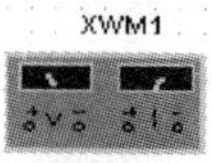
Oscilloscape		示波器	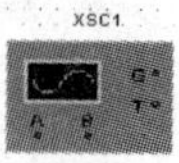
Bode Plotter		波特图图示仪	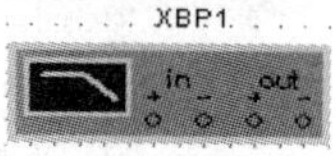
Word Generator		字元发生器	
Logic Analyzer		逻辑分析仪	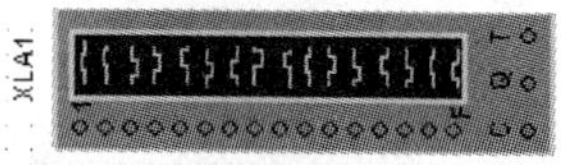
Logic Converter		逻辑转换仪	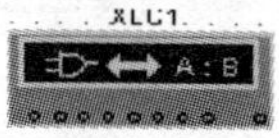
Distortion Analyzer		失真度分析仪	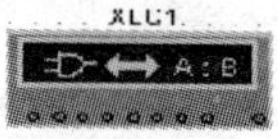
Spectrum Analyzer		频谱仪	
Network Analyzer		网络分析仪	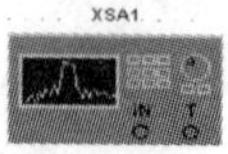

注 1：该软件中用'代替一表示反变量，例如 $\overline{A}=A'$。

注 2：该软件没有异或符号，处理方式是将异或运算写成 $A\oplus B=A'B+AB'$。

在电路中选用了相应的虚拟仪器后，将需要观测的电路点与虚拟仪器面板上的观测口相连（见图 2-11），可以用虚拟示波器同时观测电路中多点的波形。

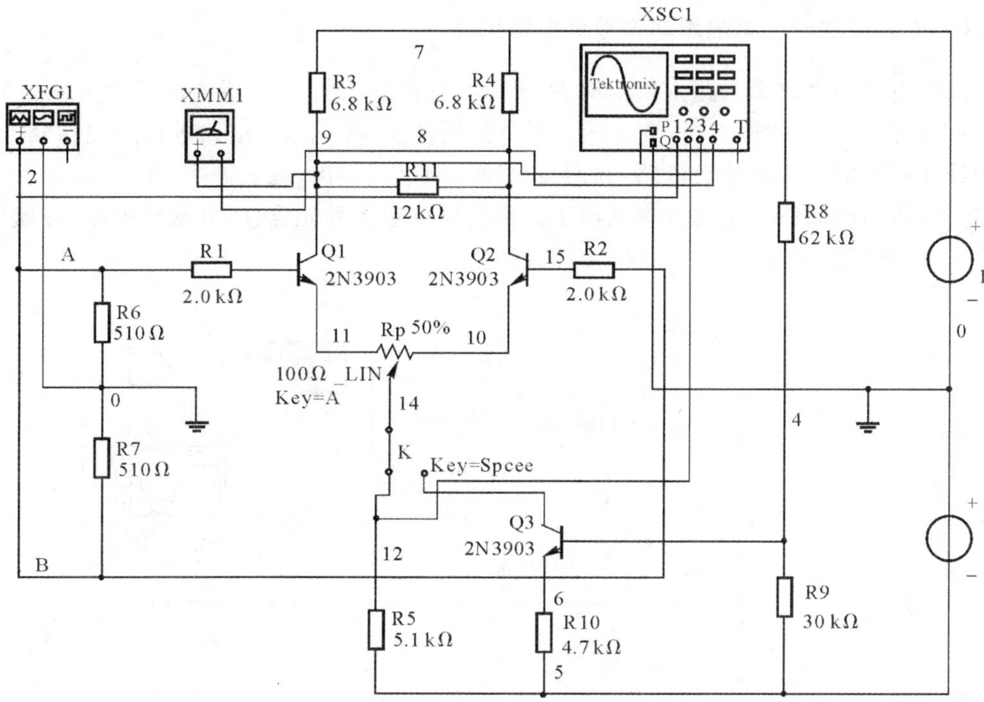

图 2－11　用虚拟示波器同时观测电路中多点的波形

双击虚拟仪器就会出现仪器面板，面板为用户提供观测窗口和参数设定按钮。例如，双击图中的示波器，就会出现示波器的面板。通过 Simulation 工具栏启动电路仿真，示波器面板的窗口中就会出现被观测点的波形，如图 2－12 所示。

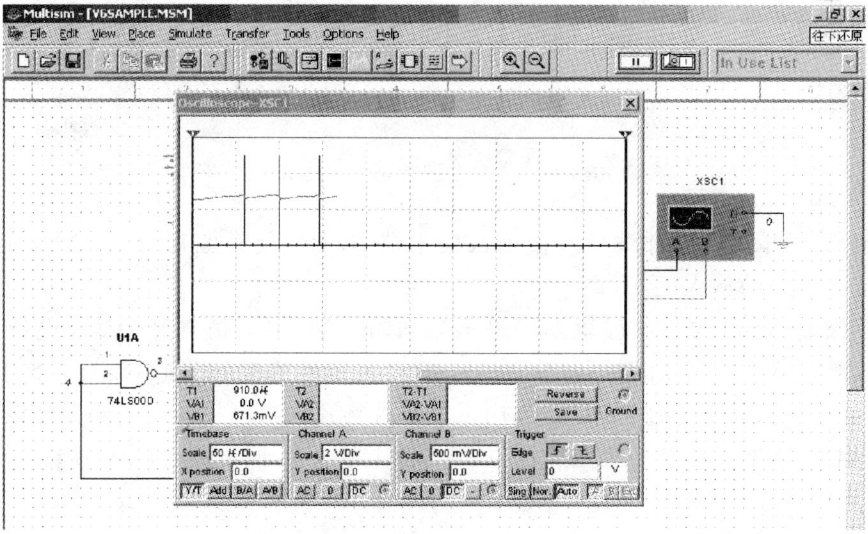

图 2－12　示波器面板窗口

2.1.6 电路实例——单电源功率放大电路仿真

本节以单电源功率放大电路实例说明 Multisim 在电路设计和分析中的使用方法。Multisim 为用户提供了一个软件平台，允许用户在进行硬件实现以前，对电路进行观测和分析。

例如设计一单电源功率放大电路，并通过示波器观察其输出、输入波形。

(1)首先，按照前面所介绍的方法利用工具栏按钮放置各种元器件，并编辑电路，完成单电源功率放大电路原理图的设计，如图 2－13 所示。

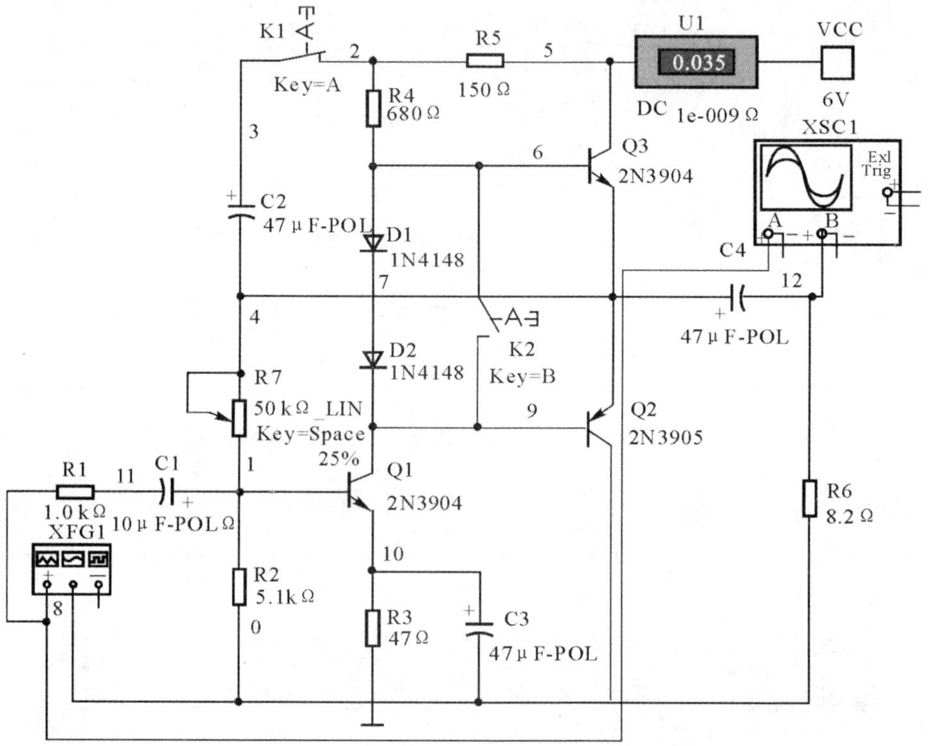

图 2－13 单电源功率放大电路

(2)通电后 K1 闭合(加自举)，连接函数发生器 XFG1，使其输出 $f=1$ kHz 的正弦波信号，并接在实验电路的输入端。

(3)将示波器 XSC1 接在实验电路的输出端和输入端，单击仿真开关 进行仿真分析，双击 XFG1，弹出函数发生器面板，调节 XFG1 的输入信号幅度，观测示波器 XSC1 上输出电压的波形。逐渐增大输入电压的幅值，当用示波器观察到输出电压波形为临界削波时，此时减小输入电压幅值，使输出电压波形失真刚好消失，如图 2－14 所示。这时输出电压为电路的最大输出电压。

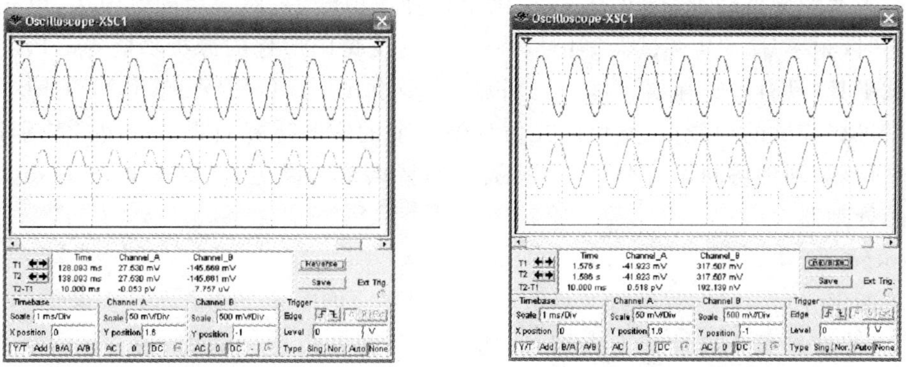

(a)　　　　　　　　　　(b)

图 2-14　K2 打开、闭合对输出电压波形的影响

(a)K1 闭合，K2 打开；　(b)K1 闭合，K2 闭合

2.2　Proteus——MCU 仿真软件

2.2.1　Proteus 概述及安装

1. Proteus 概述

Proteus 是英国 Labcenter Electronics 公司开发的一款电路仿真软件，软件由两大部分组成，如图 2-15 所示。一部分是智能原理图输入系统 ISIS 和虚拟系统模型 VSM；另一部分是高级布线和编辑软件 ARES，也就是 PCB 设计。Proteus 可以仿真模拟电路和数字电路，也可以仿真模拟数字混合电路。Proteus 提供 30 多种元件库，超过 8 000 种模拟、数字元器件。可以按照设计的要求选择不同生产厂家的元器件。此外，对于元器件库中没有的元件，设计者也可以通过软件自己创建。

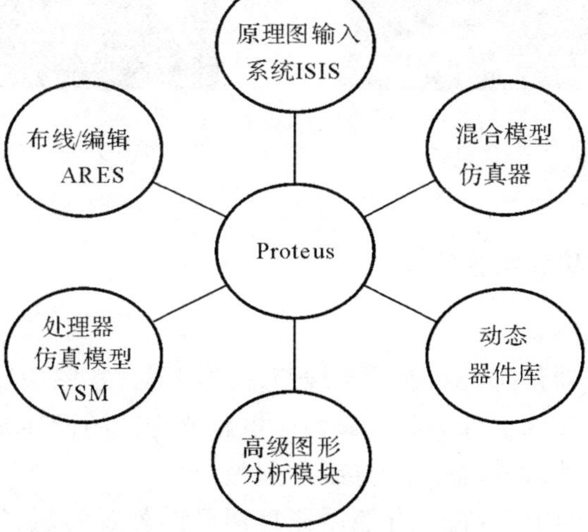

图 2-15　Proteus 软件结构示意图

除拥有丰富的元器件外，Proteus 还提供了各种虚拟仪器，如常用的电流表、电压表、示波器、计数/定时/频率计、SPI 调试器等虚拟终端，还有支持图形化的分析功能等。Protues 包含强大的调试工具，具有对寄存器、存储器、断点、单步模式 IARC-SPY、Keil、MPLAB 等开发工具的源程序进行调试的功能；观察代码在仿真硬件上的实时运行效果；Proteus 特别适合对嵌入式系统进行软、硬件协同设计与仿真，其最大的特点是可以仿真 8051、PIA、AVR、ARM 等多种系列的处理器。

2. Proteus 安装

购买正版 Proteus 解压后运行 setup. exe，欢迎界面如图 2－16 所示。安装向导制作非常简洁，只须一步步按照要求继续下去即可，图 2－17 为安装过程截图，图 2－18 为安装结束截图。

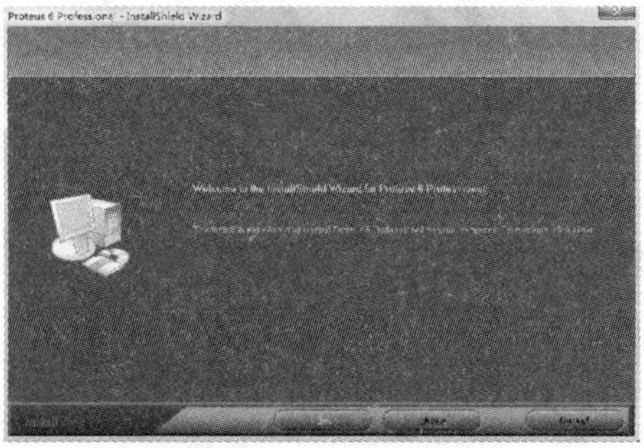

图 2－16　安装初始界面

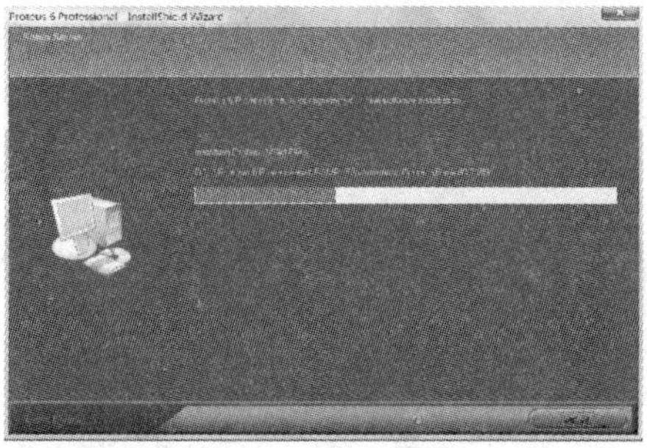

图 2－17　安装进行界面

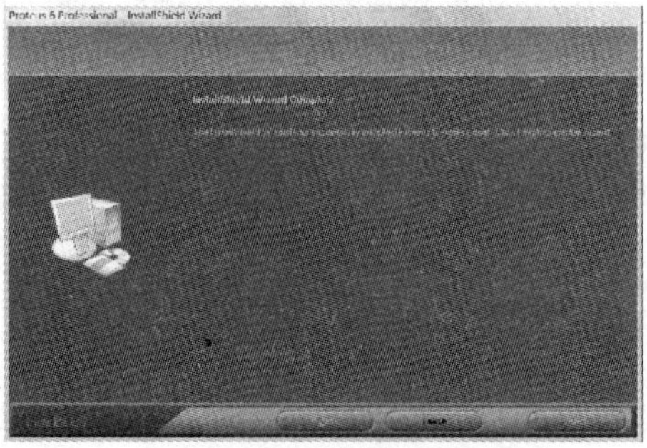

图 2－18　安装结束界面

图 2－19　Proteus ISIS 启动界面

2.2.2　Proteus 主要功能模块介绍

2.2.2.1　原理图设计(ISIS)

电路原理图是由电子器件符号和连接导线组成的图形。在图中器件有编号、名称、参数等属性，连接导线有名称、连接的器件引脚等属性。电路原理图的设计就是放置器件并把相应的器件引脚用导线连接起来，并修改器件和导线的属性。

ISIS 是 Proteus 系统的中心，它具有控制原理图画图外观的超强设计环境。无论用户的要求是快速实现复杂设计的仿真以及 PCB 设计，还是设计精美的原理图以供出版，ISIS 都是最好的工具。Proteus ISIS 启动界面如图 2-19 所示。

ISIS 使用了下列的文件类型：

(1)设计文件 design file(＊.dsn)；

(2)备份文件 backup file(＊.dbk)；

(3)部分电路存盘文件 section file(＊.sec)；

(4)器件仿真模型文件 module file(＊.mod)；

(5)器件库文件 library file(＊.lib)；

(6)网络列表文件 netlist (＊.sdf)。

Proteus ISIS 的工作界面是一种标准的 Windows 界面，如图 2-20 所示。其中包括标题栏、主菜单、标准工具栏、绘图工具栏、状态栏、对象选择按钮、预览对象方位控制按钮、仿真进程控制按钮、预览窗口、对象选择器窗口、图形编辑窗口。该界面用于在图形编辑窗口内完成电路原理图的编辑和绘制。

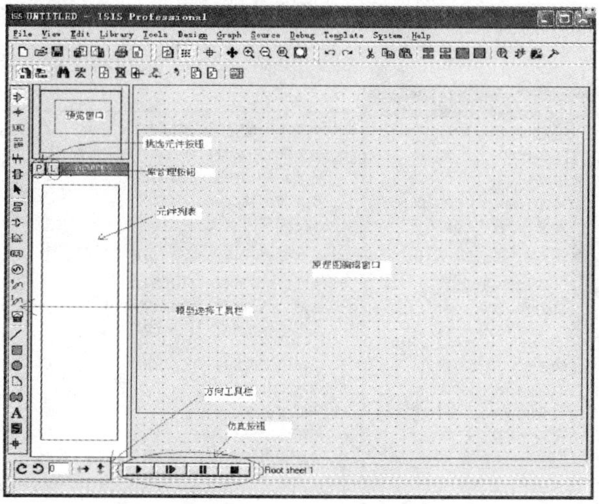

图 2-20　ISIS 用户工作界面

ISIS 界面菜单简介：

ISIS 界面菜单包括 File(文件)、View(浏览)、Edit(编辑)、Library(库)、Tools(工具)、Design(设计)、Graps(图形)、Source(源)、Debug(调试)、Template(模板)、System(系统)、Help(帮助)共 12 个下拉菜单。这里只介绍其中常用的 7 个下拉菜单。

1. 文件菜单

文件菜单有文件的建立、加载、保存、区域导出、导入文件打印等功能，如图 2-21 所示。

2. 图纸浏览菜单

图纸浏览包括图纸刷新、坐标选择、放大缩小等操作，如图 2-22 所示。

3. 编辑操作菜单(见图 2-23)

4. 设计操作菜单(见图 2-24)

5. 调试操作菜单(见图 2-25)

6. 系统信息操作菜单(见图 2-26)

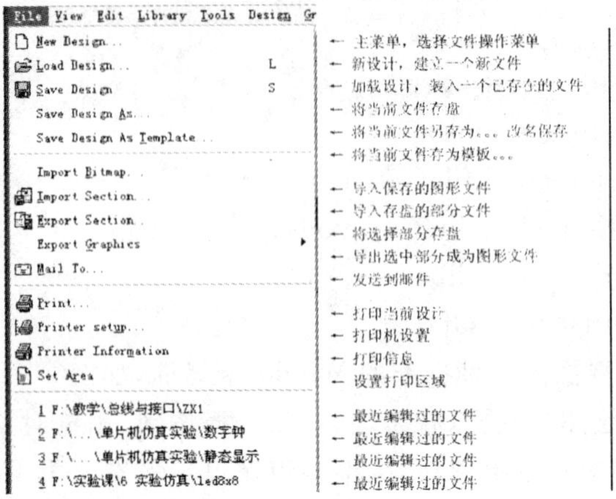

图 2-21　ISIS文件菜单

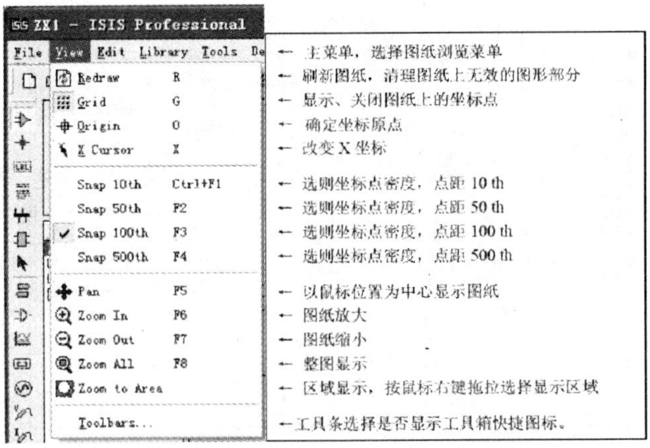

图 2-22　ISIS图纸浏览菜单及说明

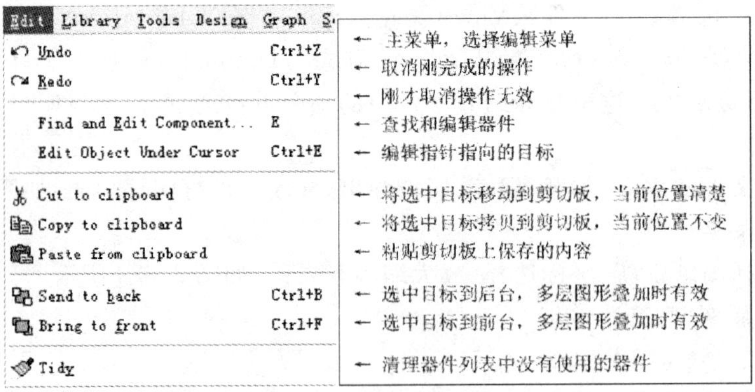

图 2-23　ISIS编辑操作菜单

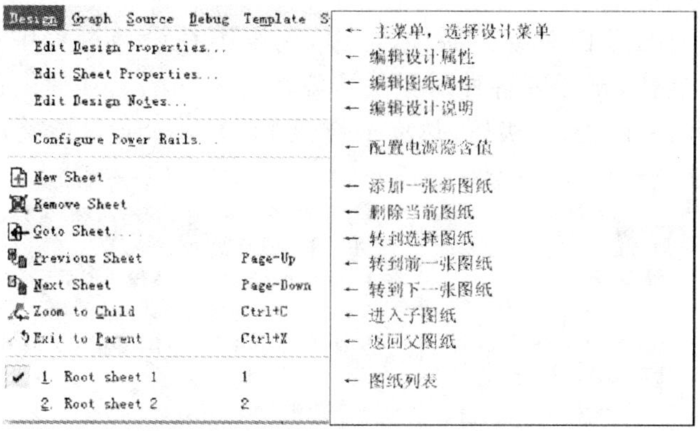

图 2-24　ISIS 设计操作菜单

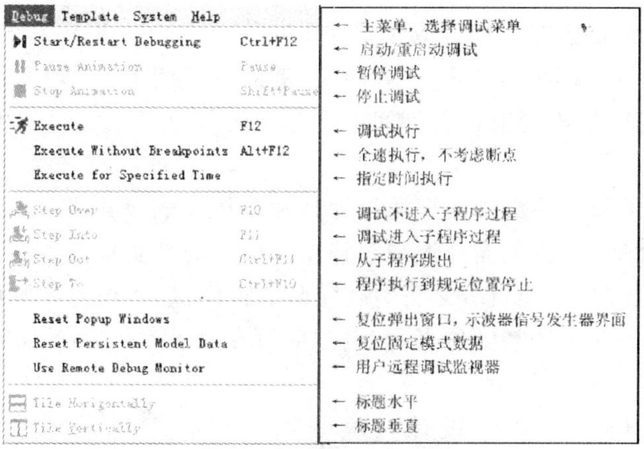

图 2-25　ISIS 调试操作菜单

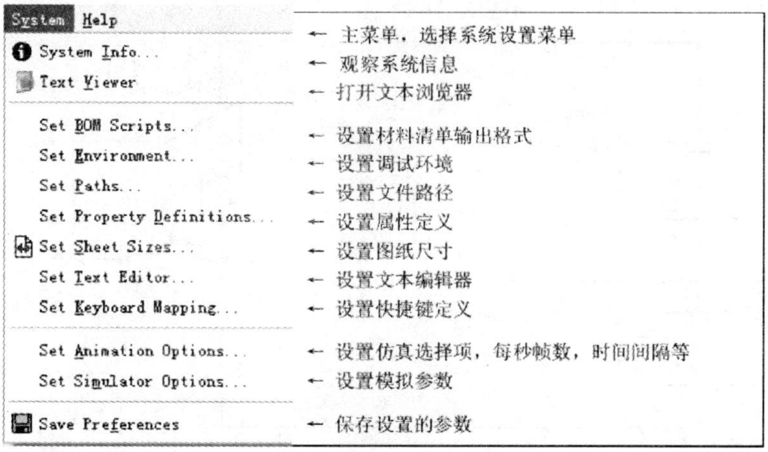

图 2-26　ISIS 系统信息操作菜单

7. 帮助操作菜单(见图 2-27)

ISIS 支持多种类型的操作对象。器件、电源、仪表等在设计过程中虽然类型不同,但放置、编辑、移动、拷贝、旋转、删除等各种对象的步骤都是一样的。其提供包含 8 000 个部件的元件库,包括标准符号、三极管、二极管、热离子管、TTL、CMOSEC、微处理器以及存储器部件 PLDs 模拟 ICs 和运算放大器。

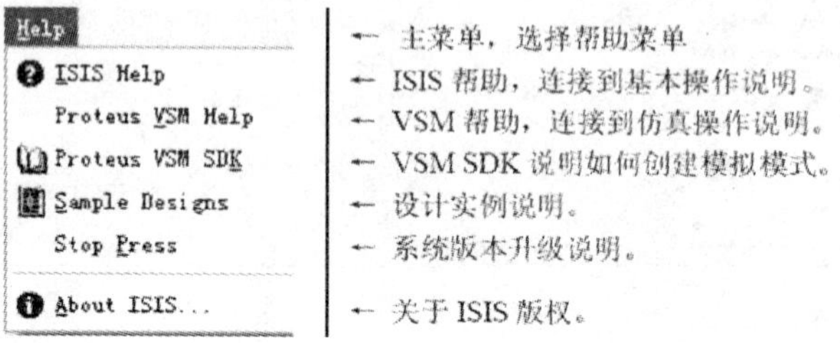

图 2-27 ISIS 帮助操作菜单

关闭 Proteus ISIS,在主窗口中选取菜单项 File/Exit(文件/退出),屏幕中央出现提问框,问用户是否想关闭 Proteus ISIS,单击 OK(确定)键即可关闭 Proteus ISIS。如果当前电路图修改后尚未存盘,在提问框出现前还会询问用户是否存盘。

2.2.2.2 仿真

仿真就是利用电子器件的数学模型通过计算和分析来表现电路工作状态的一种手段,具有成本低,设计调试周期短,避免器件浪费等特点。仿真的真实程度取决于器件模型的逼真程度,一个较好的仿真系统虽不能百分之百替代实际器件的试验,但对实际电路的设计调试是有很多帮助的。下面对仿真中的基础仿真、高级图形仿真、VSM 仿真分别介绍。

1. 基础仿真(Prospice)

Prospice 是结合 ISIS 原理图设计环境使用的混合型电路仿真器。基于工业标准 SPICE3F5 的模拟内核,加上混合型仿真的扩展以及交互电路动态系统,Prospice 提供开发和测试设计的强大交互式仿真。图 2-28,图 2-29 表示了 741 放大器电路原理图及交互式仿真结果。

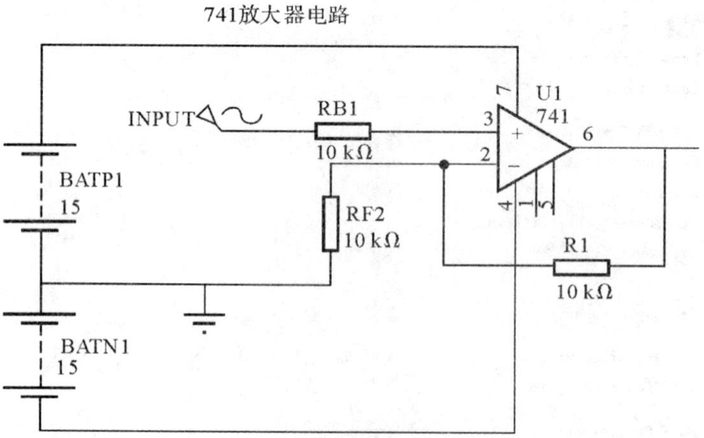

图 2-28 放大电路原理图

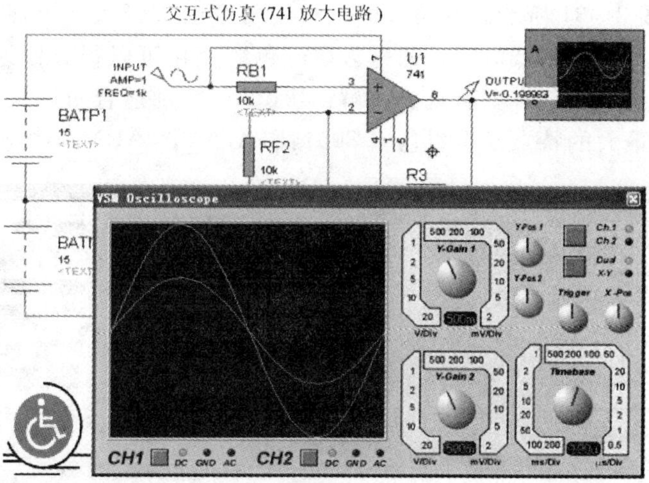

图 2-29　仿真结果

14 种虚拟仪包括直流电压/电流表、交流电压/电流表、信号发生器、数字发生器、示波器、逻辑分析仪、频率计数虚拟终端、SPI 调试器、I2C 调试器和逻辑探头。模型库提供超过 6 000 种模型,可升级到 ProteusVSM 协同仿真。如果设计中需要如 PIC、AVR、MCS8051/52 或者 68HC11 处理器,可购买 VSM 附加模型。此技术允许用户实时仿真包括所有相关电子器件在内的完全基于微处理器的设计。

2. 高级图形仿真(Advanced Simulation)

Prospice 高级仿真选件可以加入到所有 ProteusPCB,如图 2-30 所示。在 Design 和 ProteusVSM 产品中,它以全图形化的分析界面扩展了基础仿真器的功能。基于图形化的仿真是传统的 SPICE 仿真的表层,在这里,首先画一个电路,设置信号源发生器,选定需要观测的点,然后运行仿真器。仿真完成后结果就显示出来,然后就可对结果进行分析。

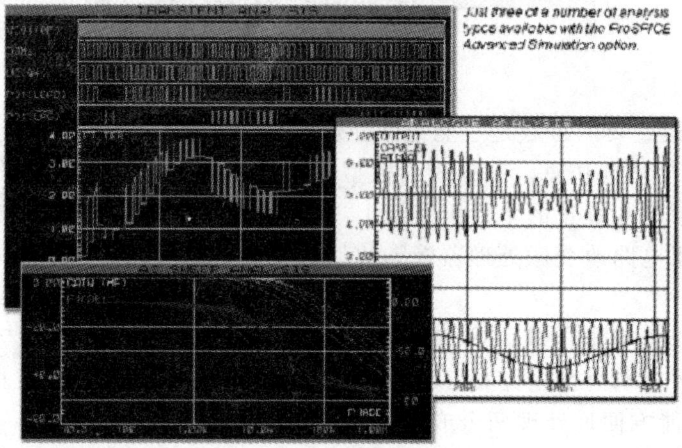

图 2-30　高级仿真界面截图

3. VSM 虚拟系统模型

ProteusVSM 是一个完整的嵌入式系统软、硬件设计仿真平台,它包括原理布图系统 ISIS、带扩展的 Prospice 混合模型仿真器、动态器件库、高级图形分析模块和处理器虚拟系统仿真模型 VSM,如图 2 - 31 所示。在仿真的过程中每个引脚旁边会出现一个小方块,红色的方快表示高电平,蓝色的表示低电平。通过方块颜色的变化可以很方便地知道每个引脚电平的变化,从而能对系统的运行有更直观的了解。Proteus 特别适合对嵌入式系统进行软、硬件协同设计与仿真,其最大的特点是可以仿真 8051,PIA,AVR,ARM 等多种系列的处理器。

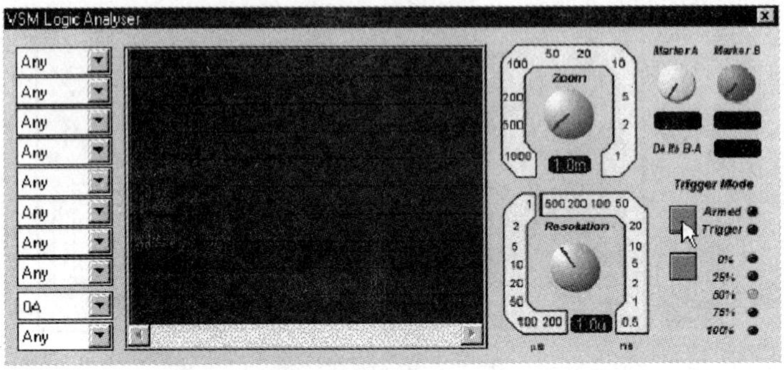

图 2 - 31　微处理器软件的协同仿真:VSM

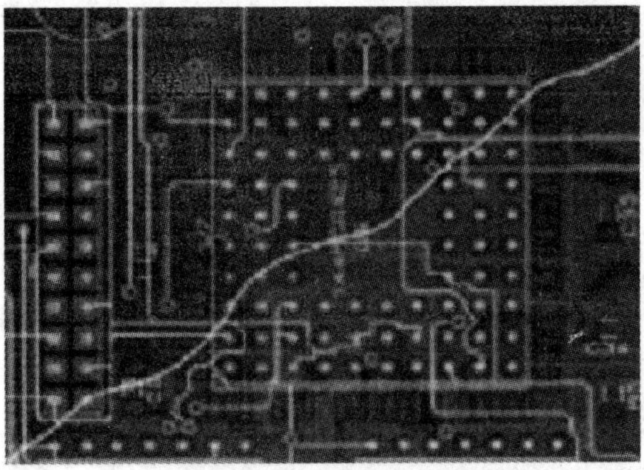

图 2 - 32　印制电路板

ProteusVSM 最重要的特点是它能把微处理器软件作在处理器上并和连接该微处理器的任何模拟和数字器件协同仿真。微处理器模型和其他器件的模型一道驻留在原理设计中,它仿真执行目标码,就像在真正的单片机系统上。如果程序代码向一个外设口写,电路中逻辑电平会相应变化,如果电路改变微处理器管脚的状态,也可以在程序代码中看到,就象真实系统一样。

VSMCPU 模型能完整仿真 I/O 口、中断、定时器、通用外设口和其他与 CPU 有关的外设资源,它是一个使外设与外部电路相互作用模型化为波形的简便的软件仿真器。VSM 甚至能仿真多个 CPU,它能方便地处理两个或以上微控制器的连接与设备。

2.2.2.3　布图设计(PCB)

基于高性能网表的 PCB 设计软件完全补足 ISIS。结合元件自动布置和高效的撤消和重新自动布线。ARES 也支持手动布线,系统限制相对较少。超过 1 000 种标准封装的元件库,完整的 CAM 输出以及嵌板工具,自动插入机器的拾取和布置文件。印制电路板如图 2 - 32 所示。PCB 设计软件具有以下特性:16 个铜箔层,2 个丝印层,4 个机械层加上板沿,禁止布线层，抗蚀掩模和阻焊层；任意角元件的布置和焊盘栈；完全自动的连线(ratsnest)以及力向量生成；理想的基于网表的手工布线系统，无栅多边形电源板；物理设计规则检测保证设计的完整性；超过 1 000 种标准封装的元件库；Windows 装置的任何输出；完整的 CAM 输出以及嵌板工具；自动插入机器的拾取和布置文件。

2.2.3　Proteus 与 Keil c51 uv2 联合仿真

软硬件联合仿真系统由一个硬件执行环境和一个软件执行环境组成。通常软件环境和硬件环境都有自己的除错和控制界面，Keil 与 Proteus 的整合调试可以实现系统的总调，在该系统中，Kiel 作为软件调试界面(见图 2－33)，Proteus 作为硬件仿真和调试界面(见图 2－34)。下面说明如何在 Keil 中调用 Proteus 进行 MCU 外围器件的仿真。

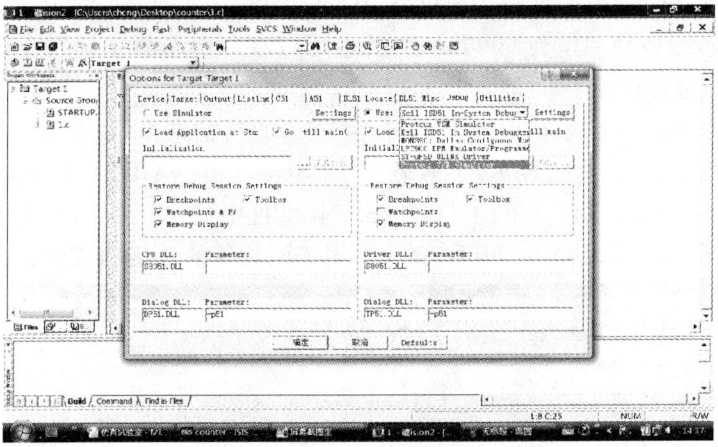

图 2－33　对 Keil 调试界面作相应设置

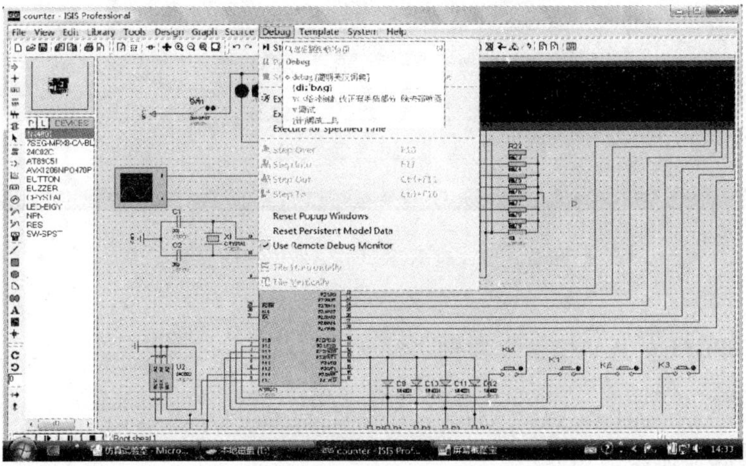

图 2－34　对 Proteus 工作界面作相应设置

(1)安装 Keil 与 Proteus(默认读者熟悉 Keil c51 uv2 的安装和使用)。

(2)把安装 Proteus\MODELS 目录下 VDM51.dll 文件复制到 Keil 安装目录的\C51\

BIN 目录中。

(3)修改 Keil 安装目录下 Tools. ini 文件,在 C51 字段加入 TDRV5 - BIN\DM51. DLL ("ProteusVSM Monitor 51Driver")并保存。

注意:不一定要用 TDRV5,根据原来字段选用一个不重复的数值就可以了,引号内的名字随意。

(4)打开 Proteus,画出相应电路,在 Proteus 的 debug 菜单中选中 use remote debug monitor。

(5)在 Keil 中编写单片机的程序。

(6)进入 Keil 的 project 菜单 options for target 工程名(见图 2 - 35)。在 Debug 选项中右栏上部的下拉菜单选中 Proteus VSM Monitor 51 Driver。

再进入 setting 选项,如果是同一台机器,IP 名为 127. 0. 0. 1,如不是同一台机器则填另一台机器的 IP 地址,端口号一定为 8000。注意:也可以在一台机器上运行 Keil,另一台机器中运行 Proteus 进行远程仿真。

(7)在 Keil 中进行 debug,同时在 Proteus 中查看直观的结果(如 LCD 显示等)。

注意:要是 Keil6. 9 以上的版本,下载软件 Proteus vsm a GDI Driver 就是 vdmagdi. exe 装了后的变化是在 KEIL 文件夹下的 TOOLS. INI 文件中的[c51]字段的最后多了两行,就是 tdrv5=binvdm51. dll 和 book10=hlplvdmagd,用于两软件的连接和帮助文档。

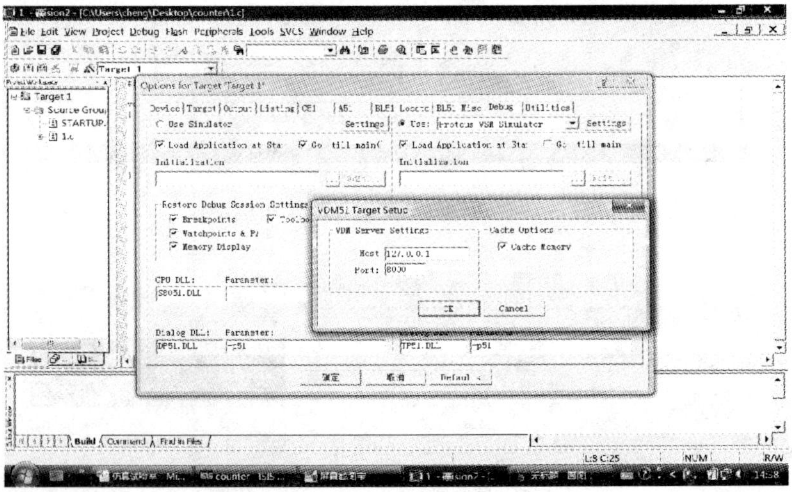

图 2 - 35　对 Keil c51 uv2 作相应设置

2. 2. 4　AT89C51 单片机的仿真实例

本例是实现 AT89C51 在 P1. 0 输出一个周期是 500us 的方波信号,方波的周期由定时器 T0 确定,并用示波器监测输出波形。

开始前先要准备好仿真文件,就是用编译器编译连接产生的调试或下载文件,不同编译器产生的文件格式是不同的,如 ICC 是 COF,IAR 是 D90,GCC 是 COF,ELF。Proteus6. 7sp3 支持的有 COF,D90,HEX 等,ELF 暂不支持。本例用的是 counter. hex。运行 Proteus6 Professional(ISIS6 Professional),打开 ISIS 工作界面如图 2 - 36 所示。

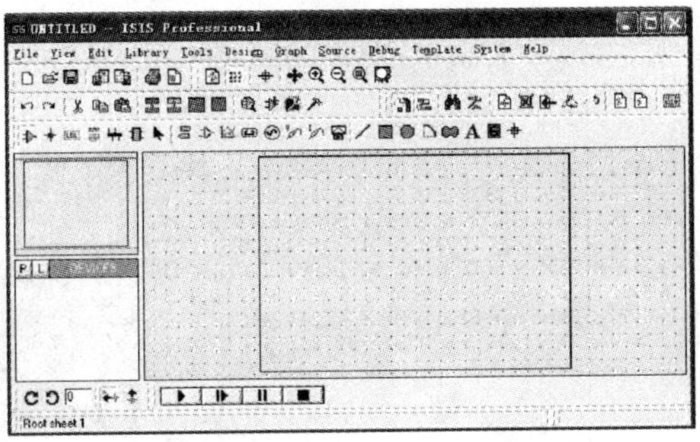

图 2-36　ISIS 工作界面

1. 添加元件到元件列表中

本例要用到的元件有：AT89C51，LED，“地”，示波器。单击“P”按钮（见图 2-37），出现挑选元件对话框，如图 2-38 所示。

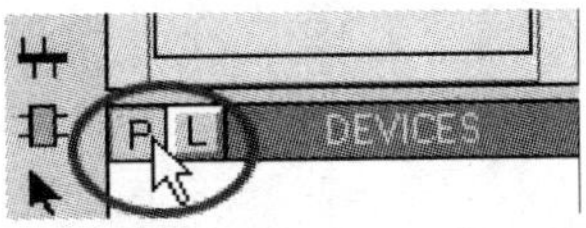

图 2-37　进入器件选择菜单

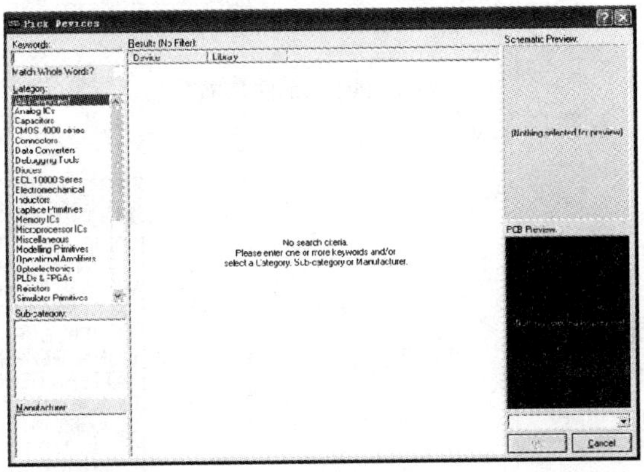

图 2-38　器件搜索

2. 选择器件

在对话框的 KEYWORDS 中输入 AT89C51，得到如图 2-39 所示的结果。单击 OK 按钮，关闭对话框，这时元件列表中列出 AT89C51，同样找出 LED。

3. 放置元件

在元件列表中左键选取 AT89C51，在原理图编辑窗口中单击左键，这样 AT89C51 就被放到原理图编辑窗口中了，同样方法放置 LED，如图 2-40 所示。

添加“地”：左键选择模型选择工具栏中的图标，出现如图 2-41 所示的选择界面。左键选择 GROUND，并在原理图编辑窗口中单击，这样“地”就被放置到原理图编辑窗口中了。

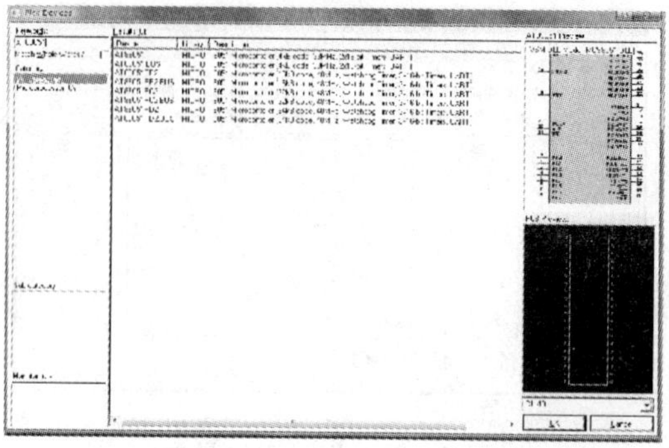

图 2-39　器件选定

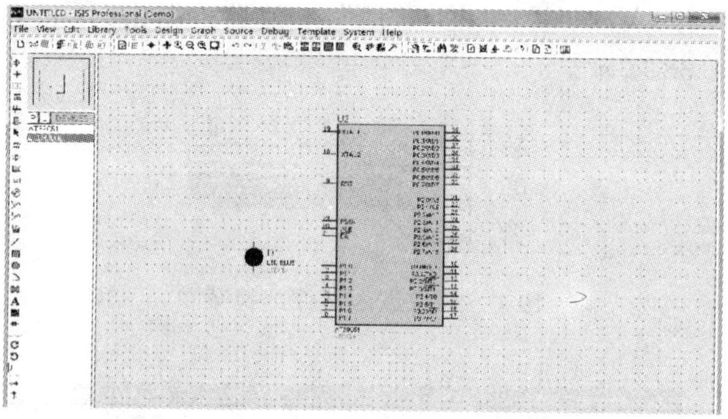

图 2-40　元件放置

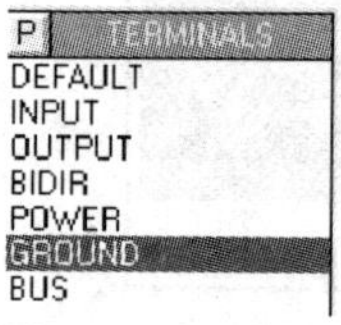

图 2-41　接地选择

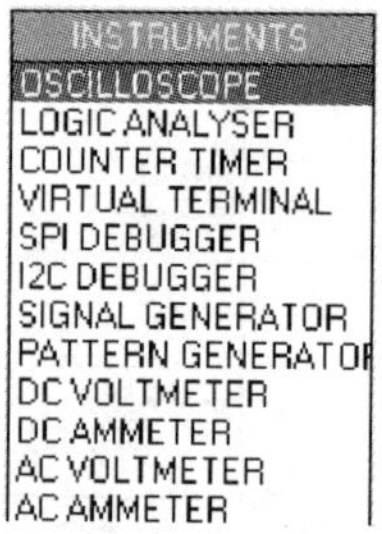

图 2-42　示波器添加

添加示波器：左键选择模型选择工具栏中的图标，出现如图 2-42 所示的选择界面。左键选择 OSCILLOSCOPE，并在原理图编辑窗口中单击，这样示波器就被放置到原理图编辑窗口中了。

注意：放置元件时要注意所放置的元件应放到蓝色方框内，如果不小心放到外面，由于在外面鼠标用不了，要用到菜单“Edit”的“Tidy”清除，方法很简单只须单击“Tidy”即可。操作中可能要整体移动部分电路，操作方法：先用右键拖选，再单击选中的，这时这部分电路会随鼠标移动，在目标位置单击左键，这部分电路将被放到该处。

4. 连线

AVR,LCD 的 VSS,VDD,VEE 无须连接,默认 VSS=0 V,VDD=5 V,VEE=−5 V,GND=0 V。连接线路如图 2-43 所示。

5. 添加仿真文件

先右键单击 AT89C51,再左键单击,出现如图 2-44 所示界面。在 ProgramFile 中单击,出现文件浏览对话框,找到 counter. hex 文件,单击确定,完成添加文件。在 ClockFrequency 中把频率改为 12 MHz,单击 OK 按钮退出。

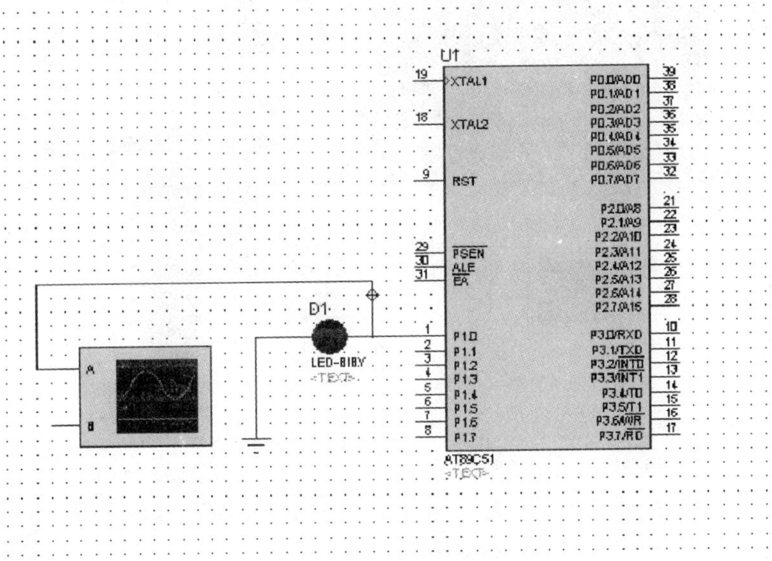

图 2-43　连接线路

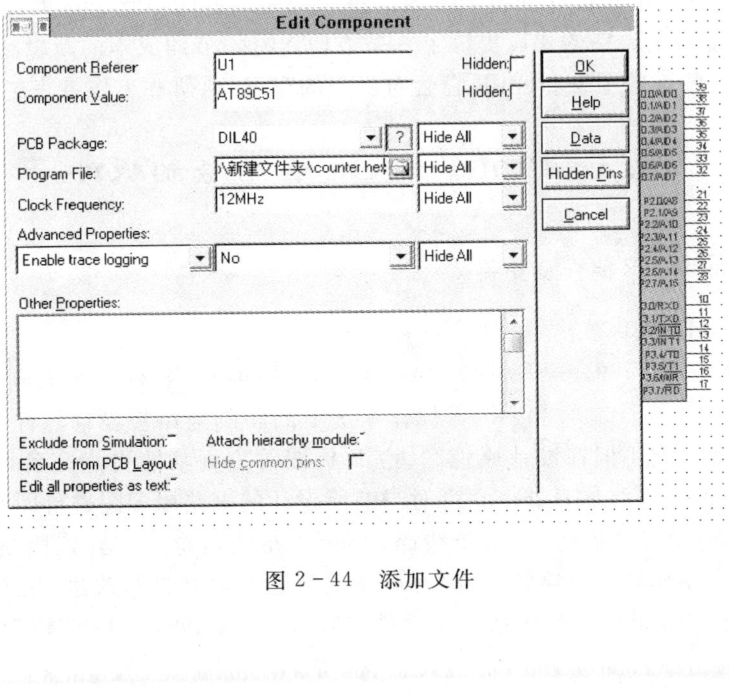

图 2-44　添加文件

6. 仿真

单击[▶]开始仿真，仿真结果如图 2-45 所示。

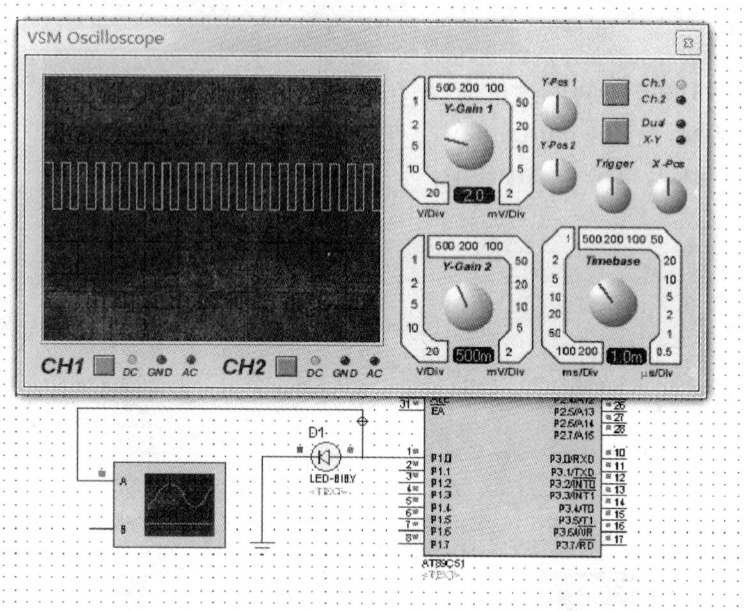

图 2-45 仿真结果

说明：红色代表高电平，蓝色代表低电平，灰色代表不确定电平(floating)。运行时，在 Debug 菜单中可以查看 AT89C51 的相关资源。

这里介绍的只是 Proteus 强大功能中很初步的一部分。Proteus 还具有环境模拟、图表分析、噪声分析等高级应用。Proteus 软件的安装目录中有很多经典的范例，读者通过自学可以进一步了解该软件在 EDA 设计的各个领域的综合应用。同时，Proteus 的出现也为单片机教学工作和单片机虚拟实验室的建设提供了一条方便、快捷、节约成本的新思路。相信随着越来越多的用户对 Proteus 的了解和使用，它会对我们的学习、科研和工作带来越来越多的便利。

2.3 Protel——电路图绘制软件

2.3.1 Protel 99 SE 简介及安装

1. Protel 99 SE 软件简介

Protel 系列(4.1,98,99,99SE,dxp 等)电子电路辅助设计软件是澳大利亚 Protel 公司设计的应用于 Windows 95,2000 和 NT 等操作系统下的印制电路板设计软件，Protel 99 SE 是较之以前的新版本。它不但在设计原理图、PCB 板图等方面功能更加完备，而且提供了功能更强大，使用更方便的电路仿真器。它可对当前所设计的电路原理图进行即时仿真，还可对设计好的 PCB 板进行信号分析仿真，分析线路的布局，布线对电源、信号、阻抗、干扰的影响程度。它能让我们在制作物理电路板之前，就可发现问题并对其进行改进，从而更好、更快地完成板卡电路设计。Protel 99 SE 包括 4 个软件包：Sch99，Sim99，PLD99，PCB99。每个软件包内包含很多功能组件，使用时可根据需要选择使用。

2. Protel 99 SE 软件安装

(1)Protel 99 SE 设计平台软硬件配置要求：

最低配置：

CPU：Pentium II 244 MHz；

内存：42 MB；

硬盘：400 MB；

显示器：15″；

显示分辨率：424×768。

建议配置：

CPU：Pentium II 400 以上；

内存：128 MB

硬盘：6 GB 以上；

显示器：17″以上；

显示分辨率：1 280×424。

操作系统：Microsoft Windows NT 4.0 或以上版本(含中文版)。

(2)Protel 99 SE 软件件安装方法非常简单，只须双击光盘目录下的 Install.exe 即可。

2.3.2　原理图的绘制

2.3.2.1　启动原理图设计环境

(1)单击开始按钮，在弹出的菜单中选择"程序"中的/Protel 99 SE，并单击，即可启动进入 Protel 99 SE 的设计环境，如图 2-46 所示界面。Protel 99 SE 操作环境同以前的版本有着本质的不同，它不再是简单地进行文件管理，而是使用大型数据库管理文件。图中所示界面是没有打开或未建立任何数据库文件时的简单操作环境。

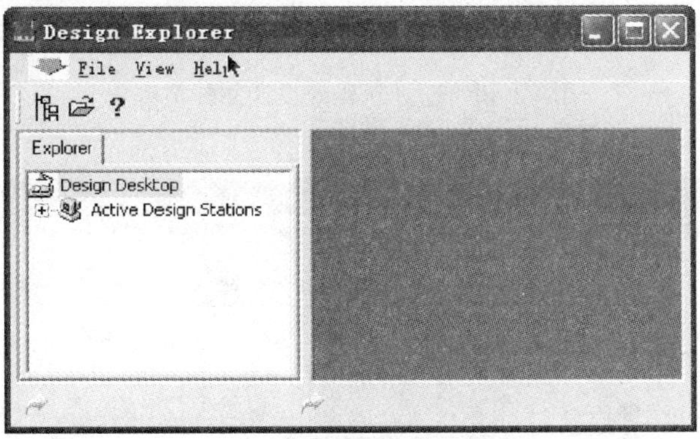

图 2-46　简单的操作平台

(2)在图 2-46 界面中，单击 File/New 屏幕即出现如图 2-47 所示的对话界面。我们可以在 Database File Name 区域中写入新建的设计数据库文件名。如果要改变文件的路径，可单击 Browse 按钮来改变保存文件路径。单击 OK 按钮，则进入设计数据库管理环境。

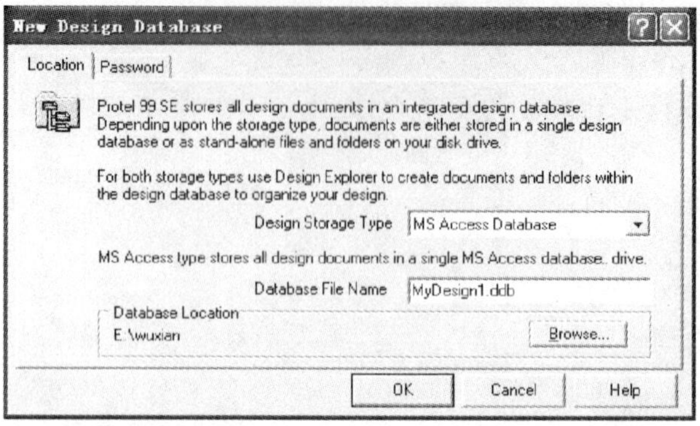

图 2-47　新建设计数据库

(3)新建原理图设计文档。单击 File/New 将弹出如图 2-48 所示的对话界面，选择“文件类型”图标(Schematic Document)，并单击 OK 按钮，此时项目下多了一个文件图标(Sheet1.Sch)文件，该图标的文件名这时可以更改。双击该文件图标则进入原理图设计工作环境，如图 2-49 所示。

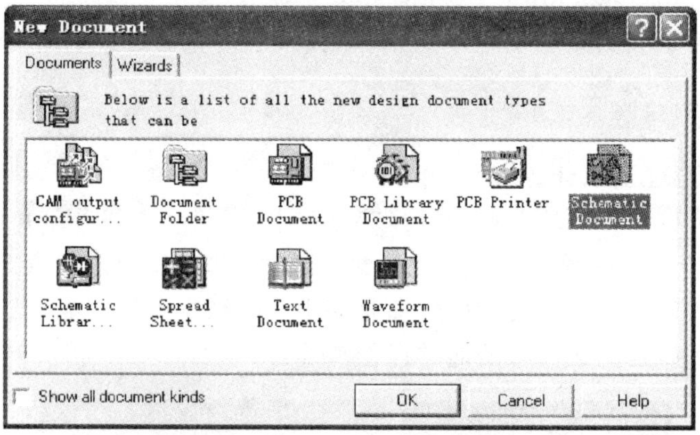

图 2-48　选择新建的设计文件类型

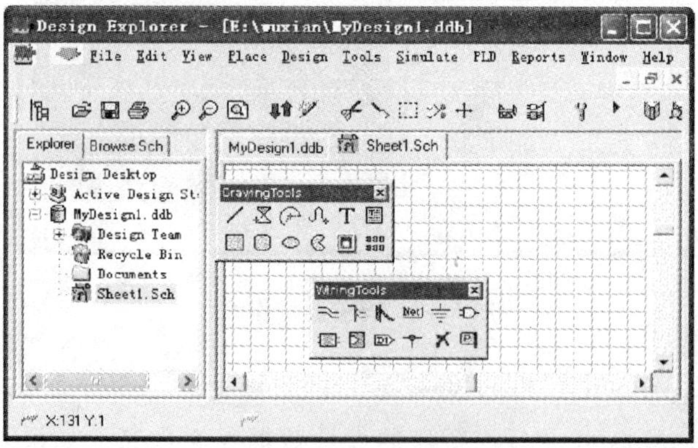

图 2-49　原理图设计工作环境

2.3.2.2　工作环境的管理

1. 工具栏的打开与关闭

在原理图设计过程中，将碰到 Protel 99 SE 所提供的各种工具和管理器，因此有必要了解这些工具栏和管理器的打开与关闭。全部打开后如图 2－50 所示。

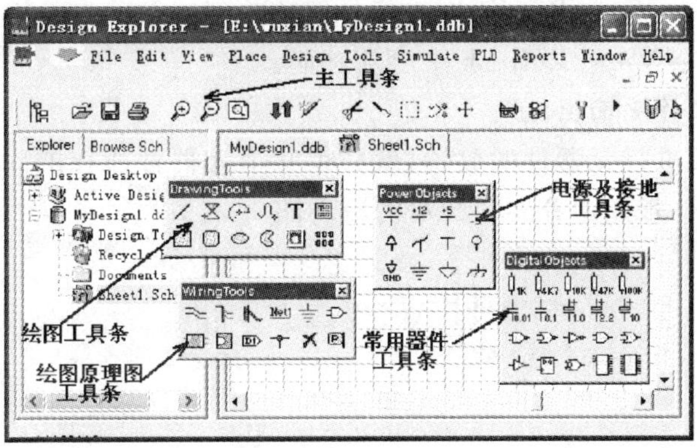

图 2－50　各种管理器与工具栏都处于打开状态

2. 面板显示状态的缩放

用户在原理图设计规划时，需要对原理图中的绘图区进行放大或缩小，以满足工作的不同需求。缩放方法有很多，也很灵活。

(1)命令状态下的缩放。当处于命令状态下时，鼠标无法移出工作区去点击放大、缩小菜单命令，必须用其功能热键来完成。具体如下：

放大：按 PageUp 键，绘图区放大显示状态。

缩小：按 PageDown 键，绘图区缩小显示状态。

移位：按 Home 键，原来光标位置移动到工作区中心位置显示。

刷新：如果显示画面不完整或变形时，可以按 End 键刷新显示画面。

(2)闲置状态下的缩放命令。当未执行其他命令时，可以用菜单命令或主工具栏的按钮来进行缩放(见图 2－51)。

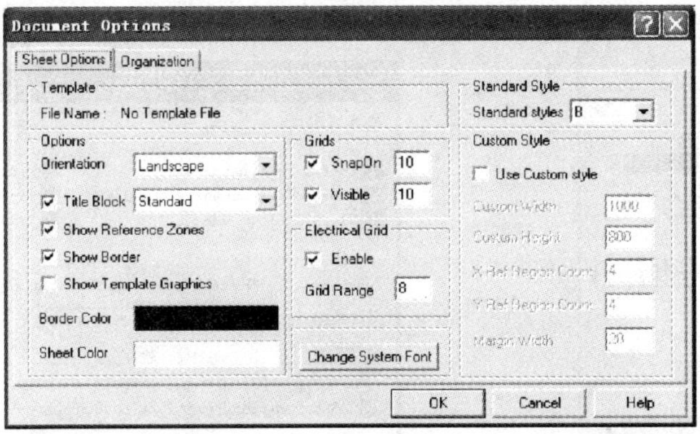

图 2－51　设置图纸参数对话框

放大：点击主工具栏的或执行菜单命令 View/Zoom In，绘图区放大显示状态。

缩小：点击主工具栏的或执行菜单命令 View/Zoom Out，绘图区缩小显示状态。

全部显示：执行菜单命令 View/Fit Document，绘图区充满整个工作区。

不同显示比例：菜单提供 40%，50%，200%，400%的比例模式选择。

移位：执行菜单命令 View/Pan，原来光标位置移动到工作区中心位置显示。

刷新：执行菜单命令 View/Refresh 来更新画面。

3. 放置元器件到工作平面上

绘制原理图首先要进行元器件的放置，就必须知道元器件所在的库并从中取出或制作原理图元器件。例如，画一张如图 2-52 所示的原理图。

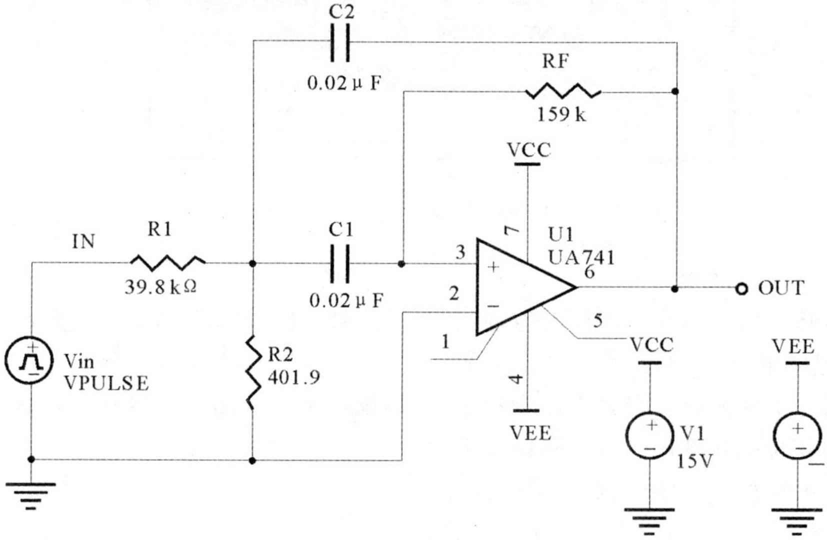

图 2-52　原理图实例

（1）利用元器件库浏览器放置元器件。

1）打开元器件库管理器，如图 2-53 所示。

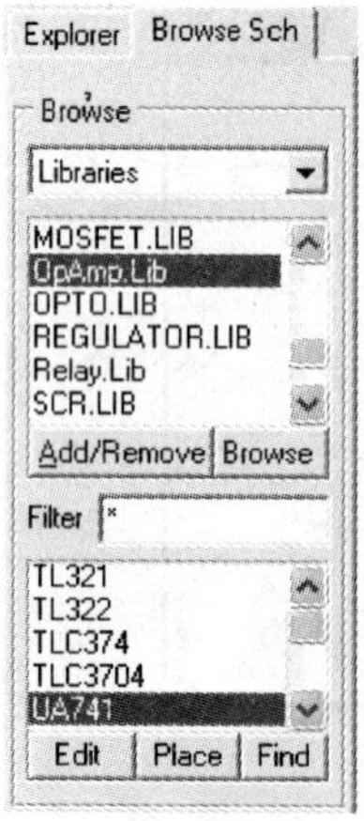

图 2-53　元器件库管理器

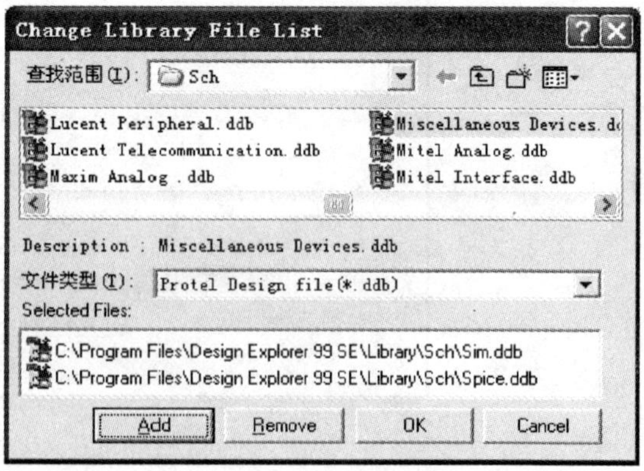

图 2-54　挂接卸载元器件库

2)挂接卸载元器件库。点击如图 2-53 所示中的 Add/Remove 按钮或执行菜单命令 Design/Add/Remove Library,弹出如图 2-54 所示的挂接卸载元器件库对话框,根据原理图 2-52所示的需要选择元器件库,点击 Add 按钮,再点击 OK 按钮即可。如果想要移出卸载元器件库,点击 Remove 按钮,再点 OK 按钮即可。这里选择 Sim. ddb 和 Spice. ddb 这两个元器件库。

3)选定元器件所属库。放置元器件到工作平面上。选定要放置的元器件,例如在左边的 Browse 栏/Libraries 项下用鼠标单击 OPAMP. LIB 库,在 Filter 下面选中 μA741 元器件,左键单击 Place 按钮,元器件即随光标移动而移动,在工作平面上的适当位置,单击鼠标左键,就把元器件放置在工作平面上了,如图 2-55 所示。

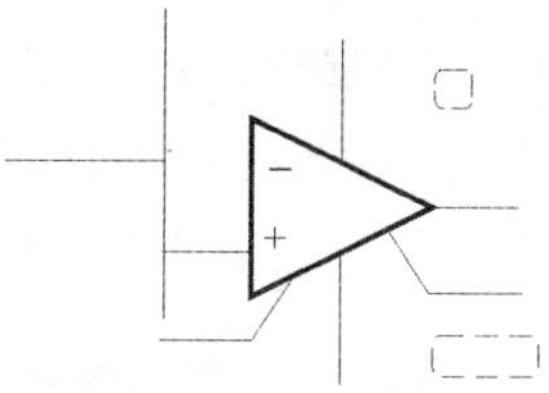

图 2-55　放置一个元器件

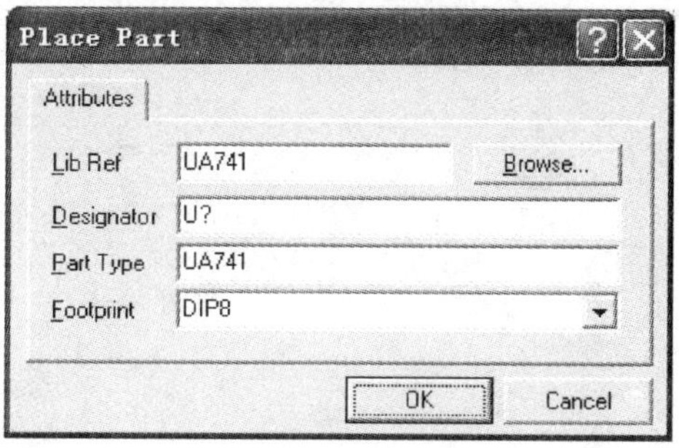

图 2-56　“元器件名称设置”对话框

(2)利用菜单命令放置元器件。

1)挂接卸载元器件库。执行菜单命令 Design/Add/Remove Library,将所需元器件库载入。

2)执行菜单命令 Place/Part,出现如图 2-56 所示的“元器件名称设置”对话框。在 Lib Ref 框中输入元器件名,然后点击 OK 按钮即可。

单击 Browse(浏览)按钮,可以在所载入的元器件库中选择所需元器件。我们可以在 Designator 框里输入当前元器件的流水序号(例如 C1)。

在当前的绘图阶段可以完全不理会输入流水序号,默认值为 C?。等到完成所有原理图后,再用 Schematic 内置的重编流水序号(Tools/Annotate)功能,将流水序号重新编号一次,既省时、省力又不会出错。

注意:决不允许两个元器件具有相同的流水序号。

其他元器件放置方法同上述任意一种。元器件放置完如图 2-57 所示。

(3)元器件位置调整。

1)单个元器件移动。先选中目标,按住左键不放,状态如图 2-58 所示,拖动目标到新的位置,松开鼠标即可。同样,执行菜单命令 Edit/Move/Move,如图 2-59 所示,按上面步骤也可以完成此功能。

2)多个元器件移动。执行菜单命令 Edit/Toggle Selection,如图 2-60 所示,用鼠标框住要移动的元器件,要移动的元器件就处于选中状态,点击拖动任意一个元器件即可完成多个元器件的移动。

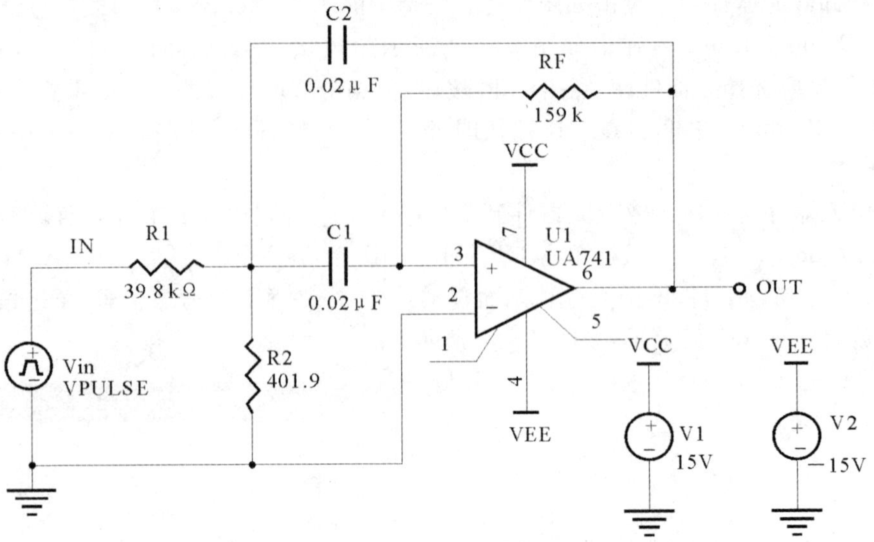

图 2－57　元器件放置完的结果

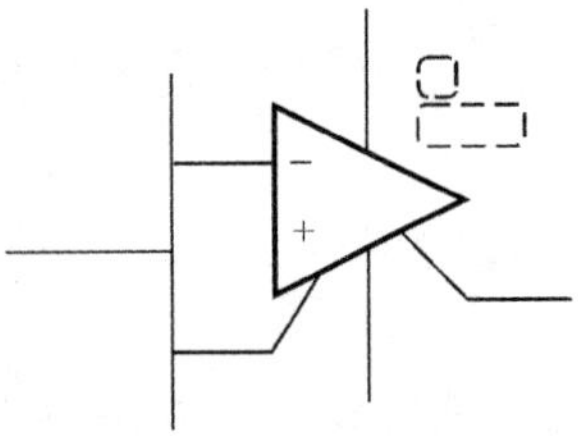

图 2－58　移动元器件选中状态

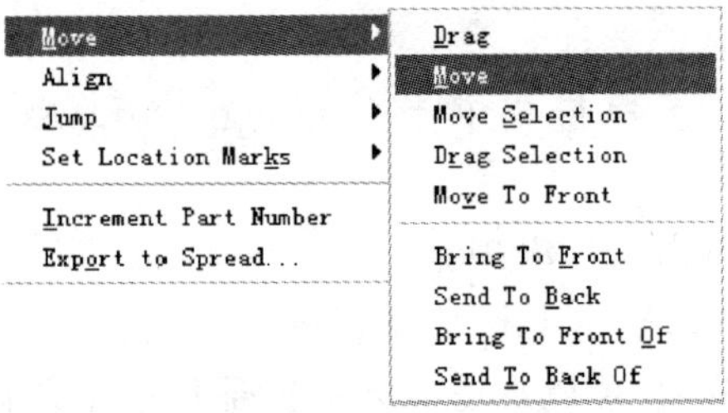

图 2－59　菜单移动命令

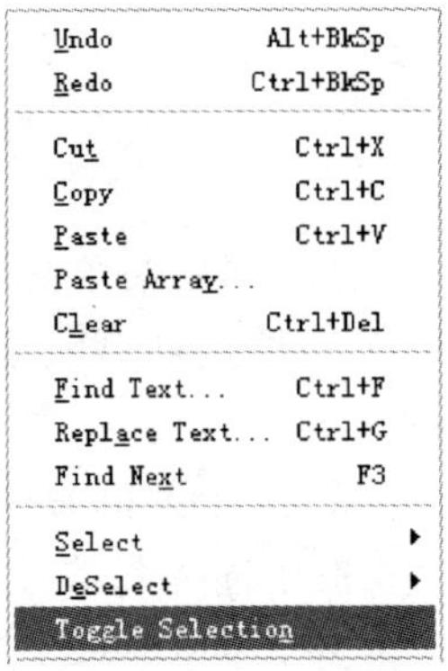

图 2－60　执行选择

(4)元器件的旋转。实际上是改变元器件的放置方向。有以下功能热键。

Space 键:让元器件 90°旋转;

X 键:元器件左右对称翻转;

Y 键:元器件上下对称翻转;

先点击目标不放,用上述的功能键旋转到所需方向,松开鼠标即可。

(5)元器件属性的编辑。元器件属性包括封装、流水序号、管脚号定义等。在放置元器件时按下 Tab 键或者放置后双击元器件,都会出现如图 2－61 所示的“元器件属性编辑”对话框。

Lib Ref:元器件名称。

Footprint:器件封装。

Designator:元器件流水序号。

Part Type：器件类别或标称值。

Selection：切换选择状态。

Hidden Pins：是否显示隐藏引脚。

Hidden Fields：是否显示 Part Fields 选项卡中的元器件数据栏。

Field Names：是否显示元器件数据栏名称。

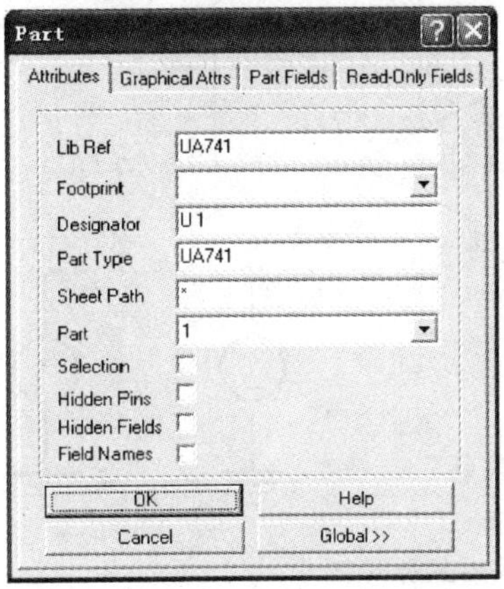

图 2-61　“元器件属性编辑”对话框

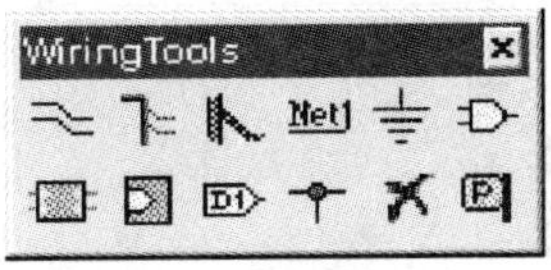

图 2-62　画原理图工具栏

(6)绘制电路原理图。绘制电路原理图是在原理图设计管理器(Schematic Document)里工作的。绘制原理图之前先介绍绘图工具和方法。可以利用画图工具栏(Wiring Tools)，也可以用菜单命令 Place。点击如图 2-62 所示的各个按钮，完成不同的设计工作。工具栏的各按钮功能见表 2-2。

表 2-2　画图工具栏的按钮功能

图　标	功　能	图　标	功　能
	绘制导线		放置电路方框图
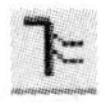	绘制总线		放置电路方框图进出点
	绘制总线出入端口		放置输入/输出端口
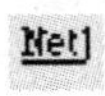	设置网络符号		放置接点
	绘制电源及接地符号		放置 ERC 测试点
	放置元器件		放置 PCB 布线指示

在图 2-57 的基础上进行布线。点击图 2-62 的或执行菜单命令 Place/Wire，光标变成十字状态，点击要画线的起点，移动到转折处，单击左键确定一个转折点，当移动到画线终点时，单击左键确定画线终点后单击右键完成一条导线的绘制。其他导线按上述方法绘制。绘

制完成后的原理图如图 2－63 所示。

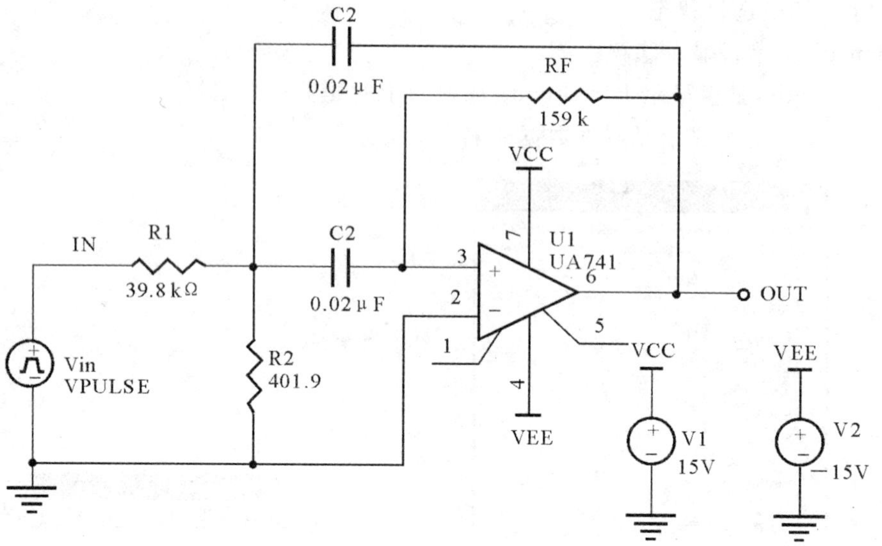

图 2－63　绘制完成后的原理图

(7)网络表的生成。绘制电路图的最主要的目的就是将设计电路转换成一个有效的网络表,以供其他后续处理程序(例如 PCB 程序或仿真程序)使用。由于 Protel 系统高度的集成性,可以在不离开绘图页编辑程序的情况下,直接执行命令产生当前原理图或整个项目的网络表。

在由原理图产生网络表时,使用的是逻辑的连通性,而非物理的连通性原则。也就是说,只要是通过网络标签所连接的网络就被视为有效的连接,而并不需要真正地由连线(Wire)将网络各端点实际地连接在一起。

网络表有很多种格式,通常为 ASCll 码文本文件。网络表的内容主要为原理图中各元器件的数据(流水号、元器件类型与包装信息)以及元器件之间网络连接的数据。某些网络表格式可以在一行包括这两种数据,但是 Protel 中大部分的网络表格式都是将这两种数据分为不同的部分,分别记录在网络表中。有些网络表中还可包含例如元器件文本(ComPonent Text)或网络文本栏(NetText Fields)等额外的信息,某些仿真程序或 PCB 程序需要这些信息。

由于网络表是纯文本文件,所以用户可以利用一般的文本编辑程序自行建立或是修改已存在的网络表。当用手工方式编辑网络表时,在保存文件时必须以纯文本格式来保存。

执行菜单命令 Design/Create Netlis 弹出 Netlist Creation 对话框,包括 Preferences 和 Trace Options 两个选项,分别如图 2－64 所示和图 2－65 所示。

2.3.3　制作原理图元器件

元器件库中保存的元器件只有常用元器件,设计者在设计时经常首先碰到的问题就是原理图中有的新元器件而库中没有。这时设计者只有利用设计软件提供的元器件编辑功能建立新的库元器件,然后才能进行原理图设计。

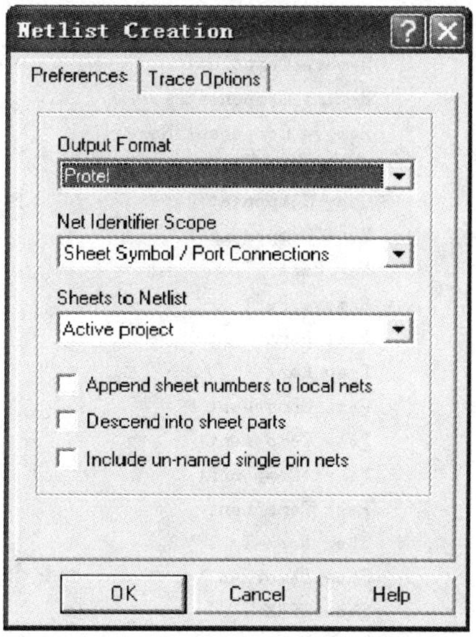

图 2－64　Preferences 选项卡

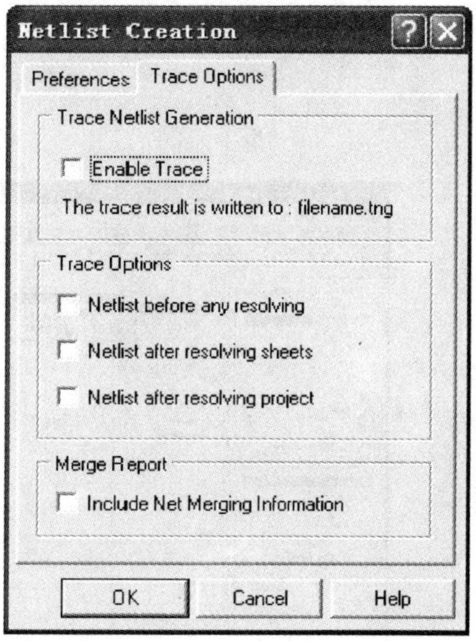

图 2－65　Trace Options 选项卡

1. 启动原理图元器件库编辑服务器

执行菜单命令 File/New，选择原理图设计服务器图标（Schematic Library Document），单击 OK 按钮，新建一个原理图元器件编辑文档，如图 2－66 所示。

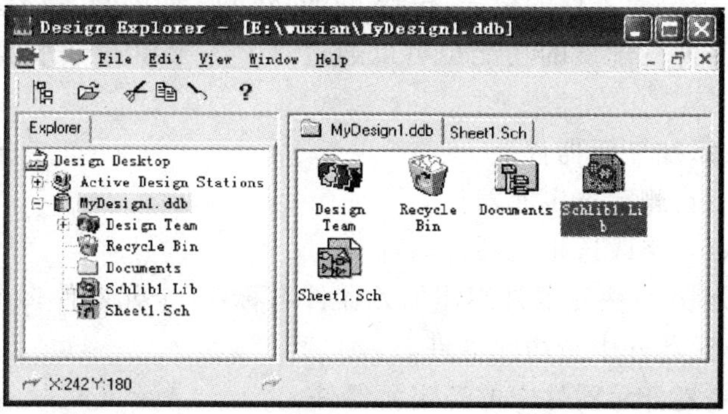

图 2－66　新建原理图元器件库

双击新建的原理图元器件库图标，就会进入如图 2－67 所示的原理图元器件库编辑工作界面。

2. 元器件管理器工具

元器件管理器是和设计管理器集成在一起的，打开或关闭与设计管理器操作一样，打开后如图 2－67 所示。

Components（元器件）区域的功能是选择所要编辑的元器件。

Group（组）区域的功能是在元器件名显示区显示指定元器件的元器件组。

Pin（引脚）区域的功能是显示元器件引脚。

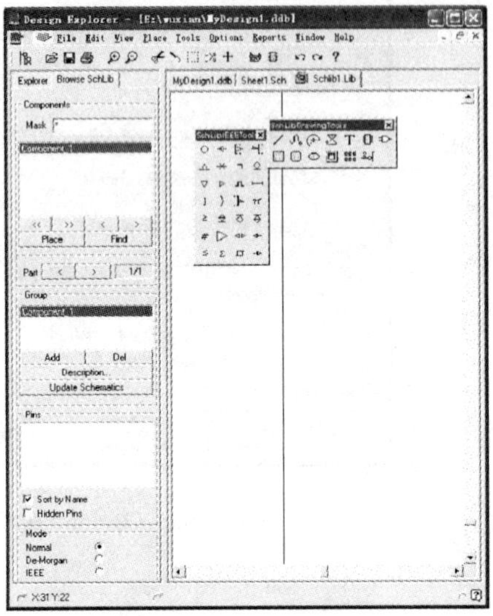

图 2 - 67　工作界面

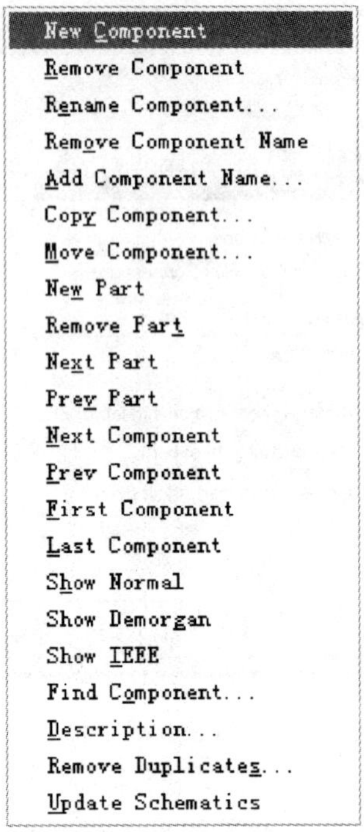

图 2 - 68　Tools 菜单项

Mode 区域功能是指定元器件的模式，包括 Normal，De-Morgan 和 IEEE 三种模式。

Tools 菜单项，元器件管理器的功能也可以通过 Tools 菜单命令来实现，Tools 菜单项如图2 - 68 所示。

New Component：添加新元器件。

Remove Component：删除选定元器件。

Rename Component：修改选定元器件名称。

Add Component Name：往元器件组添加元器件名称，一个元器件多个名称。

New Part：在复合元器件中新增元器件。

Remove Part：删除复合元器件中的选定元器件。

Update Schematics：将元器件库中编辑器中修改的元器件更新到原理图中。

3. 制作元器件

(1)绘制元器件的外形。绘制新建元器件的外形，如图 2 - 69 所示。

(2)绘制引脚。执行菜单命令 Place/Pins 或单击一般绘图工具栏上的按钮，可将编辑模式切换到放置引脚模式，此时鼠标光标旁边会多出一个大十字符号及一条短线，这时就可以进行引脚的绘制工作。如果在放置引脚前按 Tab 键，则会打开当前引脚属性编辑对话框，此时可以先设置引脚属性。放置完毕引脚后，单击鼠标右键结束操作，如图 2 - 70 所示即为绘制的引脚实例，引脚在元器件图上的放置是按顺序增加流水号。

如果需要编辑放置的引脚，则可以双击需要编辑的引脚，或者先选中引脚，然后单击鼠标右键，从快捷菜单中选取 Properties 命令，就可以进入属性对话框，如图 2 - 71 所示。

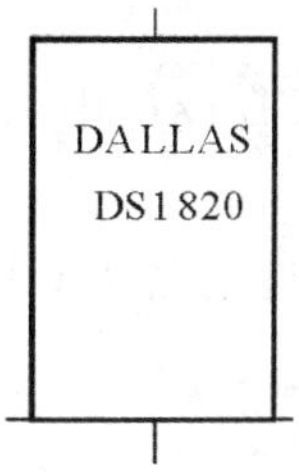

图 2－69　外形绘制完成

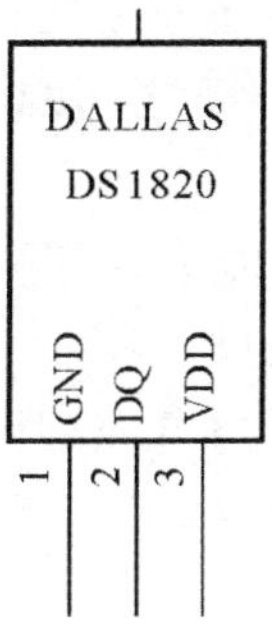

图 2－70　绘制引脚实例

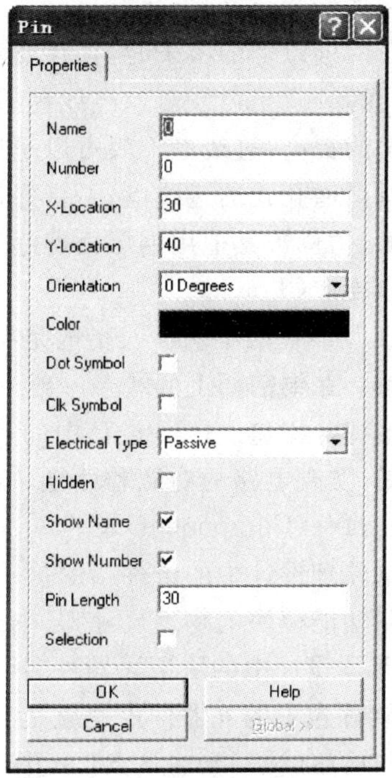

图 2－71　引脚属性对话框

2.3.4　PCB 印制板设计

2.3.4.1　印制板设计基础

初次设计印制板时，首先要对印制板有一个初步的了解，一般概念中的印制板是指在绝缘板基上通过附着的铜箔线条实现元器件引脚间的电连接。设计任务就是设计出铜箔的图形，以使电子元器件之间的连接关系正确，实现预定的电路功能。本节主要对 PCB 板设计中用到的一些基本概念作简单的解释。

1. 板层(Layer)

印刷印制板可以由许多层面构成，板层分为敷铜层和非敷铜层，平常所说的几层板是指敷铜层的层面数。一般在敷铜层放置焊盘(对应元器件引脚)、线条等完成电连接。在非敷铜层放置元器件描述字符或注释字符等，还有一些层面(如禁止布线层)用来放置一些特殊的图形来完成一些特殊的功能或指导生产。敷铜层一般包括上层面(又称元器件面)、下层面(又称焊接面)、中间层和电源层等，非敷铜层包括机械层、阻焊层、阻黏层、丝印层、禁止布线层等。设计印制板时经常会在各层面之间转换，以进行不同的设计，这种转换在出用层之间尤其频繁。

2. 焊盘(Pad)

焊盘用于固定元器件引脚或引出连线、测试线等。焊盘有圆形、矩形等多种形状，焊盘的参数有 X 方向尺寸、Y 方向尺寸、钻孔孔径尺寸等。Protel 99 SE 当然支持采用表面贴装器件进行的印制板设计，因而还有单面焊盘(SMD)，焊盘在组件中是有序的，其顺序用焊盘编号来区分。焊盘编号可以是数字，也可以是字符串，焊盘编号又叫焊盘名。

3. 过线盘(Via)

布两层以上的板子时，往往要连通两个层面上的铜箔层，将两个层面之间的线条连接在一起的"线条"就是过线盘。过线盘的参数主要有盘的外径和钻孔尺寸，形状只有圆形。随着制板技术的提高，过线盘不仅可以是通孔式的，还可以是掩埋式的。

所谓通孔式的过线盘，是指穿通所有敷铜层的过线盘，而掩埋式的过线盘则只穿通两个敷铜层面，仿佛被其他用铜层面埋起来似的。

4. 连线(Track)

PCB 设计图中的连线指的是有宽度、有位置方向(起始和终止点)、有形状(直线或弧线)的线条。在铜箔面上的线条一般用来完成电连接，在非敷铜面上的连线一般用作元器件描述或其他特殊用途。PCB 设计中的一个最主要任务是通过在敷铜面上放置一定宽度、一定形状的连线，实现电路的功能和性能。不同层面线条之间的电连接，靠焊盘或过线盘来完成。

5. 组件(Component)及其库

电原理设计中的组件指的是单元电路功能模块，是电路图符号。PCB 设计中的组件则是指电路功能模块的物理尺寸，是电子元器件的封装。

PCB 设计中的所谓元器件名(或称组件)与电原理图设计中的器件封装名相对应，相应的 PCB 软件包中的元器件库也就是元器件封装库。

6. 网络(Net)和网络表(Netlst)

从一个组件的某一个引脚上到其他引脚或其他组件的引脚上的电连接关系称作网络。每一个网络均有一个唯一的网络名称。有的网络名是在电原理图设计或编辑网络表时人为添加的，有的是由系统自动生成的，系统自动生成的网络名由该网络内两个连接点的引脚名称构成。进行 PCB 布线时，通过修改网络的操作，可以修改该网络的布线优先级、更改网络名、设定自动有线时网络的线宽等。

将一个完整电路设计的所有网络综合在一起，再加上对设计中所采用组件的描述，就构成了网络表。网络表描述着电路的器件特征和电连接关系，是原理图设计和 PCB 设计之间的纽带。简单的 PCB 电路设计不要网络表似乎没有什么不好，甚至设计的速度可能更快一些，稍复杂的 PCB 设计中，网络表的有无就已经有了很大的差别，复杂的 PCB 设计如果不用网络表，就不仅不能发挥 CAD 软件的优点和长处，而且会有无从下手的感觉。

7. 栅格(Grid)

栅格用于 PCB 设计时的位置参考和光标定位。

2.3.4.2 绘制印制电路板

从设计 PCB 图开始到结束，都离不开编辑操作。编辑指的是放置图形对象、删除图形对象、修改图形对象、移动图形对象等操作，编辑印制板界面及菜单如图 2-72 所示。

在主菜单 Edt 中选择 Place 选项后，弹出如图 2-72 所示的菜单。菜单中各项均是所要放置的图形对象的名称，按需要选取一种图形进行放置操作。

1. 中心定位放置圆弧——Arc(Center)

选择中心定位放置圆弧后，出现设定的板图光标。首先在 PCB 设计图上选定一点，按鼠标左键或 Enter 键，此点就被定为圆心。此时，如果按下 Tab 键，就会弹出如图 2-73 所示的对话框，让用户选择圆弧线宽及所属层面；如果没有按下 Tab 键，系统就采用上次画派或画线时采用的线宽及所属层面。选定了圆弧线宽之后，扯动光标时，圆弧半径就随之变化，待半径合适时，按鼠标左键或 Enter 键，半径和弧的起点就被确定了。随后按下鼠标左键或 Enter 键，确定圆弧的终点。一个圆弧放立完毕后，设定的板图光标仍出现在设计视窗上，允许用户继续放置下一个圆弧，此时，用 Esc 键或鼠标右键可以退出放置圆弧的操作，圆弧从起始点开始沿逆时针方向旋转至终点。圆弧角度的取值范围是 0°～460°，以右向 X 轴作为 0°，按逆时针方向计算角度。

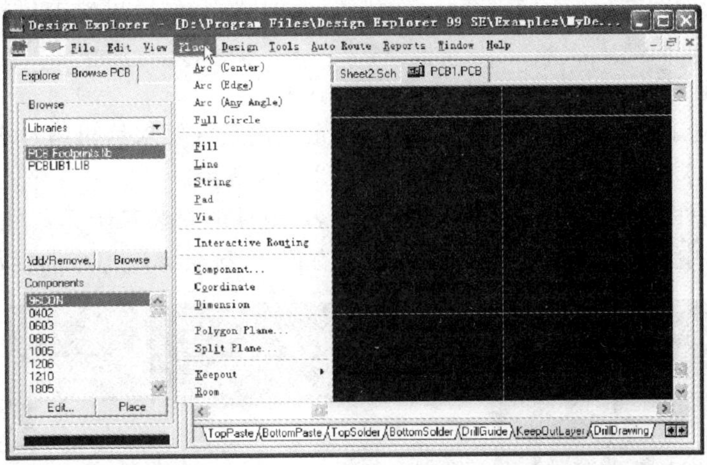

图 2－72　编辑命令菜单

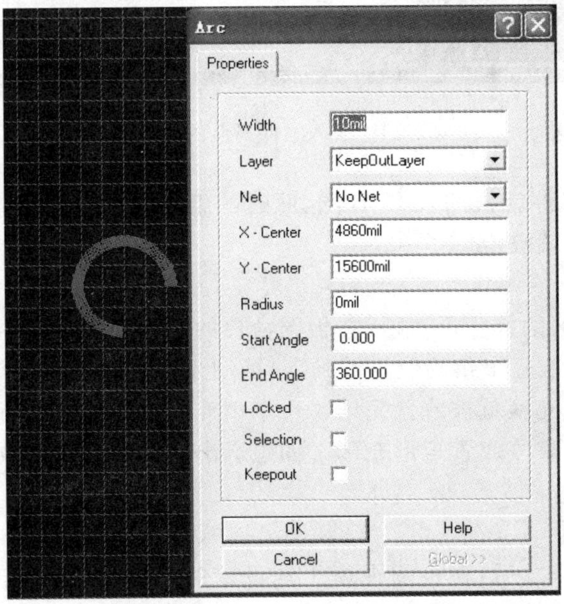

图 2－73　画线的属性

2. 边界定位放置圆弧——Arc(Edge)

选择边界定位放置圆弧后，出现设定的板图光标。在 PCB 设计图上用鼠标左键或 Enter 键首先确定的点是圆弧的起点。随后拖动光标时，光标是圆心，已确定的圆弧起点和光标之间的连线是圆弧半径，再按鼠标左键或 Enter 键时，圆心和半径就被完全确定。后续的光标移动改变圆弧的终点，按鼠标左键或 Enter 键确认后，园弧就被放置完毕。退出操作和热键操作同上。

3. 角度旋转法——Arc(Any Angle)

执行该命令后，光标变成了十字形状，将光标移到所需的位置，单击鼠标，确定圆弧的起点。然后再移动光标到适当位置单击鼠标，确定圆弧的圆心，最后再单击鼠标确定圆弧终点。按鼠标左键或 Enter 键确认。

4. 放置组件——Component

选择在 PCB 设计图上放置组件的操作时，首先要按系统要求给出组件名称、组件编号及组件标识。系统要求输入组件属性的对话框如图 2-74 所示。

PCB 图上的组件名称实际上是元器件的封装名，组件的封装存于元器件封装库中。如果系统装入的封装库中没有该组件或输入的组件名有误，系统会弹出相应的提示框。

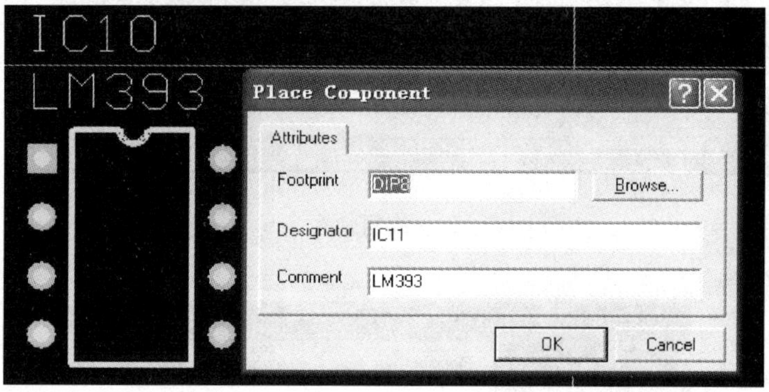

图 2-74　输入组件属性的对话框

输入组件属性后，组件就被调入 PCB 图，此时的组件跟随光标移动，选定合适位置，按鼠标左键或 Enter 键，组件就被定位了。

5. 放置矩形填充区——Fill

选择放置矩形填充区的操作后，显示在板图窗口的光标变成设定的板图光标，按下鼠标左键或 Enter 键，矩形填充区一个角的位置被确定，扯动光标到要填充的矩形对角，再按下 Enter 键或鼠标左键时，矩形填充区就被放置完毕。一个填充区放置完毕后，设定的板图光标仍出现在设计视窗上，允许用户重复放置矩形充区。如想退出矩形填充区的放置操作，按下鼠标右键或 Esc 键即可。

6. 放置焊盘——Pad

选择放置焊盘的操作之后，在板图视窗出现设定的光标，将光标定位在要放置焊盘的位置，按目标左键或 Enter 键，设定的焊盘就被放置在 PCB 图上了。

一个焊盘放置完毕后，设定的板图光标仍出现在设计视窗上，允许用户重复放置焊盘。如想退出焊盘的放置操作，按下鼠标右键 Esc 键即可。

7. 放置字符串——String

选择在 PCB 设计图上放置字符串按下 Tab 键后，系统弹出要求输入字符串对话框，输入了字符串之后，按下 OK 按钮或 Enter 键，字符就跟随着光标在被激活的设计窗口上移动，移动光标到合适的位置后按下鼠标左键或 Enter 键，字符就被定位放置，以后，系统重复上述操作，直到按下鼠标右键或 Esc 键。

8. 放置走线——Track

选择放置走线的操作后，在当前设计图上出现设定的极图光标，按下鼠标左键或 Enter 键后，线的这点就被定位。移动光标至合适位置，再按鼠标左键或 Enter 键，线的终点也就被确定，一条有宽度、有方向的线条就被放置在当前工作层面了。在一条线的终点被确定的同时，另一条线段的起点也就被确定了。如想另选起点放置走线，只须在此时按 Esc 键或鼠标右键。如想退出布线操作，再按 Esc 键或鼠标有键即可。

几个常用热键："＋"和"－"切换工作层面；"＊"在敷铜层面内切换工作层面；"Space"切换走线方式。

9. 放置过线盘——Via

选择放置过线盘的操作之后，在板图视窗出现设定的光标，将光标定位在要放置过线盘的位置，按鼠标左键或 Enter 键，设定的过线盘就被放置在 PCB 图上了。Esc 键或鼠标右键可以退出放置过线盘的操作。

10. 放置多边形线条填充区域——Polygon Plane

多边形线条填充区就是将当前层内人工圈定的多边形区域用水平或/和垂直线填充，一般用于地线、边框等的设计。系统在敷铜层面上放置多边形填充区时，除与指定的网络连接外，与其他网络的间隔满足系统设定的绝缘间隔值。

2.3.4.3　印制电路板的自动设计

1. 规划电路板

元器件布置区域限制一般由 Keep Out Layer 中放置的导线围成的多边形或圆弧确定，这也就确定了电路板的电气轮廓。通常这个外层轮廓边界与电路板的物理边界相同，该轮廓边界由设计规则检查器(Design Rule Checker)、自动布局器(Autoplacer)和自动布线器(Autorouter)所用，规划电路板如图 2－75 所示。

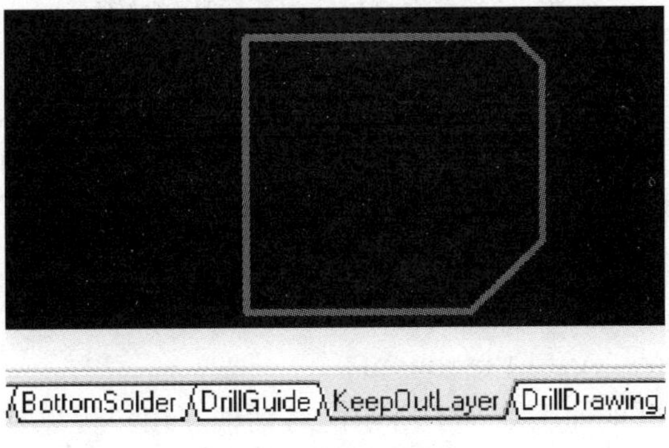

图 2－75　规划电路板

2. 载入网络表和元器件

在载入网络表和元器件之前，先要载入所需的元器件封装库，其步骤为：执行 Design/Add/Remove Library 命令，浏览到要载入的元器件封装库，添加即可。载入元器件库以后，就可以装入网络表与元器件了。网络表与元器件的装入过程实际上是将原理图设计的数据装入印制电路板设计系统的过程。

如果确认所需元器件库已经装入程序，那么用户就可以按照下面的步骤将网络表与元器件装入：

(1)打开已经创建的 PCB 文件。

(2)执行命令 Design/Load Nets。

(3)执行该命令后，系统会弹出如图 2－76 所示的载入网络表与元器件对话框。

(4)在 Netlist File 框中输入网络表文件名。如果不知道网络表文件所在的位置，可以单击对话框中的 Browse 按钮选取网络表目标文件。

(5)确定没有错误和警号后，点击 Execute，即可载入网络表和元器件。如有错误则返回原理图修改。

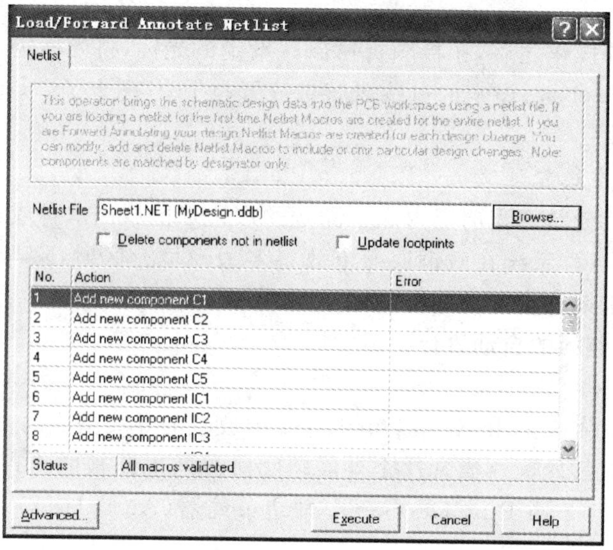

图 2－76　载入网络表与元器件对话框

3. 元器件的自动布局

装入网络表和元器件封装后，要把元器件封装放入工作区，这就需要对元器件封装进行布局，Protel 99 SE 提供了强大的自动布局功能，用户只要定义好规则，Protel 99 SE 就可以将重叠的元器件封装分离开来。

元器件自动布局的操作步骤如下：

(1)首先执行命令 Tools/Auto Placement。

(2)执行该命令后，会出现如图 2－77 所示的对话框。用户可以在该对话框中设置有关的自动布局参数。在一般情况下，可以直接利用系统的默认值。

Protel 99 SE PCB 编辑器提供了两种自动布局方式，每种方式均使用不同的计算和优化元器件位置的方法，两种方法描述如下：

Cluster Placer 自动布局器(见图 2－78)的布局方式基于元器件的连通属性分为不同的元器件束，并且将这些元器件按照一定几何位置布局。这种布局方式适合于元器件数量较少(小于 40)的 PCB 制作。

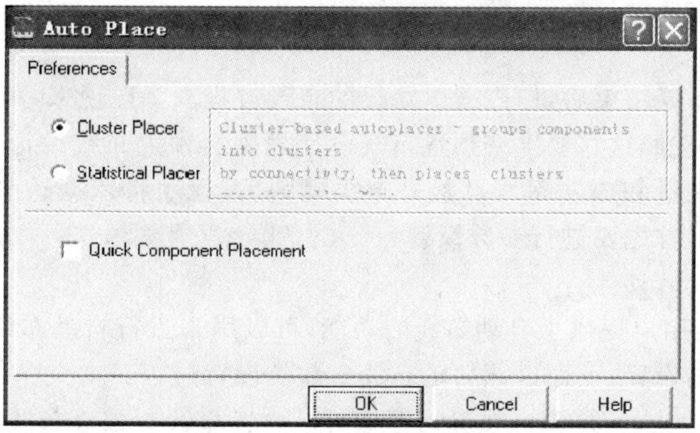

图 2-77　自动布局对话框

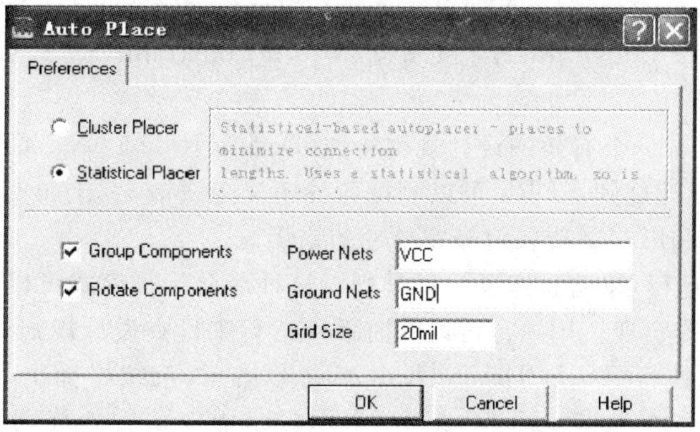

图 2-78　选择 Statistical Placer 选项的对话框

Statistical Placer(也称为 Global Placer)统计布局器使用一种统计算法来放置元器件，以便使连接长度最优化。如果元器件数量超过 40，建议使用统计布局器。

选择 Statistical Placer 选项时的对话框如图 2-78 所示。下面介绍各选项的含义：

Group Components：该选项的功能是将在当前网络中连接密切的元器件归为一组。在排列时，将该组的元器件作为群体而不是个体来考虑。

Rotate Components：该选项的功能是依据当前网络连接与排列的需要，使元器件重组转向。如果不选用该项，则元器件将按原始位置布置，不进行元器件的转向动作。

Power Nets：定义电源网络名称。

Ground Nets：定义接地网络名称。

Grid Size：设置元器件自动布局时的栅格间距的大小。

(3)点击 Ok 按钮即可实现自动布局功能。

4. 手工编辑调整元器件的布局

程序对元器件的自动布局一般以寻找最短布线路径为目标，因此元器件的自动布局往往不太理想，需要用户手工调整。元器件虽然已经布置好了，但元器件的位置还不够整齐，不是元器件排列整齐的 PCB，因此必须重新调整某些元器件的位置。进行位置调整，实际上就是对元器件及元器件标注进行排列、移动和旋转等操作。

5. 自动布线

在印制电路板布局结束后，便进入电路板的布线过程。一般说来，用户先是对电路板布线提出某些要求，然后按照这些要求来预置布线设计规则。预置布线设计规则的设置是否合理将直接影响布线的质量和成功率。设置完布线规则后，程序将依据这些规则进行自动布线。因此，自动布线之前，首先要进行参数设置。

6. 自动布线参数的设置

Protel 99 SE 为用户提供了自动布线的功能，可以用来进行自动布线。在自动布线之前，必须先进行其参数的设置，下面讲述自动布线参数的设置过程。

首先执行命令 Design/Rules，在对话框中可以设置布线参数。布线规则一般都集中在规则类(Rule Classes)中。在该选项卡中可以设置：走线间距约束(Clearance Constrant)，布线拐角模式(Routing Corners)，布线工作层(Routing Layers)，布线优先级(Routing Priority)，布线的拓扑结构(Routing Topology)，过孔的类型(Routing Via Style)，走线拐弯处与元器件的距离(SMD To Corner Constraint)，走线宽度(Width Constraint)。

7. 设计规则检查

Protel 99 SE 具有一个有效的设计规则检查(Design Rule Check，DRC)功能，该功能可以确认设计是否满足设计规则。DRC 可以测试各种违反走线情况，比如安全错误、未走线网络、宽度错误、长度错误和影响制造和信号完整性的错误。

DRC 可以后台运行，以防止违反设计规则。这种后台运行模式可以通过设计规则检查对话框的 Online 选项卡实现。用户也可以随时手动运行来检查设计规则是否违反。

运行 DRC 可以执行 Tools/Design Rule Check 命令，系统将弹出 DesignRule Check(设计规则检查)对话框。在 Report(报告)选项卡中设定需要检查的规则选项。然后单击 Run DRC 按钮，就可以启动 DRC 运行模式，完成检查后将在设计窗口显示任何可能的规则违反。

注意:DRC 是一个有效的自动检查特征，既能够检查用户设计的逻辑完整性，也可以检查物理完整性。在设计任何 PCB 时该功能均应该运行，对涉及的规则进行检查，以确保设计符合安全规则，并且没有违反任何规则。

8. 自动布线

布线参数设置好后，就可以利用 Protel 99 SE 提供的具有世界一流技术的布线器进行自动布线了。执行自动布线的方法主要有以下几种。

(1)全局布线。执行 Auto Route/All 命令，系统将弹出如图 2-79 所示的自动布线设置对话框。通常，采用对话框中的默认设置，就可以实现 PCB 的自动布线，但是用户也可以设置某些选项，例如可以分别设置 Router Passes(可走线通过)选项和 Manufacturing Passes(可制造通过)选项。如果用户需要设置测试点，可以选中 Add Testpoints(添加测试点)复选框；如果用户已经手动实现了一部分布线，而且不想让自动布线处理这部分布线的话，可以选中 Lock All Pre-Route(锁定所有预拉线)复选框。在 Routing Grid(布线间距)编辑框中可以设置布线间距，如果设置不合理，系统会分析是否合理，并通知设计者。单击 Route All 按钮，系统就开始对电路板进行自动布线。

(2)对选定网络进行布线。执行 Auto Route/Net 命令，由程序对选定的网络进行布线工作。执行该命令后，光标变为十字形状，用户可以选取需要进行布线的网络。

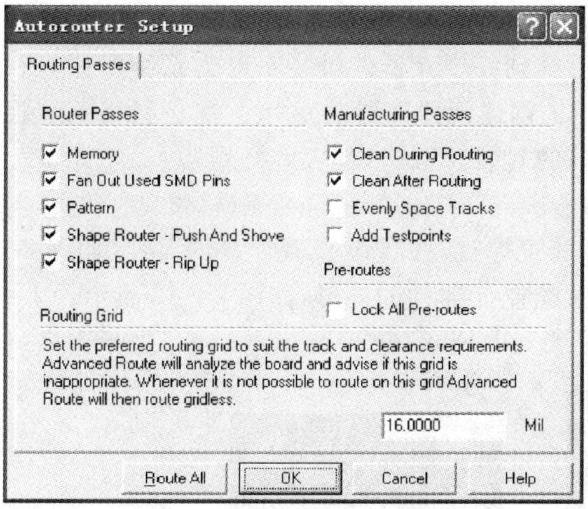

图 2-79 自动布线设置对话框

(3)对两连接点进行布线。用户可以定义某条连线,然后执行 Auto Routing/Connection 命令,使程序仅对该条连线进行自动布线,也就是对两连接点之间进行布线。

(4)指定元器件布线。执行 Auto Route/Component 命令,使程序仅对与该元器件相连的网络进行布线。

(5)指定区域进行布线。用户自己选择好布线区域,然后执行 Auto Route/Area 命令,使程序的自动布线范围仅限于该定义区域内。

2.3.5 元器件封装设计

Protel 99SE 系统自带的元器件封装样式非常多,但对于新型元器件就没有其对应的封装,只有通过元器件封装编辑器来制作。制作封装一般有两种方法,即手工法和向导法。

1. 元器件封装编辑器

执行菜单命令 File/New,显示新建文件对话框,从对话框中选择元器件封装编辑器图标(PCB Library Document),建立元器件封装编辑文档,即可进入元器件封装编辑器,如图 2-80 所示。PCB 元器件封装编辑器的界面和 PCB 编辑器比较类似。

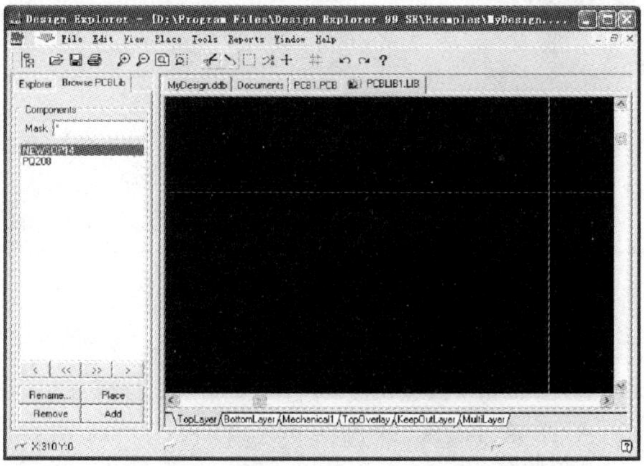

图 2-80 元器件封装编辑器

2. 创建元器件封装

新建的元器件封装要放到一个元器件封装库里为系统所用，所以要先建一个元器件封装库，例如 PCBlib1. lib。手工创建元器件封装实际上就是利用系统提供的绘图工具，按照实际的设计要求绘制出元器件的封装。

步骤：

(1)执行 Place/Pad，放置焊盘，按 Tab 设置焊盘的属性，如图 2－81 所示。

(2)在 TopOverlay 层绘制元器件的外形，如图 2－82 所示。

(3)绘制完成后，执行 Tool/Rename Componet 命令进行更名，如图 2－83 所示。

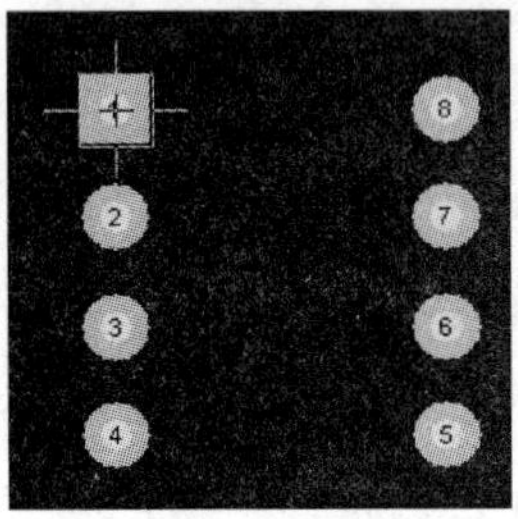

图 2－81　放置焊盘图

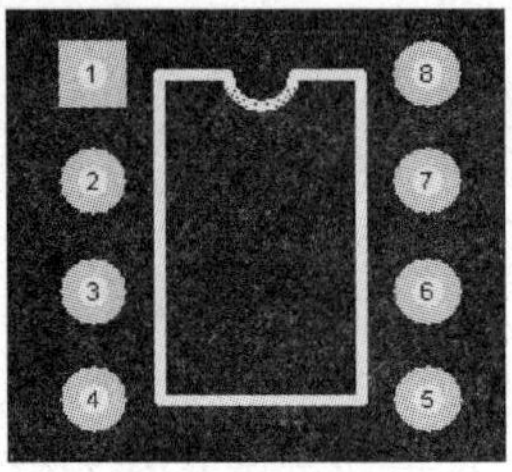

图 2－82　绘制完成

图 2－83　新元器件封装命名对话框

3. 利用向导创建

Protel 99 SE 提供的元器件封装创建向导是电子设计领域里的新概念，它允许用户预先定义设计规则，在这些设计规则定义结束后，元器件封装库编辑器会自动生成相应的新元器件封装。执行 Tools/New Component 菜单命令即可启动此向导，如图 2－84 所示。

点击 Next 系统将弹出如图 2－85 所示的选择元器件封装样式对话框。

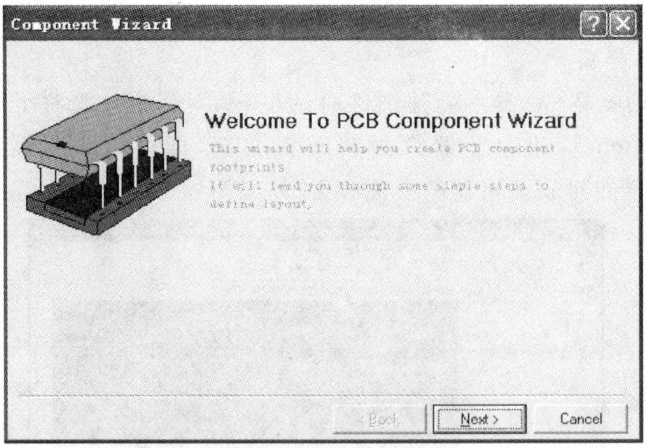

图 2－84　元器件封装创建向导

在该对话框中可以设置元器件的外形。Protel 99 SE 提供了 11 种元器件的外形供用户选择，其中包括 Ball Grid Arrays(BGA，球栅阵列封装)、Capacitors(电容封装)、Diodes(二极管封装)、Dual in－line Package(DIP 双列亘插封装)、Edge Connectors(边连接样式)、Leadless ChipCarrier(LCC，无引线芯片载体封装)、Pin Grid Arrays(PGA，引脚网格阵列封装)、

QuadPacks(QUAD,四边引出扁平封装 PQFP)、Small Outline Package(SOP,小尺寸封装)、Resistors(电阻样式)等。

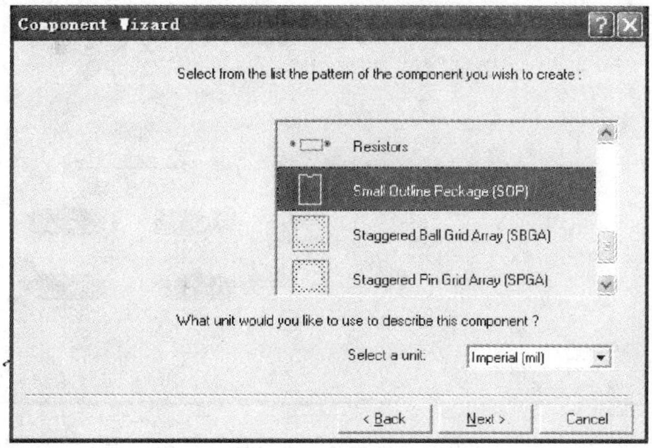

图 2-85　元器件封装样式对话框

我们选择 SOP 为例。单击 Next 按钮,弹出如图 2-86 所示的设置焊盘尺寸对话框。在该对话框中可以设置焊盘的有关尺寸。用户只须在需要修改的地方单击鼠标,然后输入尺寸即可。

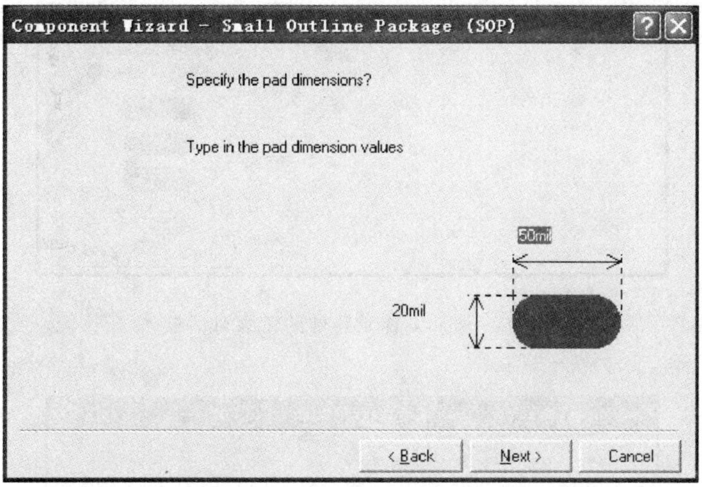

图 2-86　设置焊盘尺寸对话框

单击 Next 按钮,弹出如图 2-87 所示的设置引脚的水平间距、垂直间距和尺寸的对话框,设置方法同上。

单击 Next 按钮,弹出如图 2-88 所示的对话框,用户可以在该对话框设置元器件的轮廓宽度,设置方法同上。

单击 Next 按钮,进入输入元器件的引脚数的对话框,如图 2-89 所示,输入元器件的引脚数即可。

单击 Next 按钮,向导要求设置新元器件的封装的名称,如图 2-90 所示,设置方法同上。

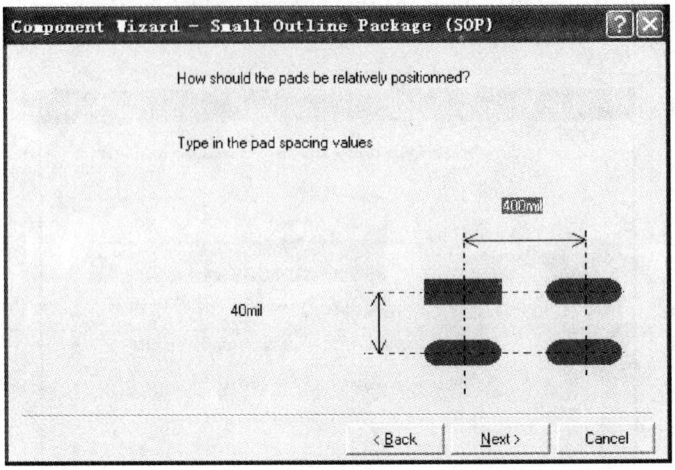

图 2-87　设置引脚的间距对话框

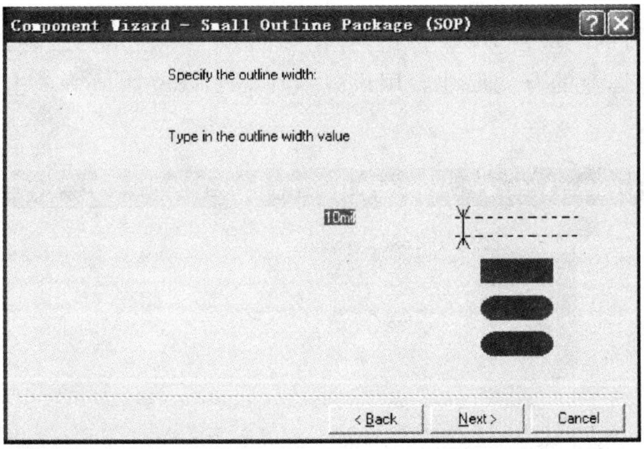

图 2-88　设置元器件的轮廓对话框

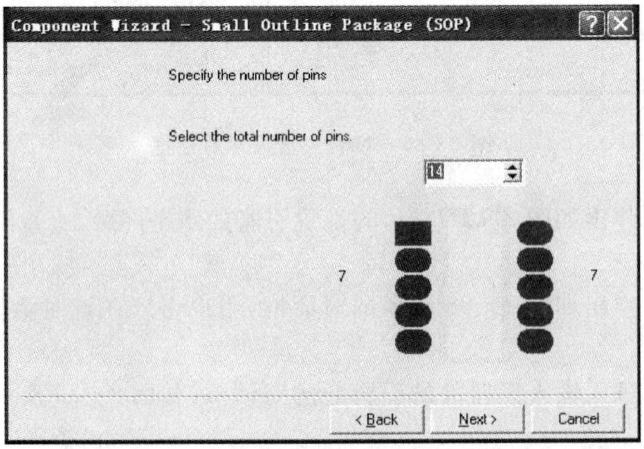

图 2-89　设置元器件引脚

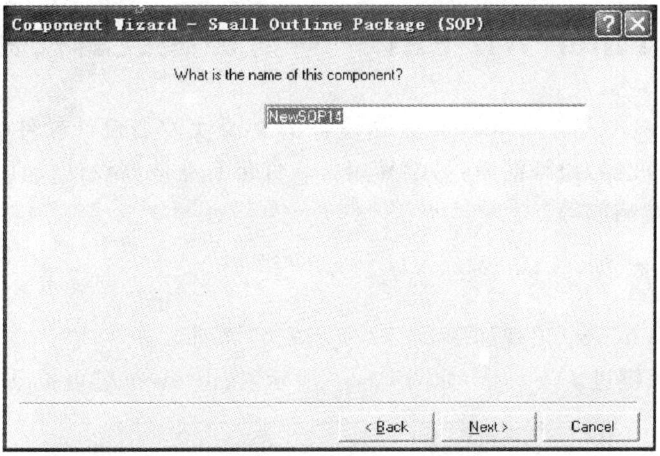

图 2－90　设置元器件名称

点击图中的 Filish 按钮(见图 2－91),即可完成新元器件封装的建立,完成后的新元器件封装如图 2－92 所示。

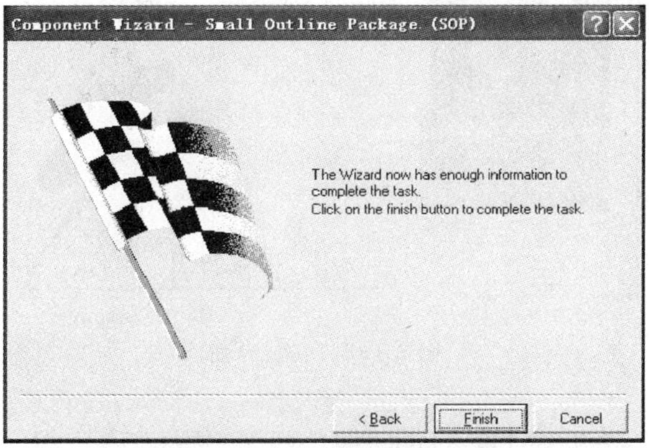

图 2－91　向导完成对话框

图 2－92　完成的新元器件封装

2.4 Filter Wiz PRO——有源滤波器设计软件

Filter wiz pro v3.0 是 Schematica 公司设计的有源滤波器设计软件，可设计低通、高通、带通、带阻等有源滤波器，设计简单，易学易用。软件带有滤波器设计仿真，用户可预览每一级所选择的电路的增益响应等。

2.4.1 安装

步骤 1：双击 setup.exe 出现如图 2-93 所示安装界面。

步骤 2：按 Next 键进入下一步，如图 2-94 所示，按 Browse 键可更改安装路径。

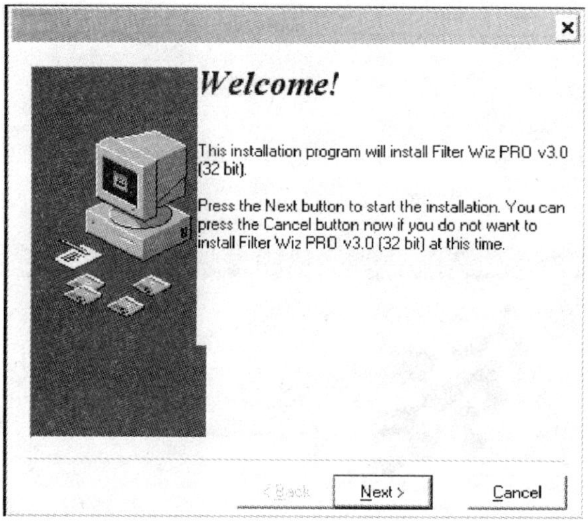

图 2-93 安装界面

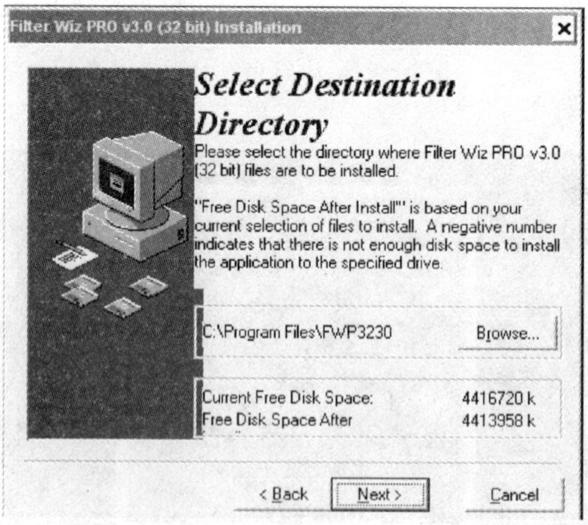

图 2-94 更改安装路径

步骤 3：按 Next 键准备安装，安装完成如图 2－95 所示。

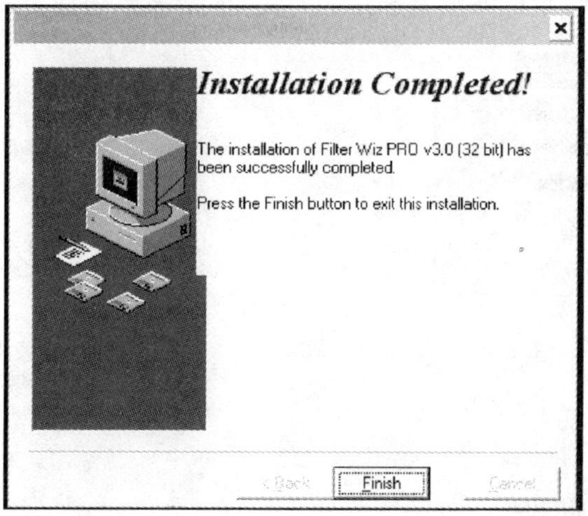

图 2－95　安装完成

步骤 4：安装注册码。打开滤波器设计面板，如图 2－96 所示，按 continue 键，然后在 Register 菜单下选择安装注册码，填入用户名和注册码即可。

图 2－96　滤波器面板

2.4.2　界面说明

1. File 菜单（见图 2－97）

图 2－97　File 菜单面板

2. Start Design 菜单(见图 2－98)

设计低通、高通、带通、带阻滤波器和用户自定义,滤波器快捷方式面板如图 2－99 所示。

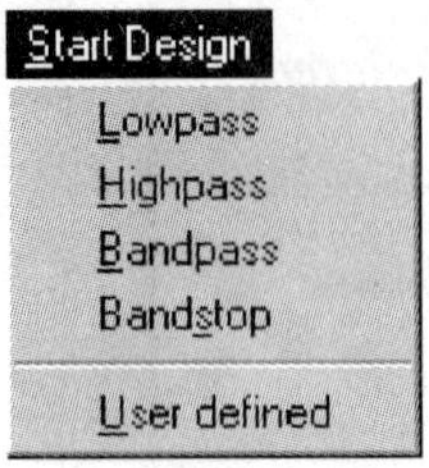

图 2－98　Start Design 菜单面板

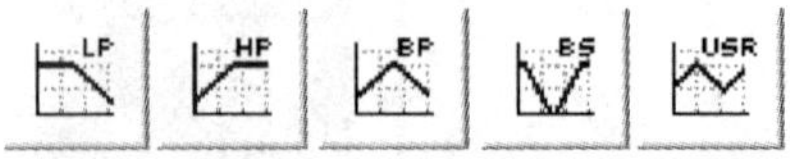

图 2－99　滤波器快捷方式面板

3. Options 菜单(见图 2－100)

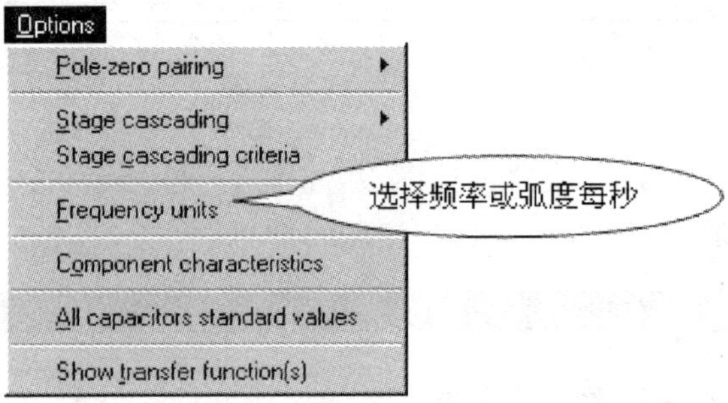

图 2－100　Options 菜单面板

4. Inventory 菜单(见图 2－101)

此菜单用来设置设计的滤波器中用到的电容电阻值。

5. Tools 菜单(见图 2－102)

其中,dB＜－＞V/V 为增益和电压之间的转换;Resistor values 为电阻精度选择。

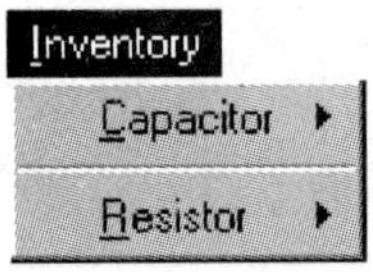

图 2－101　Inventory 菜单面板

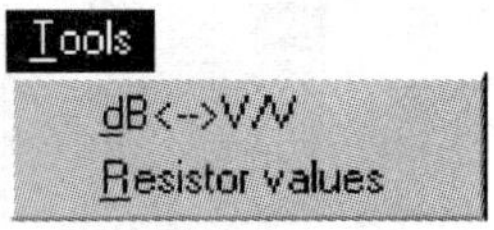

图 2－102　Tools 菜单面板

2.4.3　设计实例——低通滤波器

设计要求:设计一个有源低通滤波器,指标为 $f_c=1$ kHz,通带电压放大倍数 $A_{uo}=2$,在 $f=10\ f_c$ 时,要求幅度衰减大于 30 dB。

设计步骤:

(1)由衰减估算式:$-20n$dB/10 倍频,得 $n=2$。

(2)在 Start Desigen 菜单下选择 Lowpass 或在快捷菜单选中图标，就会出现滤波参数设计界面，如图 2－103 所示。

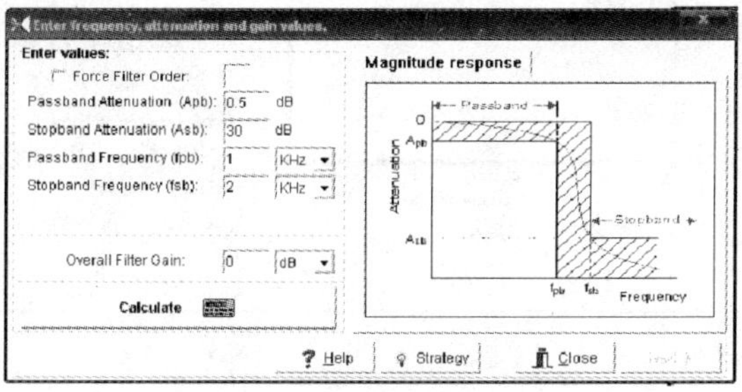

图 2－103　低通滤波器设计界面

低通滤波设计界面分为 3 部分:第一部分为 Enter values，既参数设置:

Force Filter Order 为滤波器阶数选择，可以自己设定，也可由此软件设定，在这里设定为 2 阶。

Passband Attenuation(Apb)为通带衰减，根据自己的设计要求填写，在这要求为 0.5 dB。

Stopband Attenuation(Asb)为阻带衰减，自己设定阶数时不填。

Passband Frequency(fpb)为通带频率，根据要求填写。

Stopband Frequency(fsb)为阻带频率，自己设定阶数时不填。

第二部分为 Calculate ，即对输入参数进行计算，得出结果如图 2－104 所示。

在第三部份中显示，有阶数、电路级数、通带文波、极点对、零点对等，而且有 5 种滤波器模式供选择，分别为 Butterworth，Chebyshev，Inverse Chebyshev，Elliptic，Bessel。

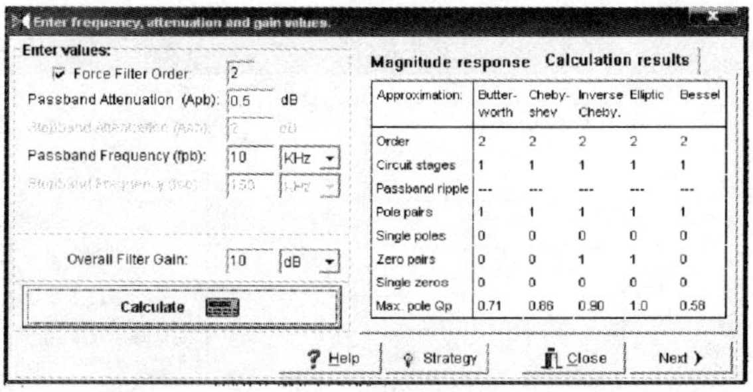

图 2－104　滤波器参数计算结果

在第一部分中设计好各参数后，按第二部分的 Calculate 后就可得各类型滤波器的传递参数。按 Next 后可看见所设计滤波器理想情况下的幅频特性曲线，如图 2－105 所示。图中所示为 5 种滤波器的幅频特性曲线，还有 Phase，Pole－Zero 图等选项页，选中右侧 ViewSingle 可单独显示每种曲线，如果更改设置按 Back 键返回上一层，确认按 Next 键，进入电路图选择页，如图 2－106 所示。

此图中即为设计电原理图，中间显示共 13 组图可供选择，按键选好后，按 Select 键选择。按 Next 键可得电阻、电容数据，如图 2－107 所示。

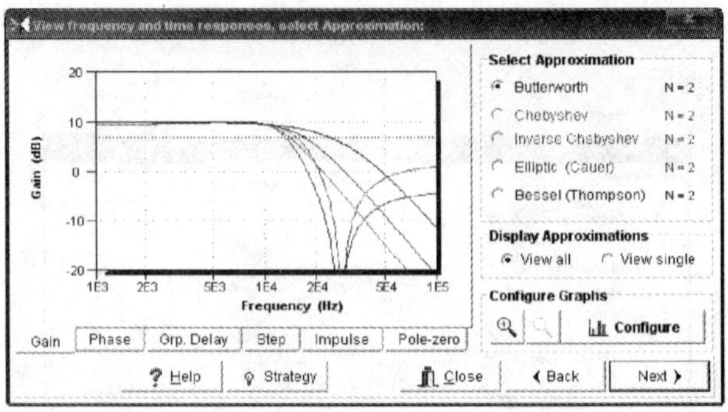

图 2－105　理想幅频特性曲线

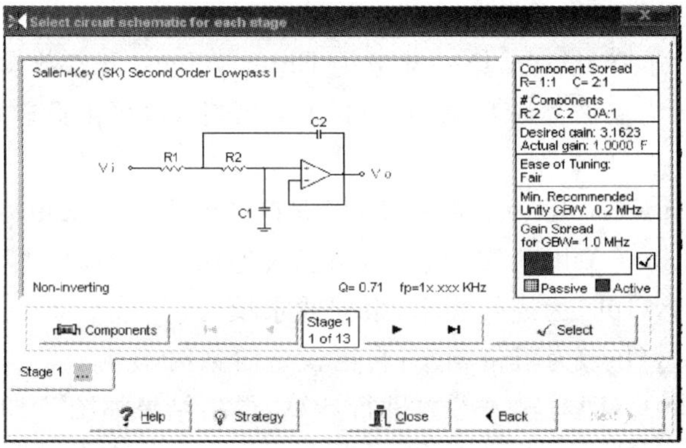

图 2－106　滤波电路选择

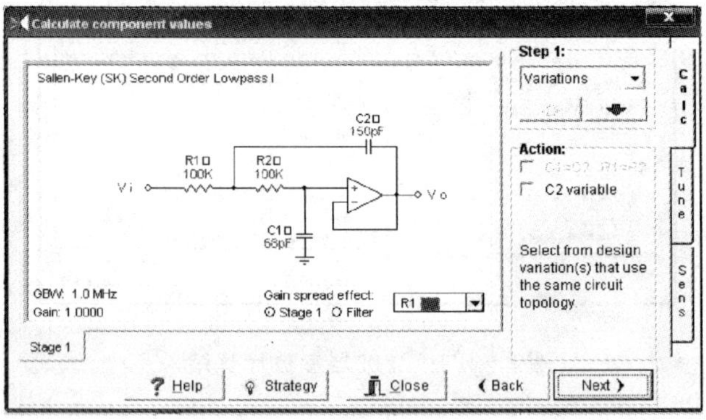

图 2－107　电路各参数确定

图中各阻值可调整为标称值，如果方案可行，按 Next 键进入下一步，不可行，按 Back 键返回。这里假定是可行的，进入下一步如图 2－108 所示。

图 2－108 为所设计的滤波器 Gain 曲线，如不符合要求，按 Back 键返回上一层修改，如符合，就可打印出电原理图到文档或直接打印输出。到此，一个低通滤波器就设计出来了，高通、带通设计步骤和低通设计一样，请读者仔细体会。

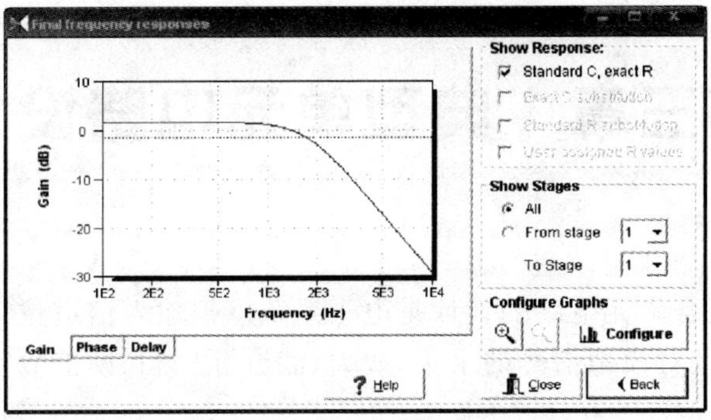

图 2-108　设计的滤波器特性曲线

第三章　典型单元电路设计

各种模拟、数字、混合单元电路的设计是电子系统模拟输入信道位于模数混合系统的前向通道，在这个信道中涉及对模拟信号的采集、放大、滤波、隔离和模拟数字转换（见图 3－1）。

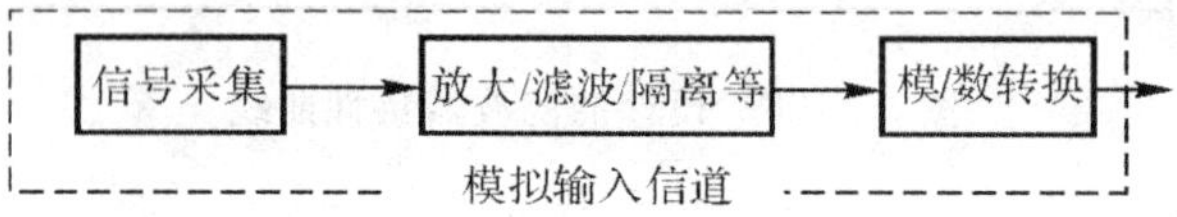

图 3－1　前向模拟输入信道

3.1　信号采集电路——温度传感器电路

信号采集是指将被采集的物理对象（如温度、湿度、亮度、压力等）转换成电信号（电流、电压或频率信号），一般可以通过敏感元件、传感器或测量仪表实现。传感器是用敏感元件加上适当的电路构成，通常应根据被测对象的属性选择敏感元件或传感器的类型。例如，要将温度转换为电信号，可以选择热敏电阻或利用 PN 结的温度特性来完成转换，也可以采用热电偶或其他测温元件。

例如，集成温度传感器 AD590 是 AD 公司利用 PN 结正向电流与温度的关系制成的电流输出型两端温度传感器。这种器件在被测温度一定时，相当于一个恒流源。该器件具有良好的线性和互换性，测量精度高，并具有消除电源波动的特性。即使电源在 5～15 V 之间变化，其电流只是在 1 μA 以下作微小变化。

当被测温度一定时，AD590 相当于一个恒流源，把它和 5～30 V 的直流电源相连，并在输出端串接一个 1 kΩ 的恒值电阻，那么，此电阻上流过的电流将和被测温度成正比，此时电阻两端将会有 1 mV/K 的电压信号。其基本电路如图 3－2 所示。

图 3－2 所示是利用 ΔU_{BE}特性的集成 PN 结传感器的感温部分核心电路。其中 T1，T2 起恒流作用，可用于使左右两支路的集电极电流 I_1 和 I_2 相等；T3，T4 是感温用的晶体管，两个管的材质和工艺完全相同，但 T3 实质上是由 n 个晶体管并联而成，因而其结面积是 T4 的 n 倍。T3 和 T4 的发射结电压 U_{BE3} 和 U_{BE4} 经反极性串联后加在电阻 R 上，所以 R 上端电压为 ΔU_{BE}。因此，电流 I_1 为 $I_1=\Delta U_{BE}/R=(KT/q)(\ln n)/R$。对于 AD590，$n=8$，这样，电路的总电流将与热力学温度 T 成正比，将此电流引至负载电阻 R_L 上便可得到与 T 成正比的输出电压。由于利用了恒流特性，所以输出信号不受电源电压和导线电阻的影响。图中的电阻 R 是在硅板上形成的薄膜电阻，该电阻已用激光修正了其电阻值，因而在基准温度下可得到 1 μA/K 的 I 值。

在设计测温电路时，首先应将电流转换成电压。由于 AD590 为电流输出元件，它的温度每升高 1 K，电流就增加 1 μA。当 AD590 的电流通过一个 10 kΩ 的电阻时，这个电阻上的压降为 10 mV，即转换成 10 mV/K，为了使此电阻精确(0.1%)，可用一个 9.6 kΩ 的电阻与一个 1 kΩ 电位器串联，然后通过调节电位器来获得精确的 10 kΩ。图中所示是一个电流/电压和绝对/摄氏温标的转换电路，其中运算放大器 A1 被接成电压跟随器形式，以增加信号的输入阻抗。而运放 A2 的作用是把绝对温标转换成摄氏温标，给 A2 的同相输入端输入一个恒定的电压(如 1.235 V)，然后将此电压放大到 2.73 V。这样，A1 与 A2 输出端之间的电压即为转换成的摄氏温标。将 AD590 放入 0℃的冰水混合溶液中，A1 同相输入端的电压应为 2.73 V，同样使 A2 的输出电压也为 2.73 V，因此 A1 与 A2 两输出端之间的电压：0 V 即对应于 0℃。

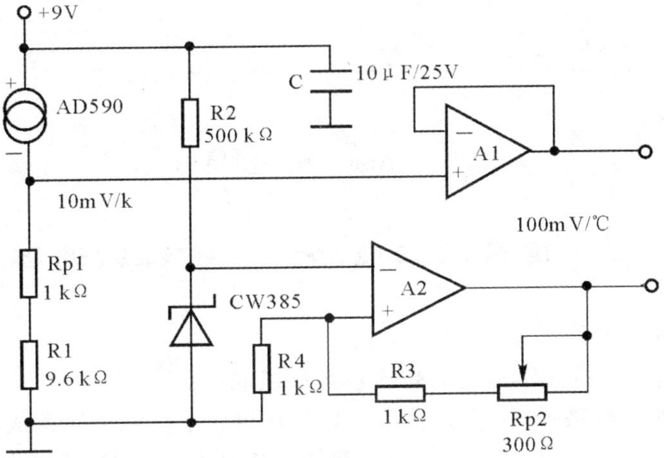

图 3－2　电流/电压及绝对/摄氏转换电路

3.2　信号放大电路——自动增益控制的放大电路

电路参数设计要求：输入信号幅度 VINP：+2 V，带宽可调。

AD603 是美国 ADI 公司的专利产品，是一个低噪、90 MHz 带宽增益可调的集成运放，如增益用分贝表示，则增益与控制电压成线性关系。管脚间的连接方式决定了可编程的增益范围，增益在－11～＋30 dB 时的带宽为 90 MHz，增益在＋9～＋41 dB 时具有 9 MHz 带宽，改变管脚间的连接电阻，可使增益处在上述范围内.

如图 3－3 所示，由两级 AD603 构成的具有自动增益控制的放大电路，图中由 Q1 和 R8 组成一个检波器，用于检测输出信号幅度的变化。由 Cav 形成自动增益控制电压 V_{agc}，流进电容 Cav 的电流 Q2 和 Q1 两管的集电极电流之差，而且其大小随 A2 输出信号的幅度大小变化而变化，这使得加在 A1，A2 放大器 1 脚的自动增益控制电压 V_{agc} 随输出信号幅度变化而变化，从而达到自动调整放大器增益的目地。

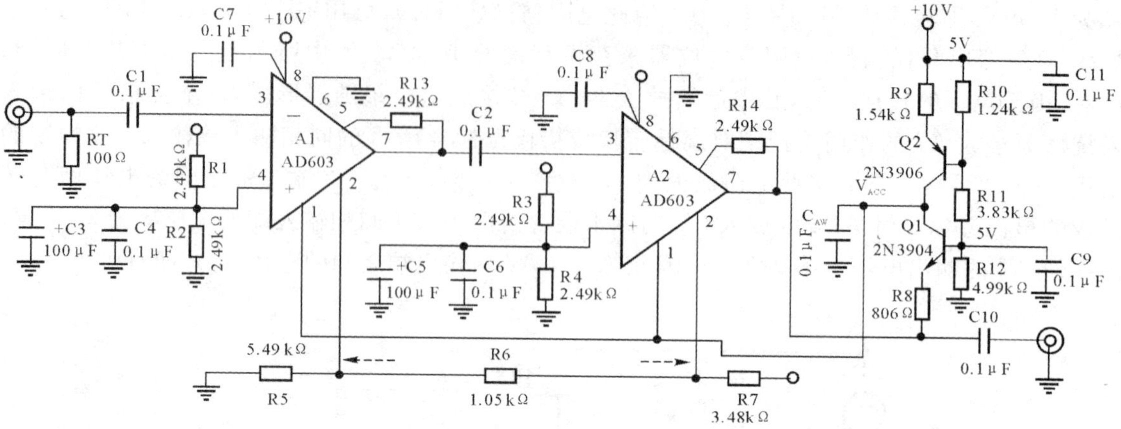

图 3-3　AD603 典型应用电路

3.3　信号滤波电路——有源滤波器

1. 集成运放构成的有源滤波器

采用一个 LM324，它由 4 个独立的高增益运放组成，直流增益可达 100 dB。如图 3-4 所示是模拟信道滤波器的电路图，它是由一个有源低通和一个有源高通组成。左端是一个 2 阶低通滤波器，右端是一个 2 阶高通通滤波器。两个电路串接在一起，可以大大地提高增益。

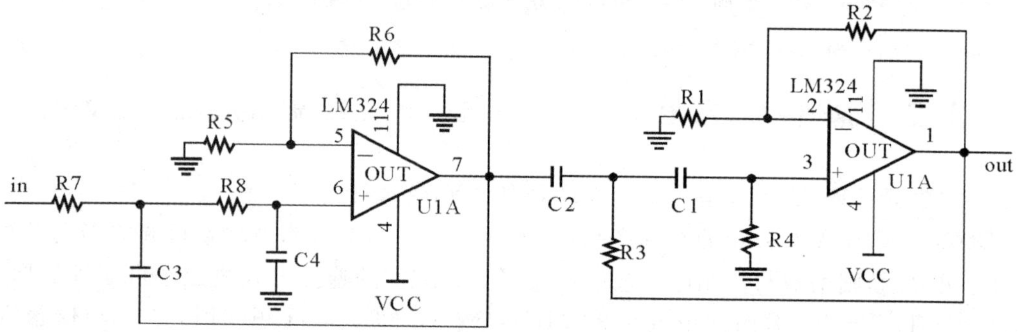

图 3-4　模拟信道滤波器的电路

2. 集成滤波器芯片构成的有源滤波器

电路参数设计要求：频谱分辨力为 10 kHz。

如图 3-5 所示，每个扫频点的间隔为 10 kHz，以此频点作为中心，左右各 5 kHz 范围之内为有效值，所以滤波器需要 5 kHz 的带宽 MAX297 为 8 阶开关电容滤波器，可以实现截止频率 0.1～50 kHz 的可调，很容易满足要求。其带内增益平坦，带外衰减速度很快。

MAX297 的 1 管脚的 clk 信号可以外接一个电容实现截止频率的选择：

$$f_{osc}(\text{kHz})=\frac{10^5}{3C_{osc}(\text{pF})}$$

这样可以根据 MAX297 的截止频率和 clk 的比值为 1∶50 的关系确定截止频率 f_c，经过实际测试选择 120 pF 可以实现 5 kHz 的截止频率，满足题目的频谱分辨率要求。

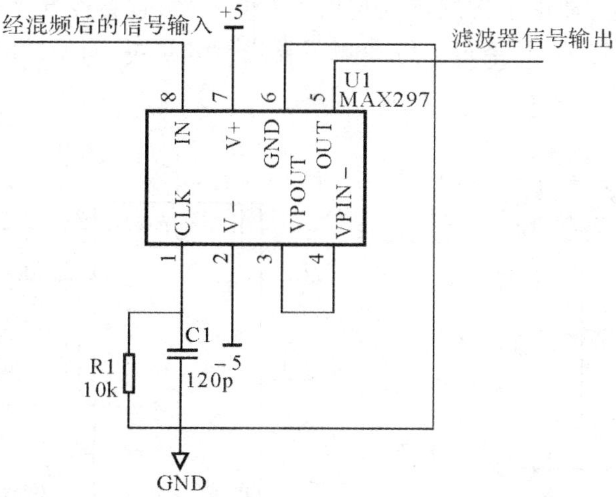

图 3-5　由 MAX297 所组成的截止频率为 5 kHz 的 LPF

3.4　模数转换电路——A/D 转换器

1. 模拟数字转换常用指标

A/D 转换器完成将模拟量转换成数字量的任务，相当于对模拟信号源完成采样、量化、编码，涉及数值计算、控制等模数混合系统中，其作用非常重要。尤其是集成电路技术的发展，数字系统的设计变得越来越方便，并且其运行速度也越来越高。如果系统所要处理的信号是模拟信号，那么模拟到数字的接口就是 A/D 转换器。在高速的数字信号处理系统中，要求 A/D 转换器必须有足够的速度和精度。A/D 转换器常用技术指标为：

(1)分辨率(Resolution)是指 A/D 转换器能够分辨最小量化信号的能力，或者说转换器满量程输入模拟量能够被分离的级数。A/D 转换器的分辨率有两种表示方法：一种就是简单地以转换器的输出数字的位数 N 表示(如常说的 8 位、12 位转换器等)；另一种是以转换器能够分辨的最小的量化信号一输入模拟量被分离的级数表示。对于二进制的 N 位 A/D 转换器，它所能够分辨的最小量化信号电平为 $V/(2N)$(V 为输入信号最大电平)。

(2)转换速率(Conversion Rate)是指完成一次从模拟转换到数字的 A/D 转换所需的时间的倒数。这是一个很重要的指标，在转换速率不大于 A/D 转换速率的范围内，可以根据需要设定 ADC 的转换频率。

2. AD0809 工作电路

Protel 设计电路图如图 3-6 所示，ADC0809 的启动控制信号 START，/WR，/RD 控制信号由微控制器提供。A/D 转换结束后，ADC0809 的 EOC 信号将变为高电平，此时信号通过一个非门反相后输出到微控制器的接口 P3.1(INT1)，而微控制器可以查询或中断的方式对 AD 转换进行控制。ADC0809 的启动信号 START 和读取数据使能控制信号 ENABLE 来自 74LS02，它是一个 TTL 电平的或非门，通过单片机高位地址线 A15 进行译码获得片选信号，然后与/WR，/RD 进行逻辑组合产生 START 和 ENABLE 信号。ADC0809 没有内部时钟，需要外接 10 MHz～1 000 Hz 的时钟信号。而本电路是由单片机的 ALE 引脚直接经过一级非门以后送给 ADC。理论上讲这远远超出了 0809 的最佳接受频率范围，但对实际的电路并无大碍，读者也可以将 ALE 经过一级 D 触发器进行分频，从而使其降到 500 kHz 即可。

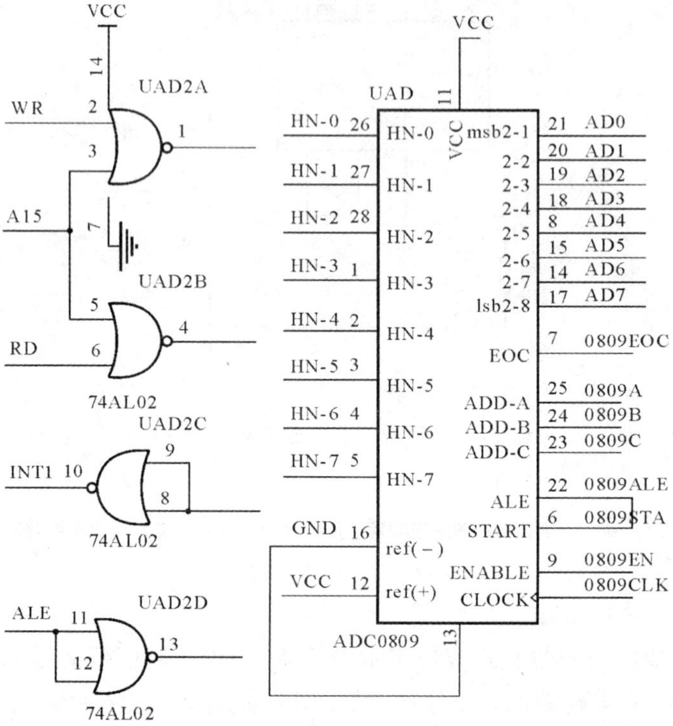

图 3－6　AD0809 与单片机的接口电路图

3.5　信号整形电路——整形电路

正弦信号经同相跟随后放大 20 倍，可提高其进入比较器的上升时间，经过两次比较后输出同频率的方波信号，为了使两路方波信号的相位差与输入的两路正弦信号相位差相同，两整形电路的参数须选的一致，如信号上升沿陡度，经非门输出可得到上升时间为 50ns 左右的方波。运放采用 OP37，比较器采用高精度的 LM311。整形电路如图 3－7 所示。

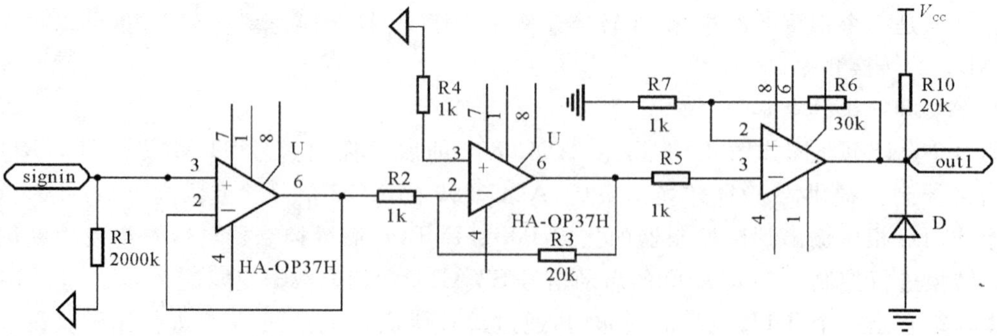

图 3－7　整形电路

3.6　信号发生电路——扫频信号发生器

电路参数设计要求：中心频率范围 10～600 kHz，最大频偏 $\Delta f=\pm 15$ kHz，调制电压小于 0.2 V/1 kHz。

函数发生器 ICL8038 是一种可以同时输出方波、三角波和正弦波的专用集成电路，常用作多波形发生器、模拟信号源等，这里用集成函数发生器 ICL8038 联结少量外部元件组成扫频信号发生器。扫频信号发生器是一种输出信号的频率随时间在一定范围内反复变化的正弦信号发生器，作为频率特性测试仪即扫频仪的核心，主要用于直接测量各种网络的频率响应特性。通过实验给出了电路原理图及元件参数，经测试其输出信号中心频率从 10～600 kHz，最大频偏±15 kHz，调制电压小于 0.2 V/1 kHz，其电路结构简单，实用性强，可以作为扫频仪的核心扫频信号发生器，也可作为电子技术、电子测量等实验参考电路。

如图 3－8 所示为 ICL8038 最常见的接法，矩形波输出端为集电极开路形式，需外接电阻 $R_L=10$ kHz 至＋VCC。图中 R_A 和 R_B 可分别独立调整，通过改变 R_A 和 R_B 的数值可改变矩形波的占空比，当 $R_A=R_B$ 时矩形波的占空比为 50%，因而为方波。当 $R_A\neq R_B$ 时，矩形波不再是方波，引脚 2 输出也就不再是正弦波。

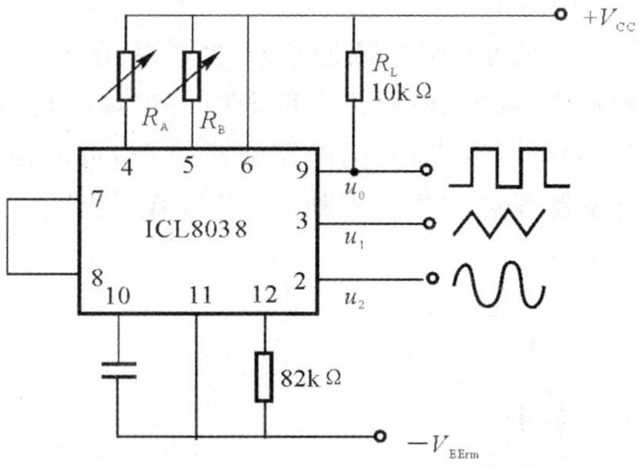

图 3－8　ICL8038 基本接法

用集成函数发生器 ICL8038 接成的扫频信号发生器如图 3－9 所示，为了获得失真很小的扫频正弦载波信号，必须使 $R_A=R_B$，否则正弦载波的正负半周不对称，图中采用 100 kΩ 的双联电位器。由于集成电路 ICL8038 的振荡频率与引脚 8 输入的电压成正比，所以改变引脚 8 的电压就可以改变振荡频率，也就是说 ICL8038 可以构成 Vco 压控振荡器。而引脚 8 的调频电压输入范围是在 5～15 V 之间。如果在引脚 8 加入的电压 u_i 按一定规律变化，其峰-峰值小于 10 V(15～5 V)，就可构成低频扫频信号发生器。当 u_i 为 200 kHz，V_{P-P}值小于 6 V 的三角波时，在 ICL8038 的输出端 2 脚就可得到载波为正弦扫频信号。中心频率可从 10～600 kHz 最大频偏 $\Delta f=\pm 15$ kHz，调制电压小于 0.2 V/1 kHz。

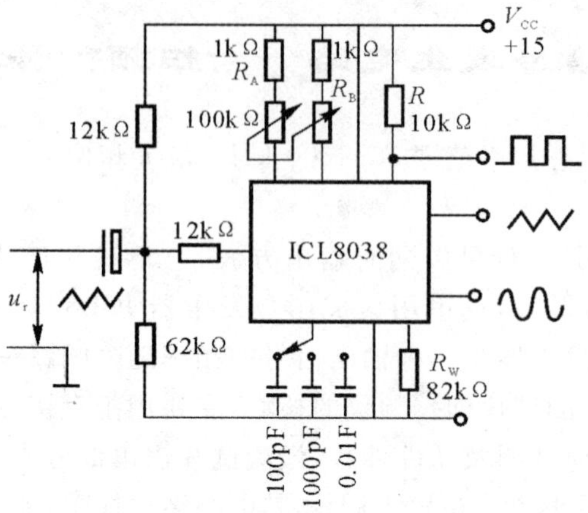

图 3-9　ICL8038 接成的扫频信号发生器

3.7　信号调制电路——振幅调制模块

电路参数：频率范围 1～10 MHz，步进量 10%。

振幅调制电路如图 3-10 所示，振幅调制部分主要采用模拟乘法器集成芯片 AD835，AD835 是 ADI 公司推出的宽带、高速、电压输出四象限模拟乘法器，最高工作频率 250 MHz，线形性好，调幅对称性好，且为电压输出，外围电路非常简单，可靠性高，由制作结果可看出其调制特性良好，通过数控电位器程控调节输入到 AD835 第 8 脚的调制信号的幅值，即可改变调制度，实现 10%步进量。

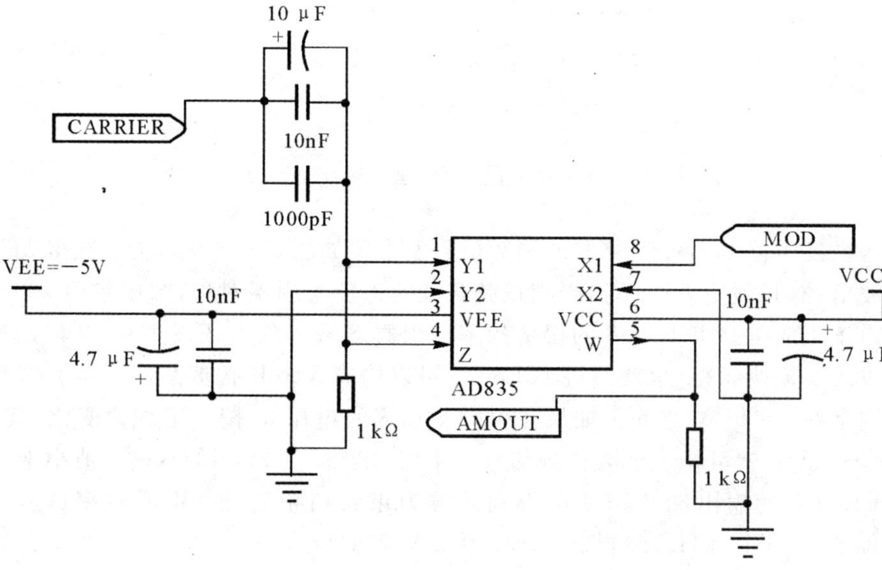

图 3-10　AD835 振幅调制电路

3.8　信号输出电路——功率放大电路

1. 三极管功放电路

电路参数：输入阻抗 5.1 kΩ，负载电阻为 600 Ω，输出有效值大于 6 V。

功率放大电路如图 3-11 所示，参考音频放大器中驱动级电路，选用两级三极管进行直流耦合和发射结直流负反馈来构建末级功率放大，第一级进行电压放大，整个功放电路的电压增益在这一级，第二级进行电压合成和电流放大，将第一级输出的双端信号变成单端信号，同时提高带负载的能力，如果需要更大的驱动能力则需要在后级增加三极管跟随器，实际上加上跟随器后通频带急剧下降，原因是跟随器的结电容被等效放大，当输入信号频率很高时，输出级直流电流很大而输出信号很小。使用 2 级放大已足以满足参数的要求。选用 NSC 的 2N3904 和 2N3906 三极管（特征频率 f_T＝250～300 MHz）可达到 25 MHz 的带宽。整个电路没有使用频率补偿，可对 DC 到 20 MHz 的信号进行线性放大，在 20 MHz 以下增益非常平稳，为稳定直流特性。将反馈回路用电容串联接地，加大直流负反馈，但这会使低频响应变差，实际上这样做只是把通频带的低频下限频率从 DC 提高到 1 kHz，但电路的稳定性提高了很多。

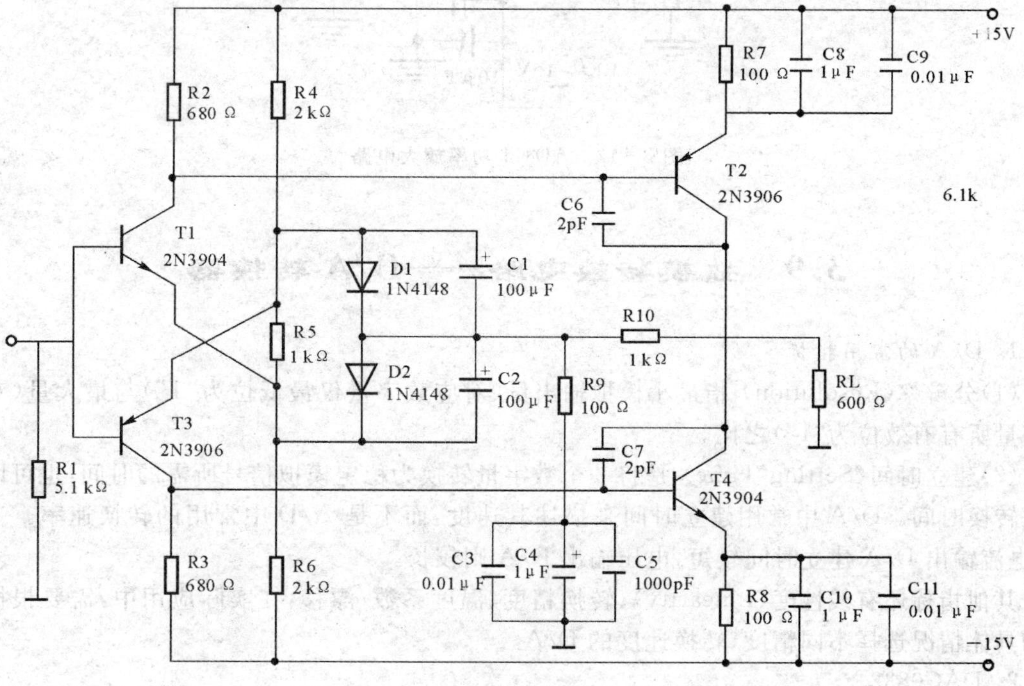

图 3-11　功率放大电路

本电路放大倍数为：$A_G \approx 1 + R_{10}/R_9$，整个功放电路电压放大约 10 倍。通过调节 R10 来调节增益，根据电源电压调节 R7 可调节工作点。

2. 集成宽带高性能运放 AD811 功率放大电路

电路参数：输入电压幅度 V_{ipp} < 2 V，频率范围是 1 kHz～10 MHz，负载电阻 50 Ω，输出电压的峰-峰值 V_{opp} ＝6 V±1 V；

AD811为电流反馈型宽带运放电路如图3-12所示，其单位增益带宽很宽，±15 V供电，增益为+10的情况下，-3 dB带宽达100 MHz，非常适合宽带放大系统的要求，且输出电流可达100 mA，完全可满足参数峰-峰值要求，外围电路也很简单，避免了采用三极管放大电路容易出现调试困难的情况，可靠性大大提高。实际制作中应注意电路中各电阻电容应紧密靠近AD811的相应引脚，去耦电容必不可少，各电阻电容也最好选用贴片封装的，且焊接线应尽可能短，避免分布电容电感而引起高频自激。

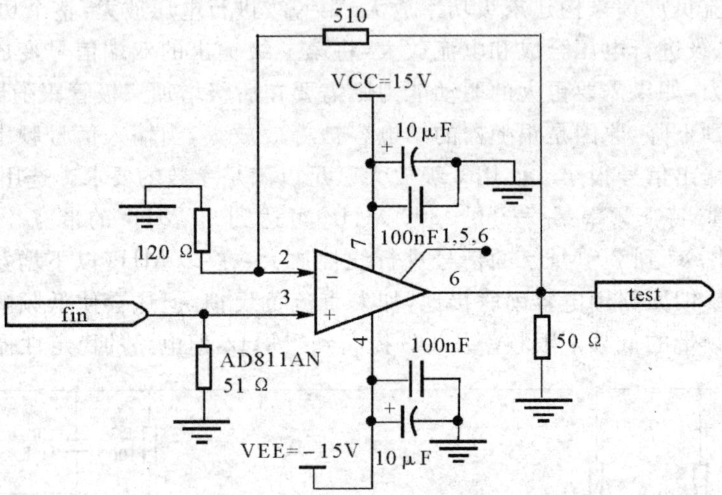

图3-12　AD811功率放大电路

3.9　数模转换电路——D/A转换器

1. D/A的常用指标

(1)分辨率(Resolution) 指最小模拟输出量(对应数字量仅最低位为“1”)与最大量(对应数字量所有有效位为“1”)之比。

(2)建立时间(Setting Time) 是将一个数字量转换为稳定模拟信号所需的时间，也可以认为是转换时间。D/A中常用建立时间来描述其速度，而不是A/D中常用的转换速率。一般地，电流输出D/A建立时间较短，电压输出D/A则较长。

其他指标还有线性度(Linearity)、转换精度、温度系数/漂移，在实际应用中，需要根据系统的具体情况选择不同精度、转换速度的D/A。

2. DAC0832

DAC0832是美国数据公司生产的的具有8位分辨率的D/A转换器件，以其价廉、接口简单、转换控制容易等优点，在数模混合系统中得到了广泛的应用，该系列的芯片还有0830，0831。其转换时间可达到1 μs，功耗200 mW，属于R-2RT型电阻网络的8位D/A转换器，建立时间150 ms，为电流输出型，并且片内带输入数字锁存器，内部结构和管脚如图3-13所示。

由于DAC0832是电流输出，而常用的是模拟电压，在这种情况下，要将输出的电流转换成电压，转换电路接成同相电压输出形式。在D/A转换电路中输出寄存器和DAC寄存器地址都是 0x7000H,“写”选通线 WR1 和 WR2,由 CPU 送来的数据 SD0～SD7,通过 DAC0832 转换成电流输出,由 R4,R5 等将电流信号转换成电压信号,具体连接如图 3－14 所示。

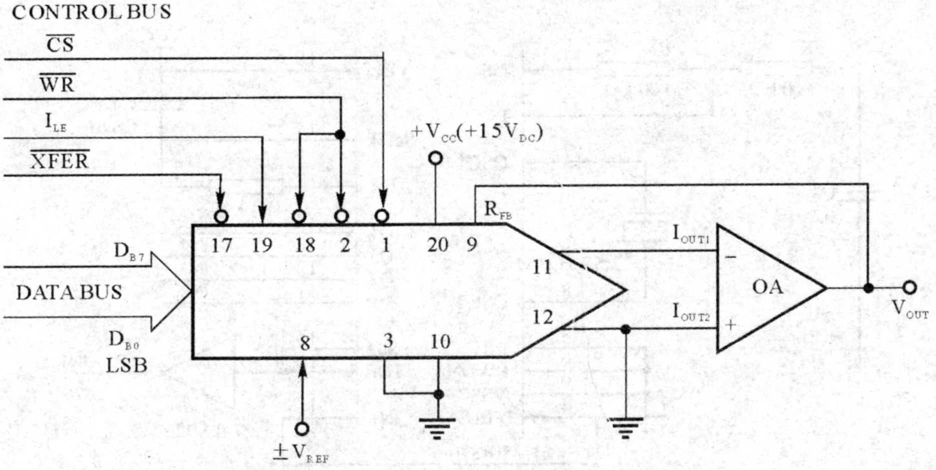

图 3－13　内部结构和管脚

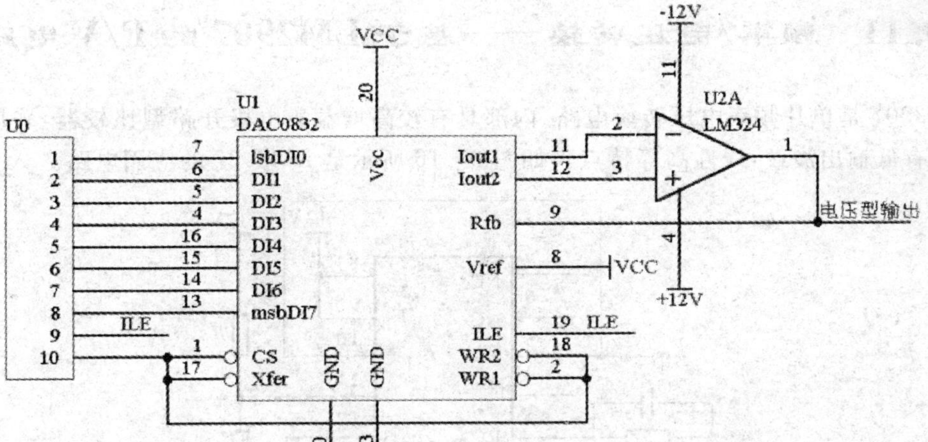

图 3－14　DAC0832 连接图

3.10　音频输出电路——双音频译码电路

双音频译码电路如图 3－15 所示,将从高保真调频接收机接收到的 DTMF 信号进行解码。由于 MT8870 的编码方式和 HM9187 的编码方式完全一致,所以用 MT8870 配合编码部分使得系统的整和性很强,软件编程变得更加的简单。当双音频信号来到时,被 MT8870 解码后,MT8870 的 15 脚 STD 会由低电平向高电平跳变,经反向后向单片机申请中断,解码输出的二进制码由 Q1～Q4 输出后送给单片机进行相应处理,实际运用电路图中 J1 是来自接收机的双音频编码信号,J3 是经过 MT8870 解码后的 4 位二进制数据输出端及译码器中断输出端。

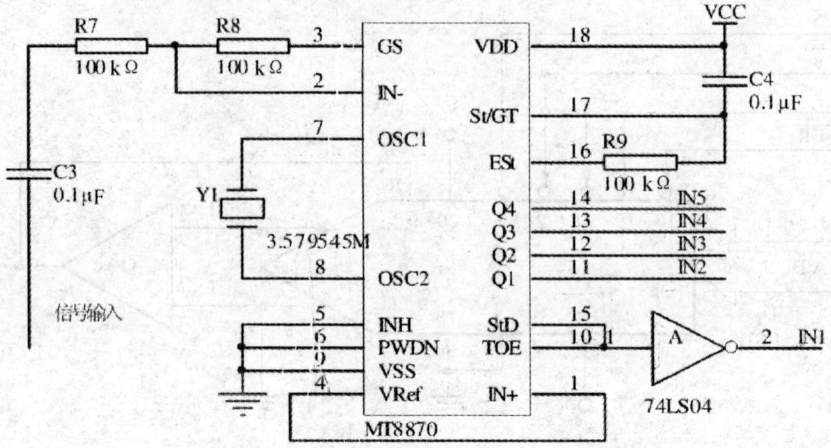

图 3-15　双音频信号译码电路原理图

3.11　频率/电压转换——基于 LM2907 的 F/V 电路

LM2907 是单片频率电压转换电路,内部具有较高增益集电极开路型比较器,采用充电泵技术,具有低输出波纹,线性高等特点。如图 3-16 所示是 LM2907 的应用电路。

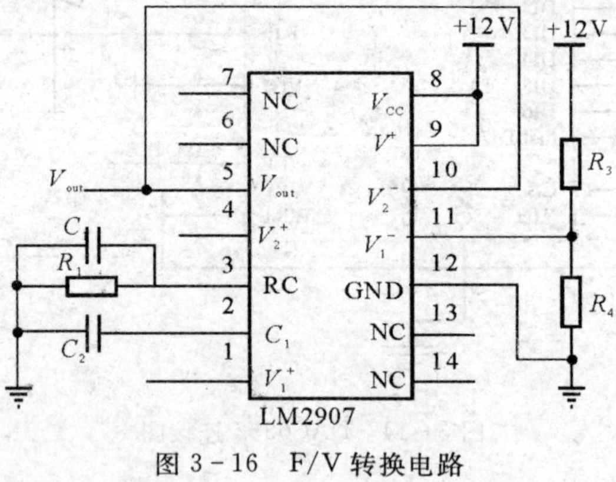

图 3-16　F/V 转换电路

输出电压为

$$V_{oin}=F_{in}\times V_{oc}\times R_1\times C_1$$

式中,R_1 的大小根据输出线性度来确定,R_2 的值越大,线性度越好,一般 R_1 的取值为 100～500 kΩ;C_1 是时基电容,根据最高信号频率来确定:

$$C_1=\frac{I_2}{f_{max}\times V_{cc}}$$

当 V_a=12 V,工作温度为 25～65℃时,I_2=190 μA。C_2 由输出纹波的峰-峰值来确定,输

出纹波电压的峰-峰值为

$$V_{\text{rlpp}}=\frac{V_{\text{cc}}}{2}\times\frac{C_1}{C_2}\times\left(\frac{1-V_{\text{cc}}\times f_{\text{in}}\times C_1}{I_2}\right)$$

图 3－16 中的 R_3，R_4 用来为比较器设定一个门槛电压，保证对输入脉冲信号的高低电平状态实现可靠的判断。

3.12　电流/电压转换——基于 TL431 的 I/V 电路

电流/电压转换电路如图 3－17 所示，为应用 TL431 设计的 4～20 mA/0～5 V 电流/电压转换电路。该电路设计思路如下：

首先 4～20 mA 电流经过电阻 x 变为(4～20 mA)x 的电压，再减去基准电压 y，得到输出电压 U_o＝(4～20 mA)x(kΩ)－y(V)。因为 4 mA 电流对应输出电压 0 V，20 mA 电流对应输出电压 5 V，所以

$$4x-y=0$$
$$20x-y=5$$

解上述两个方程，得到 x＝5/16 kΩ，y＝5/4 V，于是输出电压

$$U_o=(4\sim20\ \text{mA})\times5/16(\text{k}\Omega)-5/4\ (\text{V})$$

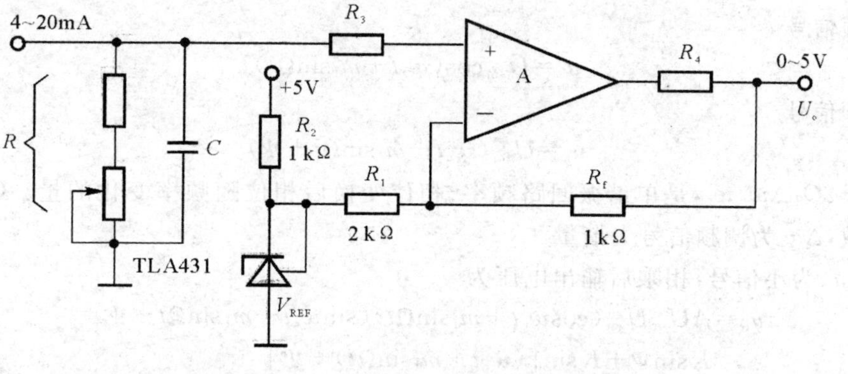

图 3－17　4～20 mA/0～5 V 转换电路

图 3－17 中

$$U_o=(4\sim20\ \text{nA})R(1+R_f/R_1)-R_f/R_1\times V_{\text{ref}}=(4\sim20\ \text{mA})R\times1.5-0.5\times2.5$$

式中

$$R=(5/16)/1.5=208.330\ \Omega$$

其中，R 采用 200 Ω 固定电阻和 10 Ω 微调电阻串联。通过上述方法，调整参数即可实现相应的 I/V 转换电路。

3.13　相位鉴频电路——MC1496 应用

相位鉴频电路如图 3－18 所示，采用模拟乘法器作相位检波器而构成的鉴频器，图中 V 为射级输出器，其输出接入 R，L，C，C_1 组成的频相变换网络，该网络适用于 7～9 kHz、最大频偏约

250 kHz 调频波解调。调频信号 u_s 经 V 及相频变换网络，产生与频率变换成正比的调相调频信号送入乘法器 X 输入端，即 8，10 脚；同时调频信号 u_s 通过耦合电容直接送入乘法器的 Y 输入端，即 1，4 脚。乘法器采用单相电源供电，其双端输出至由 uA741 运算放大器构成的双端低频放大器，放大器的输出端接有由 R_1，C_2 构成的低通滤波器，C_3，C 为耦合直流电容。

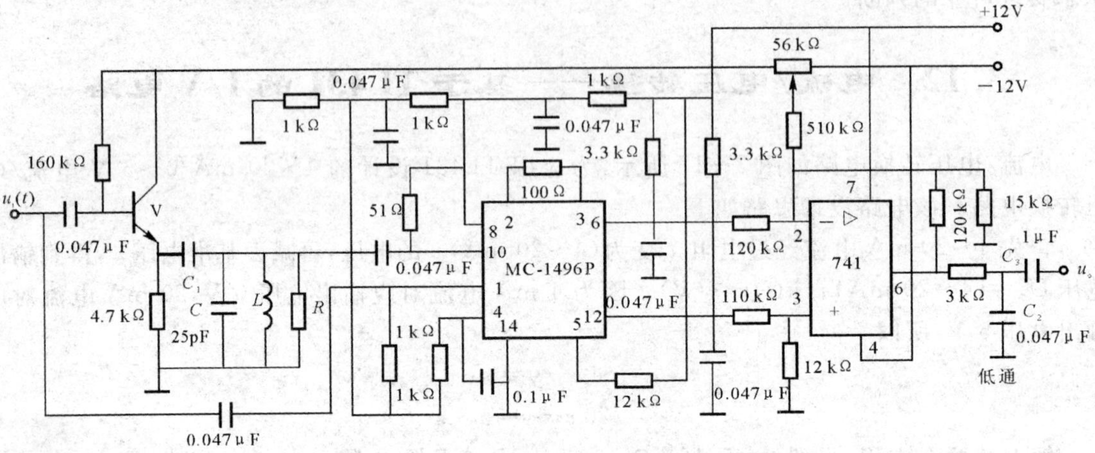

图 3-18　相位鉴频电路

设调频信号

$$u_s = U_{sm}\cos(w_c t + m_f \sin\Omega t)$$

则调相调频信号

$$u_z = U_{zm}(w_c t + m_f \sin\Omega t + \Psi)$$

其中 $\Psi = -2Q_T \Delta w / w_c$，是单谐振回路频率-相位变换后相位随频率变化的量。Q_T 为谐振回路品质因数，Δw 为调频信号失谐量。

设 u_s，u_z 为小信号，相乘后输出电压为

$$u_o = AU_{sm}U_{zm}(\cos w_c t + m_f \sin\Omega t)(\sin w_c t + m_f \sin\Omega t + \Psi) =$$
$$K\sin\Psi + K\sin[(w_c t + m_f \sin\Omega t) + \Psi]$$

上式经低通滤波器后 $u_o = K\sin\Psi$。

3.14　峰值检测电路——二极管包络测峰

电路参数：输入电压幅度 $V_{ipp} < 2$ V，频率范围是 1 kHz～10 MHz，输出电压幅度可调。

二极管包络测峰电路如图 3-19 所示。利用二级管波形幅度检测的方法，得到信号的正峰值。此法检测的信号范围较小，但精度较高，对幅度稳定性要求较高的电路有重大意义。利用检波二极管 2AP9 对输入信号检测，得到与信号峰值成比例关系的直流信号，再经运放调整比例系数，运放采用通用运放 LF356，连接方式为同相放大，调整运放电路中的 20 kΩ 电位器，即可实现调整比例系数。

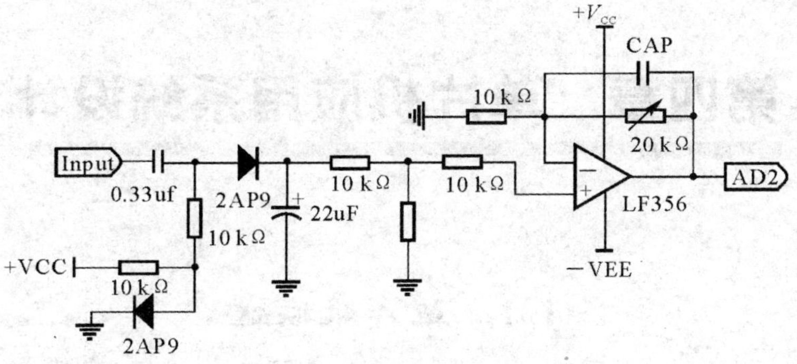

图 3-19　二极管包络测峰电路

3.15　直流稳压电路——±5/±12 V 对称电源

变压器分别输出 16 V 和 8 V 交流电压，经整流桥整流滤波稳压，输出±12 V 和±5 V 电压。其中，±12 V 电压可供模拟电路中各运放供电，而+5 V 电压为各数字芯片提供电源及高电平，在模拟开关 4052 中用到−5 V 的电源。为防止输入端短路时过大的电流烧坏稳压管，在其输入输出端各加一个二极管，使反向电流流向输入端，从而起到保护作用，电路如图3-20 所示。

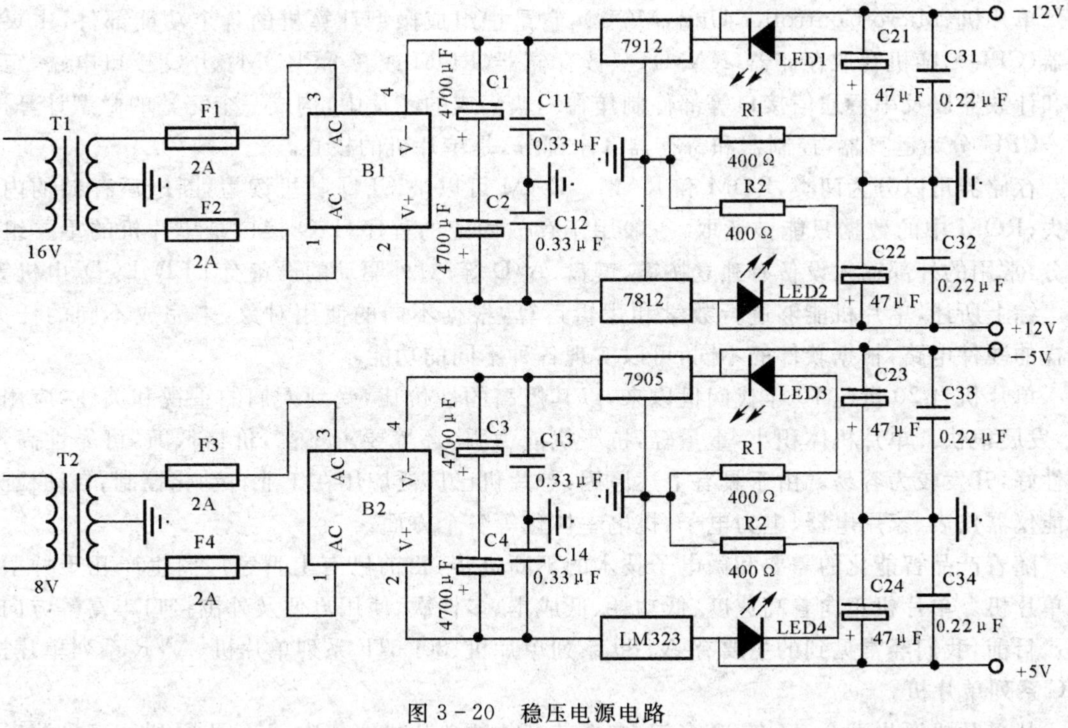

图 3-20　稳压电源电路

第四章　单片机应用系统设计

4.1　单片机概述

单片机是由大名鼎鼎的 Intel 公司发明的，最初的系列是 MCS－48，后来有了更加完善的 MCS－51，也就是经常说的 51 系列单片机，它是一种 8 位的单片机，这个系列的单片机包括了多个种类，如 8031，8051，8751，8032，8052，8752 等。其中，8051 是最典型的产品，该系列的其他产品都是在 8051 的基础上，进行功能的增减而来的。所以人们习惯使用 8051 来称呼 MCS－51 系列单片机。后来 Intel 公司把它的核心技术转让给了世界上很多的小公司，所以世界上就有了许多公司生产 51 系列兼容单片机，比如飞利浦的 87LPC 系列、华邦的 W78 系列、达拉斯的 DS87 系列、现代的 GSM97 系列等。现在我国比较流行的是美国 ATMEL 公司的 89CX，89SX 系列。

4.1.1　单片机简介

单片机（Micro Controller Unit，MCU），它是把组成微型计算机的各个功能部件：中央处理器（CPU）、随机存取存储器（RAM）、只读存储器（ROM 或者 EPROM）、I/O 接口电路、定时器和计数器以及串行通信接口等部件制作在一块集成的芯片中，构成一个完整的微型计算机。

CPU 分为运算器，控制器和寄存器 3 个部分，是单片机的核心。

存储器可以分为两类，ROM 和 RAM。RAM 可以被 CPU 随机读写，断电后存储的内容消失；ROM 中的数据只能被读取，一般用于存放固定的程序；I/O 接口是单片机的重要组成部分，常用的外部输入设备有独立按键、键盘、A/D 等；对外驱动的设备有 LED、LCD、电机等。

综上所述，单片机能够进行数学和逻辑运算，根据不同的使用对象，来完成不同的任务。同样的硬件电路，根据软件的不同，可以实现各种不同的功能。

单片机自 20 世纪 70 年代问世以来，以其极高的性价比，受到人们的重视和关注，应用很广，发展很快。单片机体积小，重量轻，抗干扰能力强，环境要求不高，价格低廉，可靠性高，灵活性好，开发较为容易。由于具有上述原因，单片机已广泛应用在工业自动化控制、自动检测、智能仪器仪表、家用电器、电力电子、机电一体化等各个方面。

随着产品智能化的需要和微电子技术的不断进步，目前已有上百家厂商生产几千种型号的单片机。单片机正向着高速度、低功耗、低成本、多档次、使用方便及外围接口丰富等方向发展。目前，我们经常见到的主要有 AT89 系列单片机、80C51F 系列单片机、AVR 系列单片机、PIC 系列单片机。

从单片机诞生至今，已有 30 多年，在百花齐放的单片机家族中，80C51 系列一直扮演者一个独特的角色，形成了一道独特的风景线，历史最长，长盛不衰，不断更新，形成了即具有经典性，又不乏生命力的一个单片机系列。

4.1.2 AT89 系列单片机

ATMEL 公司是世界上著名的高性能、低功耗、非易失性存储器和数字集成电路的一流半导体制造公司。AT89 系列单片机是 ATMEL 公司的 8 位 FLASH 单片机系列。AT89 系列单片机是一种基于 8031 内核的单片机，它和 8051 系列单片机是兼容系列。由于其优越的性能，被广泛的应用在各个领域，特别是在便携式及特殊信息保存的仪器和系统中显得更为有用。

4.1.3 AT89S52 简介

1. AT89S52 单片机的特性

AT89S52 是一种低功耗、高性能 CMOS 型 8 位微控制器，具有 8K 在系统可编程 Flash 存储器。使用 Atmel 公司高密度非易失性存储器技术制造，与工业 80C51 产品指令和引脚完全兼容。片上 Flash 允许程序存储器在系统可编程，亦适于常规编程器。在单芯片上，拥有灵巧的 8 位 CPU 和在系统可编程 Flash，使得 AT89S52 为众多嵌入式控制应用系统提供灵活、有效的解决方案。

AT89S52 具有以下标准功能：8kB Flash，256B RAM，32 位 I/O 口线，看门狗定时器，两个数据指针，3 个 16 位定时器/计数器，一个 6 向量 2 级中断结构，全双工串行口，片内晶振及时钟电路。另外，AT89S52 可降至 0 Hz 静态逻辑操作，支持 2 种软件可选择节电模式。空闲模式下，CPU 停止工作，允许 RAM、定时器/计数器、串口中断继续工作。掉电保护方式下，RAM 内容被保存，振荡器被冻结，单片机一切工作停止，直到下一个中断或硬件复位为止。AT89S52 单片机封装形式如图 4-1 所示。

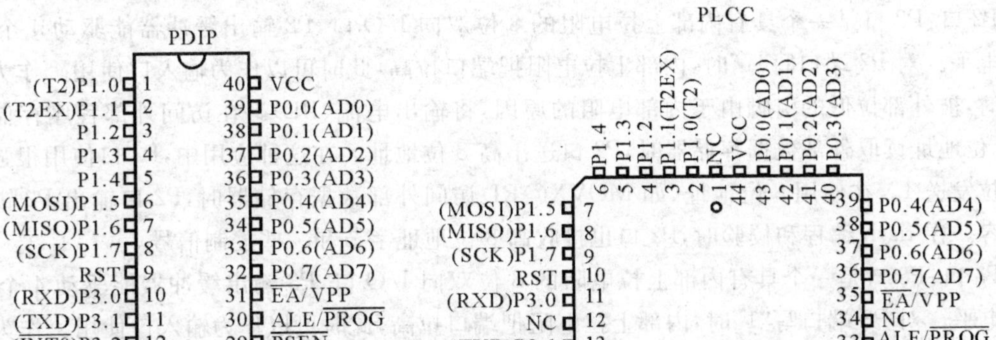

图 4-1 AT89S52 单片机的 2 种封装形式

2. AT89S52单片机引脚功能介绍

VCC：电源。

GND：地。

P0口：P0口是一个8位漏极开路的双向I/O口。作为输出口，每位能驱动8个TTL逻辑电平。对P0端口写"1"时，引脚用作高阻抗输入。当访问外部程序和数据存储器时，P0口也被作为低8位地址/数据复用。在flash编程时，P0口用来接收指令字节。在程序校验时，输出指令字节，校验时，需要外部上拉电阻。

P1口：P1口是一个具有内部上拉电阻的8位双向I/O口，P1输出缓冲器能驱动4个TTL逻辑电平。对P1端口写"1"时，内部上拉电阻把端口拉高，此时可以作为输入口使用。作为输入使用时，被外部拉低的引脚由于内部电阻的原因，将输出电流(IIL)。此外，P1.0和P1.1分别作定时器/计数器2的外部计数输入(P1.0/T2)和定时器/计数器2的触发输入(P1.1/T2EX)，具体如表4-1所示。在flash编程和校验时，P1口接收低8位地址字节。

表4-1　AT89S52单片机P1口第二功能

引脚号	第二功能
P1.0	T2(定时器/计数器T2的外部计数输入)，时钟输出
P1.1	T2EX(定时器/计数器T2的捕捉/重载触发信号和方向控制)
P1.5	MOSI(在系统编程用)
P1.6	MISO(在系统编程用)
P1.7	SCK(在系统编程用)

P2口：P2口是一个具有内部上拉电阻的8位双向I/O口，P2输出缓冲器能驱动4个TTL逻辑电平。对P2端口写"1"时，内部上拉电阻把端口拉高，此时可以作为输入口使用。作为输入使用时，被外部拉低的引脚由于内部电阻的原因，将输出电流(IIL)。在访问外部程序存储器或用16位地址读取外部数据存储器时，P2口送出高8位地址。在这种应用中，P2口使用很强的内部上拉发送1。在使用8位地址(如MOVX@RI)访问外部数据存储器时，P2口输出P2锁存器的内容。在flash编程和校验时，P2口也接收高8位地址字节和一些控制信号。

P3口：P3口是一个具有内部上拉电阻的8位双向I/O口，P3输出缓冲器能驱动4个TTL逻辑电平。对P3端口写"1"时，内部上拉电阻把端口拉高，此时可以作为输入口使用。作为输入使用时，被外部拉低的引脚由于内部电阻的原因，将输出电流(IIL)。P3口亦作为AT89S52特殊功能(第二功能)使用，如表4-2所示。在flash编程和校验时，P3口也接收一些控制信号。

表4-2　AT89S52单片机P3口第二功能

引脚号	第二功能	引脚号	第二功能
P3.0	RXD(串行输入)	P3.4	T0(定时器0外部输入)
P3.1	TXD(串行输出)	P3.5	T1(定时器1外部输入)
P3.2	INT0(外部中断0)	P3.6	WR(外部数据存储器写选通)
P3.3	INT1(外部中断0)	P3.7	RD(外部数据存储器写选通)

RST:复位输入。晶振工作时,RST 脚持续 2 个机器周期高电平将使单片机复位。看门狗计时完成后,RST 脚输出 96 个晶振周期的高电平。特殊寄存器 AUXR(地址 8EH)上的 DISRTO 位可以使此功能无效。DISRTO 默认状态下,复位高电平有效。

ALE/PROG:地址锁存控制信号(ALE)是访问外部程序存储器时,锁存低 8 位地址的输出脉冲。在 flash 编程时,此引脚(PROG)也用作编程输入脉冲。在一般情况下,ALE 以晶振六分频的固定频率输出,可用来作为外部定时器或时钟使用。特别强调,在每次访问外部数据存储器时,ALE 脉冲将会跳过。如果需要,通过将地址为 8EH 的 SFR 的第 0 位置"1",ALE 操作将无效。这一位置"1",ALE 仅在执行 MOVX 或 MOVC 指令时有效。否则,ALE 将被微弱拉高。这个 ALE 使能标志位(地址为 8EH 的 SFR 的第 0 位)的设置对微控制器处于外部执行模式下无效。

PSEN:PSEN 是外部程序存储器选通信号。当 AT89S52 从外部程序存储器执行外部代码时,PSEN 在每个机器周期被激活两次,而在访问外部数据存储器时,PSEN 将不被激活。

EA/VPP:访问外部程序存储器控制信号。为使能从 0000H 到 FFFFH 的外部程序存储器读取指令,EA 必须接 GND。为了执行内部程序指令,EA 应该接 VCC。在 flash 编程期间,EA 也接收 12 伏 V_{PP}电压。

XTAL1:振荡器反相放大器和内部时钟发生电路的输入端。

XTAL2:振荡器反相放大器的输出端。

4.2　Keil C51

Keil C51 是美国 Keil Software 公司出品的 51 系列兼容单片机 C 语言软件开发系统,与汇编相比,C 语言在功能上、结构性、可读性、可维护性、可移植性上具有明显的优势,因而易学易用。用过汇编语言后再使用 C 语言来开发,体会更加深刻。

Keil C51 软件提供丰富的库函数和功能强大的集成开发调试工具,全 Windows 界面。另外重要的一点,只要看一下编译后生成的汇编代码,就能体会到 Keil C51 生成的目标代码效率非常之高,多数语句生成的汇编代码很紧凑,容易理解。在开发大型软件时更能体现高级语言的优势。

4.2.1　Keil C51 的安装

下面以 Keil C51 V7.10 版为例,介绍如何安装 Keil uVision3 集成开发环境。

(1)将随机赠送的教学光盘放入光驱中(假设 E 盘),进入 E:\Software\up51v710_Full(μV3)\Setup 目录下,这时会看到 Setup.EXE 安装文件,双击该文件即可安装。

(2) 这时会出现如图 4-2 所示的安装初始画面,稍后弹出一个安装向导对话框如图 4-3 所示,询问用户是安装评估版(Eval Version)还是完全版(Full Version),这里选择 Full Version。

(3)在此后弹出的几个对话框中选择 Next 按钮,这时会出现一个如图 4-4 所示的安装路径设置对话框,默认路径是 C:\Keil。

用户点击 Browse 选择适合自己的安装目录,如 D:\Keil C51。

图 4-2　启动安装界面

图 4-3　版本选择界面

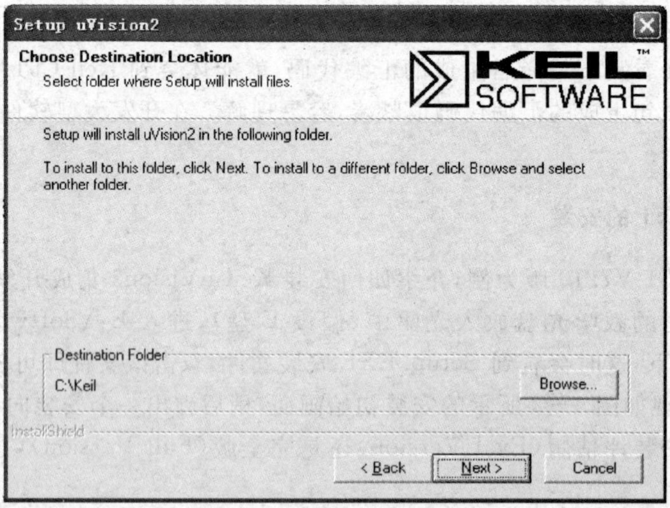

图 4-4　选择安装路径界面

(4) 在接下来的询问确认对话框中选择 Next 按钮加以确认，即可继续安装并出现如图 4-5所示的安装安全锁界面。

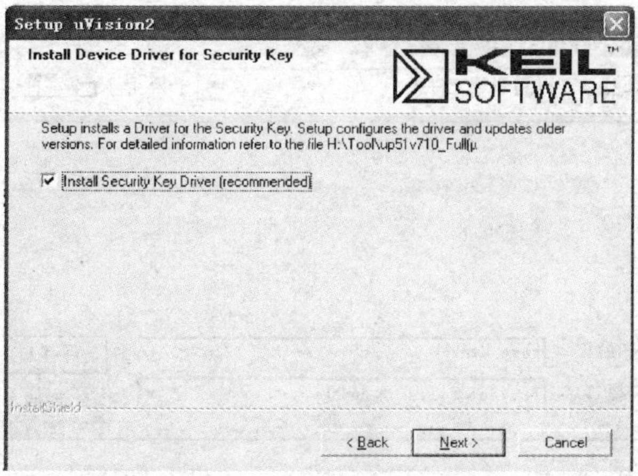

图 4－5　安装安全锁界面

(5)接下来就是等待安装,安装完毕后单击 Finish 加以确认,此时可以在桌面上看到 Keil uVision3 软件的快捷图标,双击它就可以进入 Keil C51 集成开发环境。

4.2.2　Keil C51 软件的使用

Keil uvision2 C51 软件我们在前面有所介绍,是目前功能最强大的单片机 C 语言集成开发环境,下面我们通过图解的方式来学习 Keil C51 软件的使用:如何输入源程序→新建工程→工程详细设置→源程序编译得到目标代码文件。

(1)运行 Keil uvision2 C51,欢迎界面如图 4－6 所示。

图 4－6　Keil C51 欢迎界面

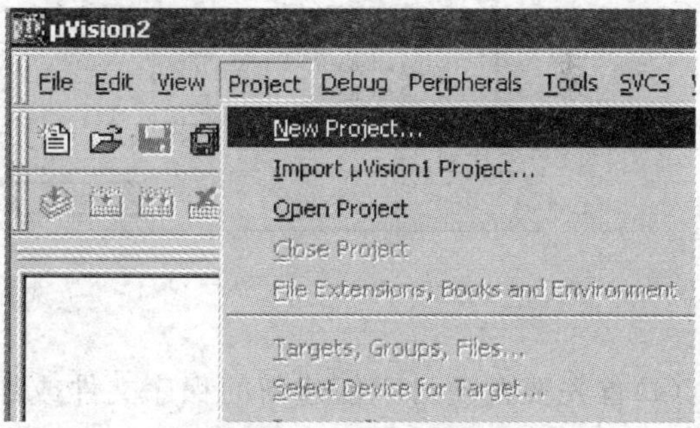

图 4－7　选择新建工程

(2) 点击 Project 菜单,选择弹出的下拉式菜单中的 New Project,如图 4－7 所示。接着弹出一个标准 Windows 文件对话窗口,如图 4－8 所示,在"文件名"中输入第一个 C 程序项目名称,这里用"test",只要符合 Windows 文件规则的文件名都行。"保存"后的文件扩展名为 uv2,这是 Keil uvision2 项目文件扩展名,以后我们可以直接点击此文件以打开先前做的项目。

(3)选择单片机类型,这里选择常用的 Ateml 公司的 AT89C51,如图 4－9 所示。完成上面步骤后,就可以进行程序的编写了。

图 4-8　输入新建工程的文件名和保存路径

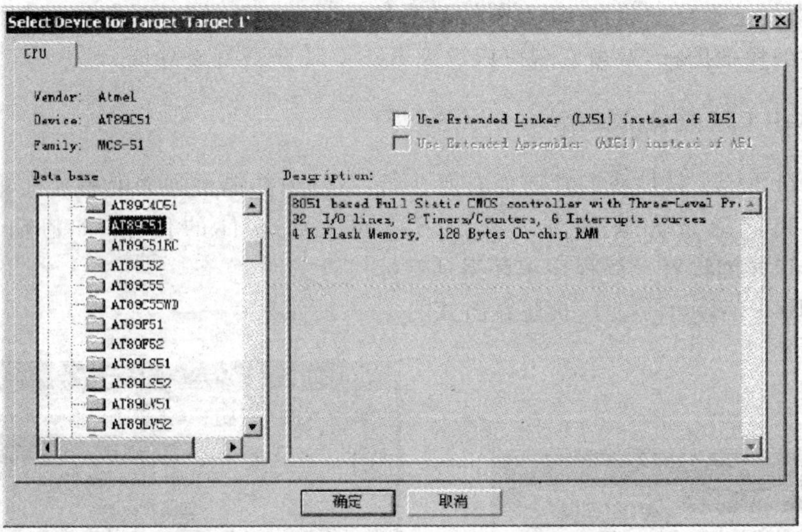

图 4-9　选择单片机型号

(4)首先要在项目中创建新的程序文件或加入旧程序文件。如果没有现成的程序，那么就要新建一个程序文件。在 KEIL 中有一些程序的 Demo，在这里以一个 C 程序为例介绍如何新建一个 C 程序和如何加到第一个项目中。点击如图 4-10 所示图中标识 1 的新建文件的快捷按钮，在图中出现标识 2，即一个新的文字编辑窗口，这个操作也可以通过菜单 File→New 或快捷键 Ctrl+N 来实现。这时，光标已出现在文本编辑窗口中，等待编写程序。下面是这段程序：

```
#include <AT89X51.H>
#include <stdio.h>
void main(void)
{
    SCON=0x50;      //串口方式 1，允许接收
```

```
    TMOD=0x20;    //定时器 1 定时方式 2
    TCON=0x40;    //设定时器 1 开始计数
    TH1=0xE8;     //11.0592 MHz 1200 波特率
    TL1=0xE8;
    TI=1;
    TR1=1;//启动定时器
    while(1)
    {
        printf ("Hello World! \n");    //显示 Hello World
    }
}
```

这段程序的功能是不断从串口输出“Hello World!”字符，看看如何把它加入到项目中和如何编译试运行。

(5)点击图 4-10 中的标识 3 保存新建的程序，也可以用菜单 File→Save 或快捷键 Ctrl+S 进行保存。把第一个程序命名为 test1.c，保存在项目所在的目录中，这时会发现程序单词有了不同的颜色，说明 KEIL 的 C 语法检查生效了。然后在如图 4-11 所示的位置，在屏幕左边的 Source Group1 文件夹图标上通过单击鼠标右键弹出菜单，在这里可以实现项目中的增加减少文件等操作。我们选“ Add File to Group ‘SourceGroup 1’”弹出文件窗口，选择刚刚保存的文件，按 ADD 按钮，关闭文件窗，程序文件已加到项目中了。这时在 Source Group1 文件夹图标左边出现了一个小“+”号，说明文件组中有了文件，点击它可以展开查看。

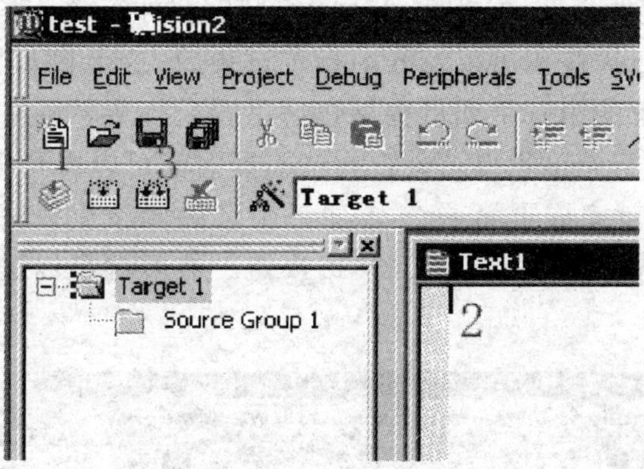

图 4-10　新建文本

(6)C 程序文件已被添加到项目中，下面就剩下编译运行了。这个项目我们只是用做学习新建程序项目和编译运行仿真的基本方法，所以使用软件默认的编译设置，它不会生成用于芯片烧写的 HEX 文件。编译快捷键、菜单如图 4-12 所示，图中 1,2,3 都是编译按钮。不同的是，1 用于编译单个文件。2 是编译当前项目，如果先前编译过一次之后文件没有改动，这时再点击是不会再次重新编译的。3 是重新编译，每点击一次均会再次编译链接一次，不管程序是否有改动。在 3 右边的是停止编译按钮，只有点击了前 3 个中的任一个，停止按钮才会生效。5 是菜单中的它们，这个项目只有一个文件，按 1～3 中的任何一个都可以编译。编译结束后，在标识 4 的位置可以看到编译的错误信息和使用的系统资源情况等，以后我们要查错就靠它了。图中标识 6 是有一个小放大镜的按钮，这就是开启\关闭调试模式的按钮，它也存在于菜单 Debug→Start\Stop Debug Session，快捷键为 Ctrl+F5。

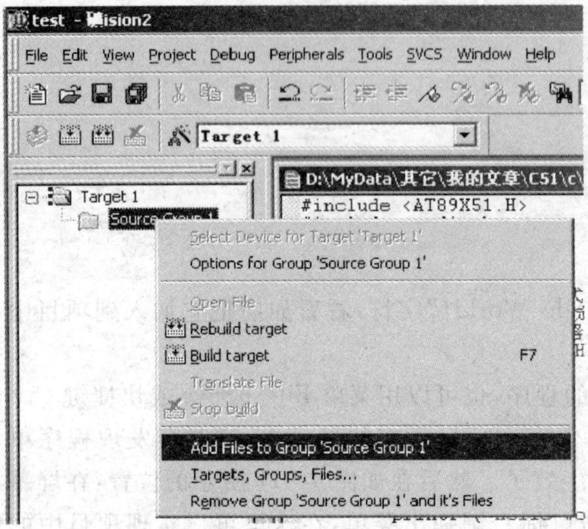

图 4-11　给工程添加文件

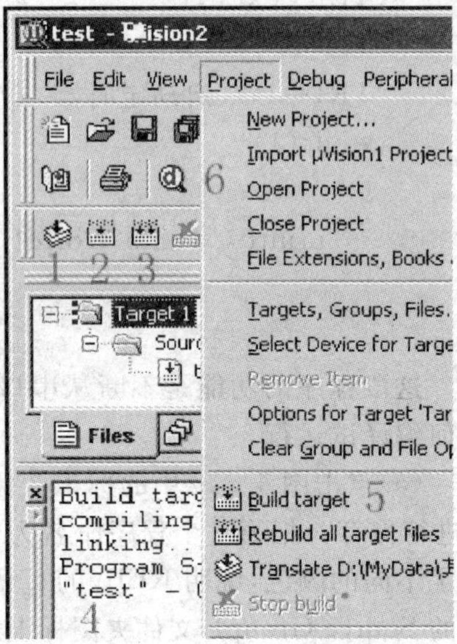

图 4-12　工程编译运行命令

(7)进入调试模式，软件仿真调试工具栏窗口如图 4-13 所示。图中 1 为运行键，当程序处于停止状态时才有效，2 为停止键，程序处于运行状态时才有效。3 是复位键，模拟芯片的复位，程序回到最开头处执行。按 4 可以打开串行调试窗口，这个窗口可以看到从 51 芯片的串行口输入输出的字符，这里的第一个项目也是在这里看运行结果。这些在菜单中也有，这里不再赘述。首先按 4 打开串行调试窗口，再按运行键，这时就可以看到串行调试窗口中不断地打印“Hello World!”。这样就完成了第一个 C 项目。最后要停止程序运行回到文件编辑模式中，就要先按停止按钮再按开启\关闭调试模式按钮。然后就可以进行关闭 KEIL 等相关操作了。

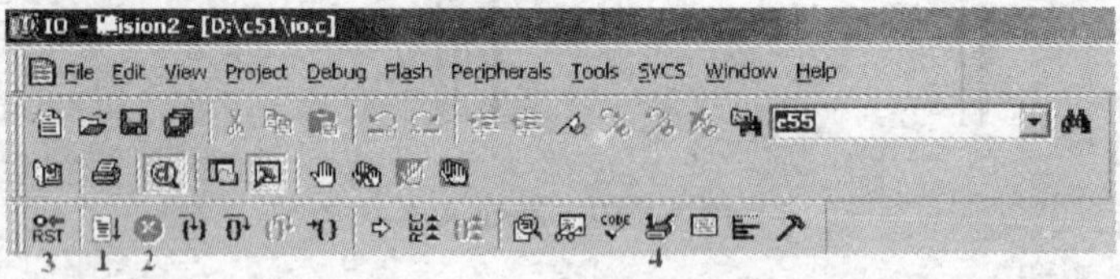

图 4-13　工程调试方法界面

(8)运行结果，如图 4-14 所示。

(9)生成 HEX 文件。在开始 C 语言的主要内容时，我们先来看看如何用 Keil uvision2 来编译生成用于烧写芯片的 HEX 文件。HEX 文件格式是 Intel 公司提出的按地址排列的数据信息，数据宽度为字节，所有数据使用 16 进制数字表示，常用来保存单片机或其他处理器的目标程序代码。它保存物理程序存储区中的目标代码映象。先来打开刚才的程序，打开它的所在目录，找到 test. Uv2 的文件就可以打开先前的项目了。然后右键单击图 4－15 中的标识 1 位置的项目文件夹，弹出项目功能菜单，选 Options for Target‘Target1’，弹出项目选项设置窗口，同样先选中项目文件夹图标，这时在 Project 菜单中也有一样的菜单可选。打开项目选项窗口，转到 Output 选项页，如图 4－16 所示，该图中标识 1 位置处是选择编译输出的路径，标识 2 位置处是设置编译输出生成的文件名，标识 3 位置处是决定是否要创建 HEX 文件，选中它就可以输出 HEX 文件到指定的路径中。设置结束后，再将它重新编译一次，很快在编译信息窗口中就显示 HEX 文件创建到指定的路径中了，如图 4－17 所示。这样我们就可用自己的编程器所附带的软件去读取并烧芯片了，再用实验板看结果，至于编程器或仿真器品种繁多，具体方法就看它的说明书了，这里也不做讨论。

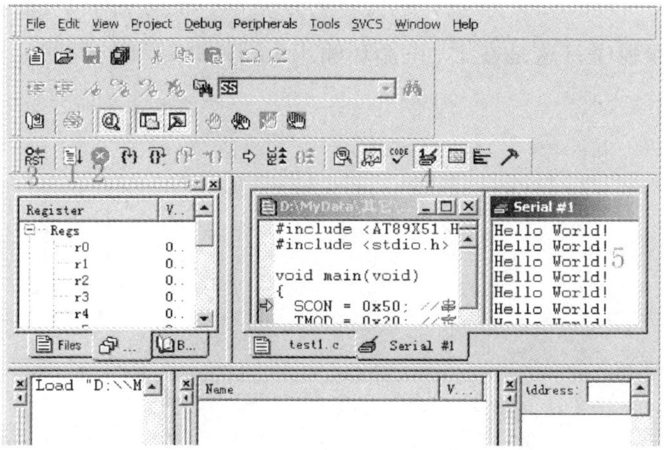

图 4－14　运行调试监控界面

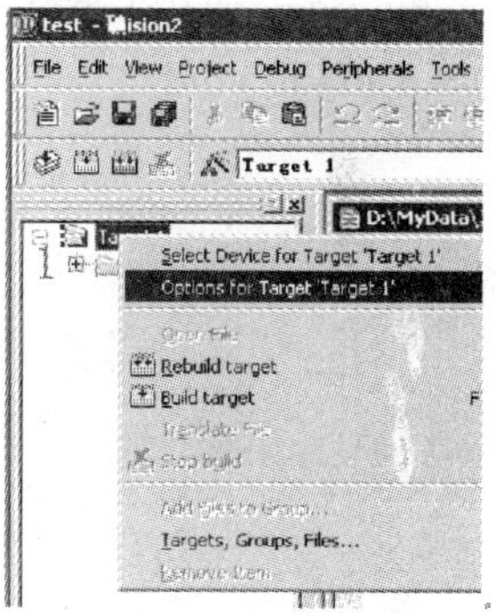

图 4－15　工程属性

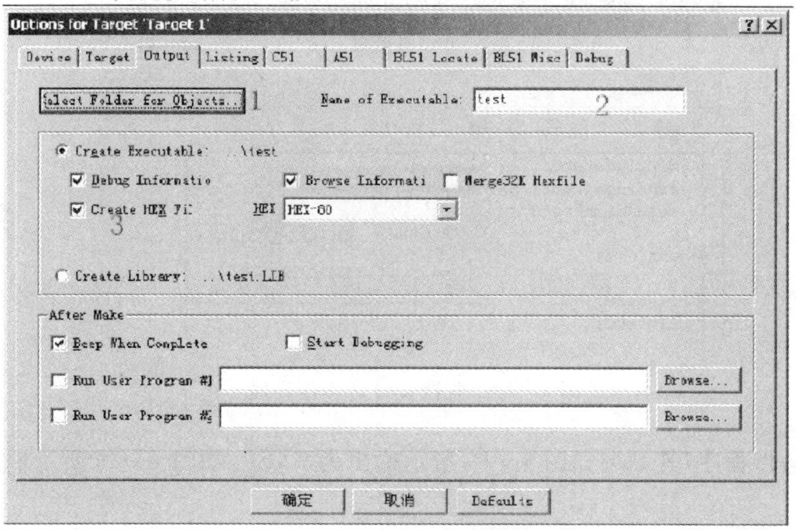

图 4－16　工程属性修改界面

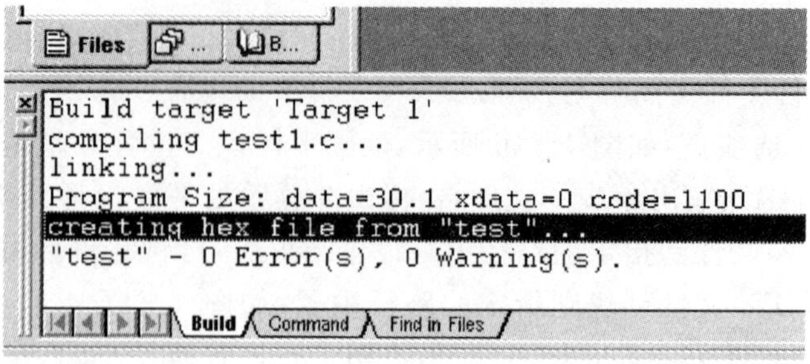

图 4-17　HEX 文件产生信息的观察

按刚才的步骤，另外编写下面的程序：(这是在 P1 口循环输出 FFH 和 00H 的程序)

```
#include<reg51.h>
void main(void)
{
   while(1)
   {
    P1=0xFF;
    P1=0x00;
   }
}
```

编译运行上面的程序，然后按外部设备菜单 Peripherals－I/O Ports－Port1，就打开 Port1 的调试窗口，如图 4-18 所示。

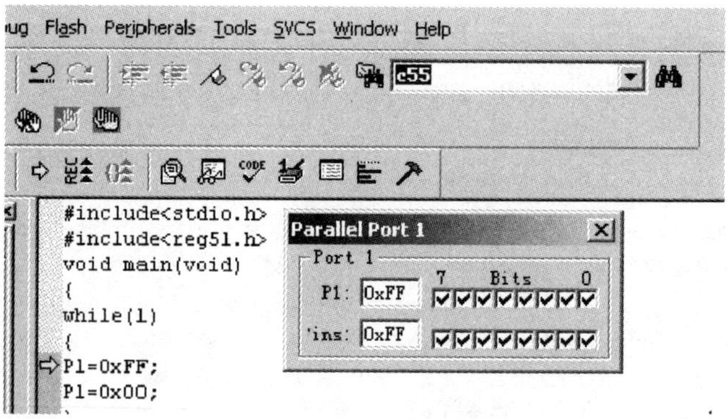

图 4-18　监控 I/O 口工作界面

我们单步运行程序，其结果如图 4-19 所示输出为 0XFF，如图 4-20 所示输出为 0X00。

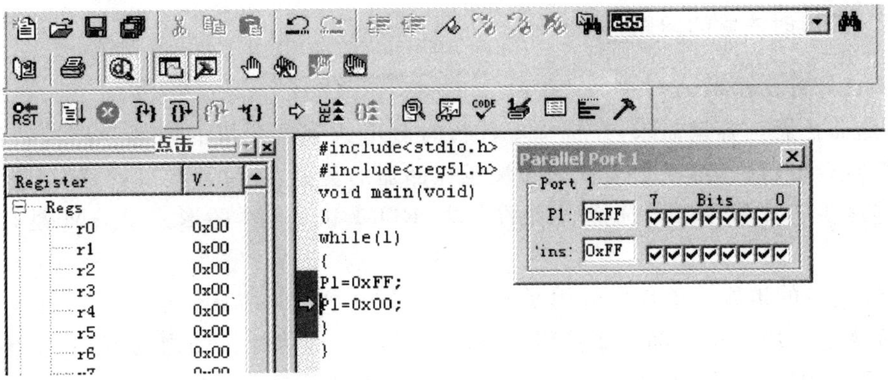

图 4-19　单步运行界面

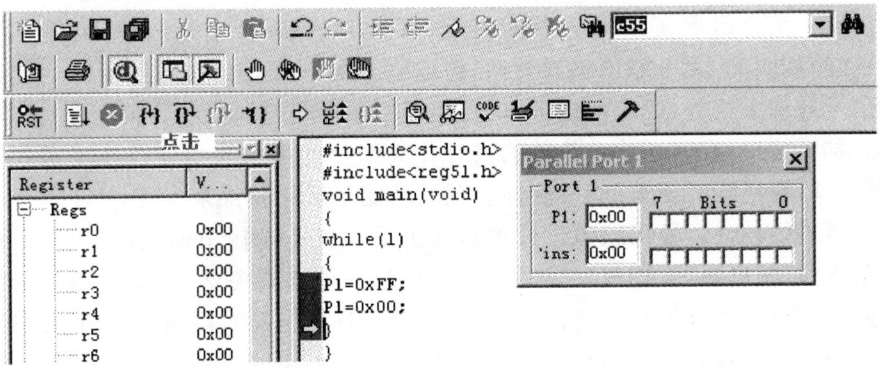

图 4-20　P1 口赋值后界面变化

4.3　单片机设计方法

4.3.1　软硬件设计原则

在硬件设计时，要尽量应用最合适的单片机，并注意新技术。同时考虑通用性的问题，尽可能选择典型电路，并符合单片机常规用法，为硬件系统的标准化、模块化打下良好的基础。系统扩展与外围设备的配置水平应充分满足应用系统的功能要求，并留有适当余地，以便进行二次开发。硬件系统设计应尽量朝“单片”(片上系统 SOC)方向发展，以提高系统的稳定性。工艺设计时要考虑安装、调试、维修的方便。扩展接口的开发尽可能采用 PSD 等器件开发。

软件设计随单片机应用系统的不同而不同，一般可分为以下几个方面。

(1)总体规划。

(2)程序设计技术：模块程序设计、自顶向下的程序设计。

(3)程序设计：建立数学模型、绘制程序流程图、程序的编制。

(4)软件装配。

4.3.2 设计时注意的问题

1. 硬件设计时注意的问题

(1)存储器扩展。容量需求,在选择单片机时就考虑到单片机的内部存储器资源,如能满足要求就不需要进行扩展,在必须扩展时注意存储器的类型、容量和接口,一般尽量留有余地,并且尽可能减少芯片的数量。选择合适的方法,ROM 和 RAM 的形式,RAM 是否要进行掉电保护等。

(2)I/O 接口的扩展。单片机应用系统在扩展 I/O 接口时应从体积、价格、负载能力、功能等几个方面考虑。应根据外部需要扩展电路的数量和所选单片机的内部资源(空闲地址线的数量)选择合适的地址译码方法。

(3)输入通道的设计。输入通道设计包括开关量和模拟输入通道的设计。开关量要考虑接口形式、电压等级、隔离方式、扩展接口等。模拟量通道的设计要与信号检测环节(传感器、信号处理电路等)结合起来,应根据系统对速度、精度和价格等要求来选择,同时还需要和传感器等设备的性能相匹配,要考虑传感器类型、传输信号的形式(电流还是电压)、线性化、补偿、光电隔离、信号处理方式等,还应考虑 A/D 转换器的选择(转换精度、转换速度、结构、功耗等)及相关电路、扩展接口,有时还涉及软件的设计。高精度的模数转换器价格十分昂贵,因而应尽量降低对 A/D 转换器的要求,能用软件实现的功能尽量用软件来实现。

(4)输出通道的设计。输出通道设计包括开关量和模拟量输出通道的设计。开关量要考虑功率、控制方式(继电器、可控硅、三极管等)。模拟量输出要考虑 D/A 转换器的选择(转换精度、转换速度、结构、功耗等)、输出信号的形式(电流还是电压)、隔离方式、扩展接口等。

(5)人机界面的设计。人机界面的设计包括输入键盘、开关、拨码盘、启/停操作、复位、显示器、打印、指示、报警等。输入键盘、开关、拨码盘应考虑类型、个数、参数及相关处理(如按键的去抖处理)。启/停、复位操作要考虑方式(自动、手动)及其切换。显示器要考虑类型(LED,LCD)、显示信息的种类、倍数等。此外还要考虑各种人机界面的扩展接口。

(6)通信电路的设计。单片机应用系统往往作为现场测控设备,常与上位机或同位机构成测控网络,需要其有数据通信的能力,通常设计为 RS-232C,RS-485,红外收发等通信标准。

(7)印刷电路板的设计与制作。电路原理图和印刷电路板的设计常采用专业设计软件进行设计,如 Protel,OrCAD 等。设计印刷电路板需要有很多的技巧和经验,设计好印刷电路板图后应送到专业制作厂家生产,在生产出来的印刷电路板上安装好元件,则完成硬件设计和制作。

(8)负载容限的考虑。单片机总线的负载能力是有限的。如 MCS-51 的 P0 口的负载能力为 4 mA,最多驱动 8 个 TTL 电路,P1～P3 口的负载能力为 2 mA,最多驱动 4 个 TTL 电路。若外接负载较多,则应采取总线驱动的方法提高系统的负载容限。常用驱动器有单向驱动器 74LS244、双向驱动器 74LS245 等。

(9)信号逻辑电平兼容性的考虑。在所设计的电路中,可能兼有 TTL 和 CMOS 器件,也有非标准的信号电平,要设计相应的电平兼容和转换电路。当有 RS-232,RS-485 接口时,还要实现电平兼容和转换。常用的集成电路有 MAX232,MAX485 等。

(10)电源系统的配置。单片机应用系统一定需要电源,要考虑电源的组数、输出功率、抗干扰。要熟悉常用三端稳压器(78xx 系列,79xx 系列)、精密电源(AD580,MC1403,CJ313/

336/385，W431）的应用。

（11）抗干扰的实施。采取必要的抗干扰措施是保证单片机系统正常工作的重要环节。它包括芯片、器件选择、去耦滤波、印刷电路板布线、通道隔离等。

2. 软件设计时注意的问题

（1）总体规划。软件所要完成的任务已在总体设计时规定，在具体软件设计时，要结合硬件结构，进一步明确软件所承担的一个个任务细节，确定具体实施的方法，合理分配资源。

（2）程序设计技术。合理的软件结构是设计一个性能优良的单片机应用系统软件的基础。在程序设计中，应培养结构化程序设计风格，各功能程序实行模块化、子程序化。一般有以下两种设计方法：其一，模块程序设计。模块程序设计是单片机应用中常用的一种程序设计技术。它是把一个较长的程序分解为若干个功能相对独立的较小的程序模块，各个程序模块分别设计、编程和调试，最后由各个调试好的模块组成一个大的程序。其优点是单个功能明确的程序模块的设计和调试比较方便，容易完成，一个模块可以为多个程序所共享。其缺点是各个模块的连接有时有一定难度。其二，自顶向下的程序设计。自顶向下程序设计时，先从主程序开始设计，从属程序或子程序用符号来代替。主程序编好后再编制各从属程序和子程序，最后完成整个系统软件的设计。其优点是比较符合于人们的日常思维，设计、调试和连接同时按一个线索进行，程序错误可以较早的发现。缺点是上一级的程序错误将对整个程序产生影响，一处修改可能引起对整个程序的全面修改。

（3）程序设计。在选择好软件结构和所采用的程序设计技术后，便可着手进行程序设计，将设计任务转化为具体的程序。

（4）软件装配。各程序模块编辑之后，须进行汇编或编译、调试，当满足设计要求后，将各程序模块按照软件结构设计的要求连接起来，即为软件装配，从而完成软件设计。在软件装配过程中，应注意软件接口。

4.3.3　单片机应用系统设计流程

单片机应用系统设计流程如图 4－21 所示。

4.4　基本应用举例

前面介绍了单片机的基本概念、AT89S52 单片机芯片的引脚和功能以及单片机的开发工具和流程，下面通过实例加深对其内容的理解。

4.4.1　I/O 口基本操作（一）——LED 跑马灯显示

LED 跑马灯硬件电路如图 4－22 所示，AT89S52 的 P0 的 8 个 IO 口上分别接有 8 个 LED。当 P0 口低电平时，LED 导通被点亮；当 P0 口高电平时，LED 不导通，即不能被点亮。

其程序代码如下：

```
#include <AT89X52.h>
void main()
{
    P1_5=0;
```

```
    for(;;)
    {
     P0=0x00;
    }
}
```

这段代码编译运行后，电路图中的 LED 将会被全部点亮。通过修改 P0 的赋值数据观察 LED 灯的变化。

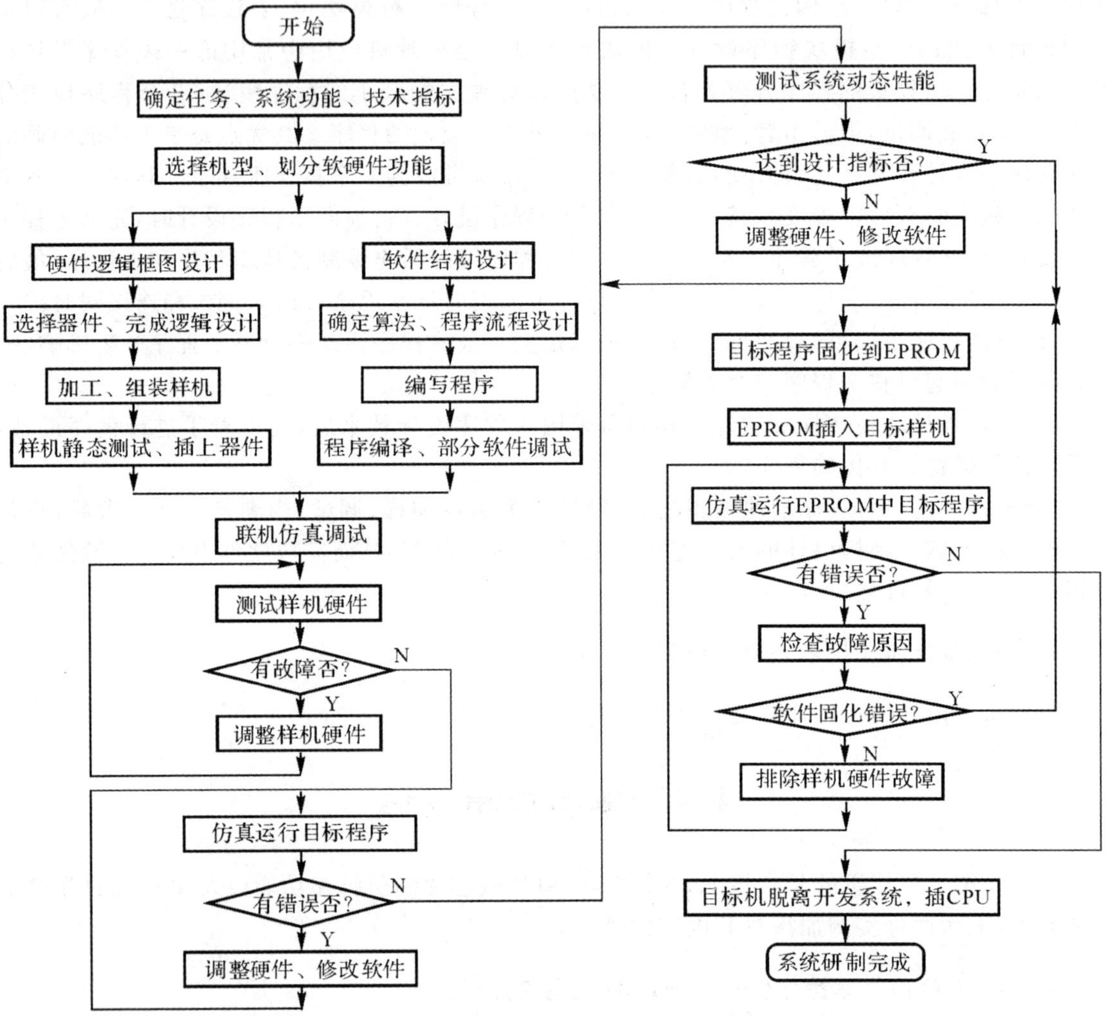

图 4-21　单片机应用系统设计过程流程图

4.4.2　I/O 口基本操作(二)——多位数码管动态扫描显示

多位数码管动态扫描显示如图 4-23 所示。

```
#include <reg51.h>
#include <intrins.h>                    // 包含了左移函数_crol_()
```

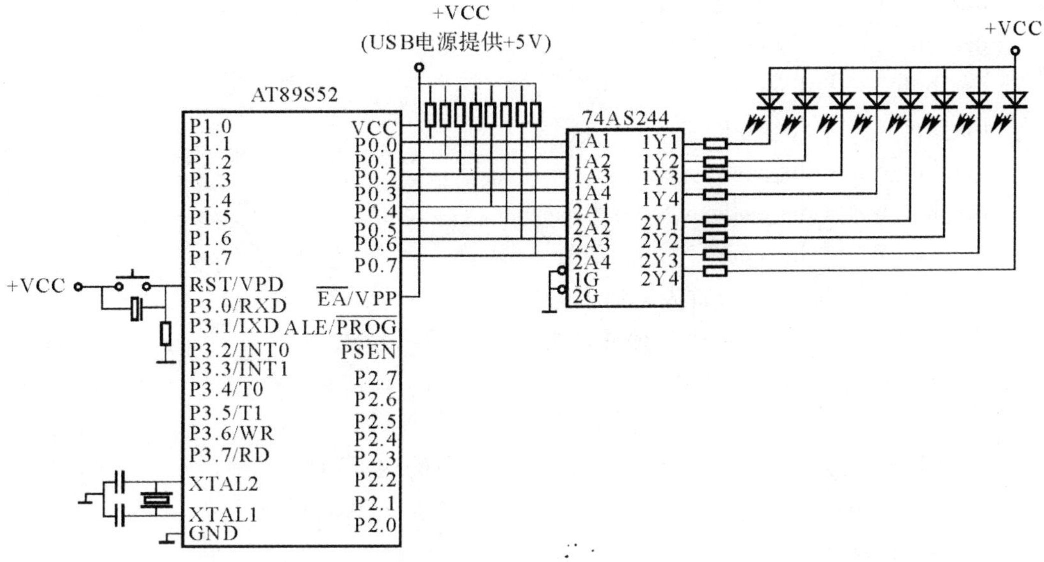

图 4-22　LED 跑马灯显示电路图

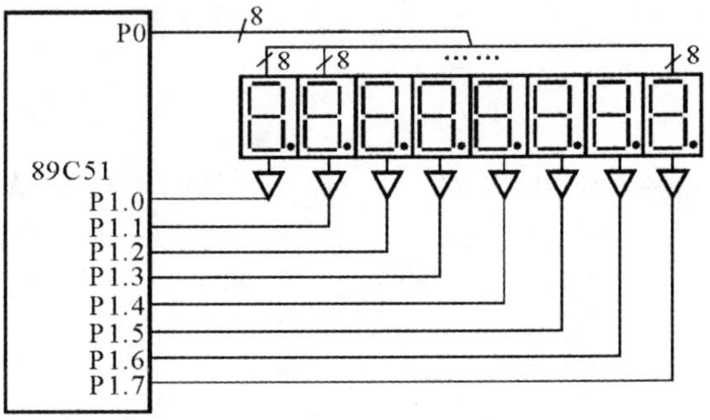

图 4-23　多位数码管动态扫描显示

```
void delayms(unsigned char ms); // 延时子程序
unsigned char data dis_digit; // 位选通值，传送到 P2 口用于选通当前数码管的数值，
                              // 等于 0x01 时，选通 P2.0 口数码管
unsigned char code dis_code[11]={0x08,0xab,0x12,0x22,0xa1,  // 0,1,2,3, 4
0x24,0x04,0xaa,0x00,0x20, 0xff}; // 5,6,7,8,9, off
unsigned char data dis_buf[8];  // dis_buf 显示缓冲区基地址
unsigned char data dis_index;  //显示索引，用于标识当前显示的数码管和缓冲区的偏
                                移量
void main()
{
    P1 = 0xff;  //关闭所有数码管
    P0 = 0x00;
    dis_buf[0] = dis_code[0];
```

```
    dis_buf[1] = dis_code[1];
    dis_buf[2] = dis_code[2];
    dis_buf[3] = dis_code[3];
    dis_buf[4] = dis_code[4];
    dis_buf[5] = dis_code[5];
    dis_buf[6] = dis_code[6];
    dis_buf[7] = dis_code[7];
    dis_digit = 0x01;  //首先选通 P2.0
    dis_index = 0;      //当前偏移量为 0
    while(1)
    {
        P1 = dis_buf[dis_index];              //段码送 P0 口
        P0 = dis_digit;                       //选能位(即位码)
        delayms(1);                           //延时
        dis_digit = _crol_(dis_digit, 1); // 位选通左移,下次选通下一位
        dis_index++;                          //下一个段码
        dis_index &= 0x07;                    //见注释
    }
}
void delayms(unsigned char ms)                //延时子程序(晶振 12 M)
{
    unsigned char i;
    while(ms--)
    {
        for(i = 0; i < 120; i++);
    }
```

实验结果为数码管从左到右分别显示 7,6,5,4,3,2,1,0。

4.4.3 定时器操作——多位数码管动态扫描显示

本例将采用定时中断的方式实现前一例子。实现源代码如下:

```
#include <reg51.h>
#include <intrins.h>                  // 包含了左移函数_crol_()
unsigned char data dis_digit;  // 位选通值,传送到 P2 口用于选通当前数码管
                               // 如等于 0x01 时,选通 P2.0 口数码管
unsigned char code dis_code[11]={0x08,0xab,0x12,0x22,0xa1,// 0,1,2,3,4
0x24,0x04,0xaa,0x00,0x20,0xff};// 5,6,7,8,9,off
unsigned char data dis_buf[8];  // dis_buf 显示缓冲区基地址
unsigned char data dis_index;   //显示索引,用于标识当前显示的数码管和缓冲区的偏
                                  移量
```

```
void main()
{
    P1 = 0xff;      //关闭所有数码管
    P0 = 0x00;
    TMOD = 0x01;  // 00000001B 定时计数器 0 工作在方式 1,16 位定时器/计数器
    TH0 = 0xFC;
    TL0 = 0x17;   // 预置初值 FC17H=64535D, 216-64535=1001us=1ms
    IE = 0x82;      // 10000010B T0 溢出中断允许
    dis_buf[0] = dis_code[0x0];
    dis_buf[1] = dis_code[0x1];
    dis_buf[2] = dis_code[0x2];
    dis_buf[3] = dis_code[0x3];
    dis_buf[4] = dis_code[0x4];
    dis_buf[5] = dis_code[0x5];
    dis_buf[6] = dis_code[0x6];
    dis_buf[7] = dis_code[0x7];
    dis_digit = 0x01;   //选通第 0 位数码管
    dis_index = 0;         //偏移初值为 0
    TR0 = 1;      //启动 T0
    while(1);   //循环等待中断
}

void timer0() interrupt 1   //定时器 0 中断服务程序，用于数码管的动态扫描
{
    TH0 = 0xFC;                                   //发生中断定时/计数器重装初值
    TL0 = 0x17;                                   // 感觉此处(及上)应该是 0x18,而不是 17
    分析如下：
    P0 = 0x00;                                    //先关闭所有数码管
    P1 = dis_buf[dis_index];                 //段码送 P0 口
    P0 = dis_digit;                           //位码送 P2 口
    dis_digit = _crol_(dis_digit,1);  // 位选通值左移，下次中断时选通下一位
    dis_index++;
    dis_index &= 0x07;        // 8 个数码管全部扫描完一遍之后，重新扫描
}
```

4.4.4　串口操作——串口通信(中断方式)

MCU-51 单片机内部有一个功能强大的全双工异步通信串行。全双工通信的双机之间串行接收、发送数据可同步进行，而异步通信收发双方靠各自的时钟来控制数据的异步传输。该串口可以非常方便地实现 MCU 与 PC 机的通信，共有 4 种工作方式，详见其他参考资料。

在实际运用过程中要实现双机通信还需要一定的电平转换电路。由于单片机输出的是TTL电平，传输距离有限，而计算机的串口输出是RS232电平，两者电平并不相同，需要外接电路进行电平匹配，转换电平就用专用芯片MAX232来完成。详细电路图如图4-24所示。

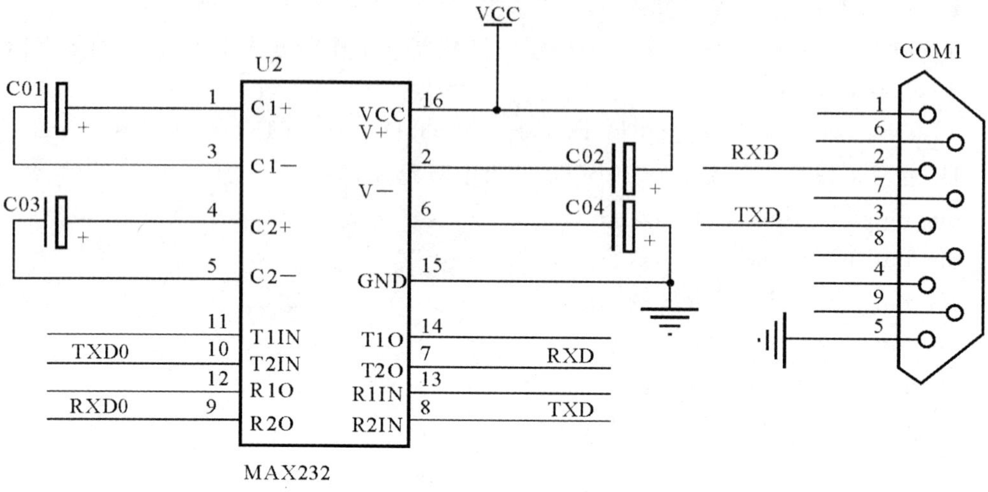

图4-24　串行通信232电平转换电路

本实验实现串口中断实验，通过中断和计算机进行通信。首先接收联机信号，然后接收计算机的相关控制信号。本实验中，采用发送不同的字符给计算机来模拟接收到的不同的计算机控制命令。通过扩展，可以实现不同的功能。

```
#include
#define uchar  unsigned char
uchar time,b_break,b_break_3;
uchar buf;
void waitsend()
{
    while(! TI)
    {
    };
    TI = 0;
}
//串行中断程序
void int_s(void) interrupt 4 {
ES = 0;     //关闭串行中断
RI = 0;     //清除串行接受标志位
buf = SBUF;  //从串口缓冲区取得数据
P1 = buf;    //数据送往p1口显示出来
if(buf == 255) SBUF = 255; //发送联络信号
else {
```

```
    switch(buf)
    {
        case 1: SBUF = 'M',waitsend();break;    //如果接受到1,发送字符'M'
        case 2: SBUF = 'C',waitsend();break;    //如果接受到2,发送字符'C'
        case 3: SBUF = 'S',waitsend();break;    //如果接受到3,发送字符'S'
        case 4: SBUF = '5',waitsend();break;    //如果接受到4,发送字符'5'
        case 5: SBUF = '1',waitsend();break;    //如果接受到5,发送字符'1'
        default: SBUF = 'n',waitsend();break;   //如果接受到其他数据发送
    }
}
ES = 1;      //允许串口中断
}
void main(void) {
    P0 = 0;
    P2 = 255;      //关闭数码管显示
EA=1;
SCON=0x50;PCON=0X80;
TMOD=0x20;ES = 1;
TL1=TH1=0xf3;TR1=1;   //串口工作在模1,波特率4800@12 MHz)
    while(1); //无限循环等待串行中断
}
```

4.4.5 ADC0809的使用——8路模拟信号采集

此例电路请参考图3-6所示,在第三章对ADC0809原理有详细介绍。实例为查询式循环采集AC0809的8路信号。

```
#include <absacc.h>
#include <reg51.h>
#define uchar unsigned char
#define IN0 XBYTE[0x0000]                    //设置0809的0通道//
sibt   ad_busy=p3^1;                        //EOC的状态//
void ad0809(uchar idata * x)              //采样结果放到指针中的AD采集函数//
{uchar I;
uchar xdata * ad_adr;
ad_adr=&IN0;
for(i=0;i<8;i++)                              //处理8通道//
  { * ad_adr=0;                               //启动转换//
    i=i;                                      //延时等待EOC变换//
    i=i;
    while(ad_busy==0);                        //查询等待转换结束//
```

```
        x[i]= * ad_adr;                  //存储转换结果//
        ad_adr++;                        //下一通道//
    }
  .}
  void main(void)
  {static uchar idata ad[10];
  ad0809(ad)                             //采样 AD0809 通道值//
  }
```

4.4.6 DAC0832 的使用——正弦信号发生器

DAC 是一种把二进制信号转换成模拟信号(电流或电压)的电路。DAC 品种繁多,转换原理不同,一般可分为权电阻 DAC、T 型电阻 DAC、倒 T 型电阻 DAC 等。通常情况我们选用 T 型或倒 T 型网络 DAC,因为它运用电阻种类较少,只有 R 和 2R 两种,而且具有简单、直观、快速、误差小等诸多优点而备受青睐。DAC0832 是 8 位芯片,采用 CMOS 工艺和 R-2R T 型解码网络,且转换结果一对差动电流输出,分辨率 8 位,转换时间:1 μs,单电源:+5~+15 V,参考电压:+10~-10 V。可直接与 MCU 数据总线相连,而且转换的位数也小于 MCU 数据总线的位数。DAC0832 直接得到的转换输出信号为电流,为得到电压输出,需要加一个集成运算放大器。此时输出的电压为单极性,极性与比较电压相反。CS 片选信号是由单片机的高位地址线 A14 译码产生,电路连接原理如图 4-25 所示。

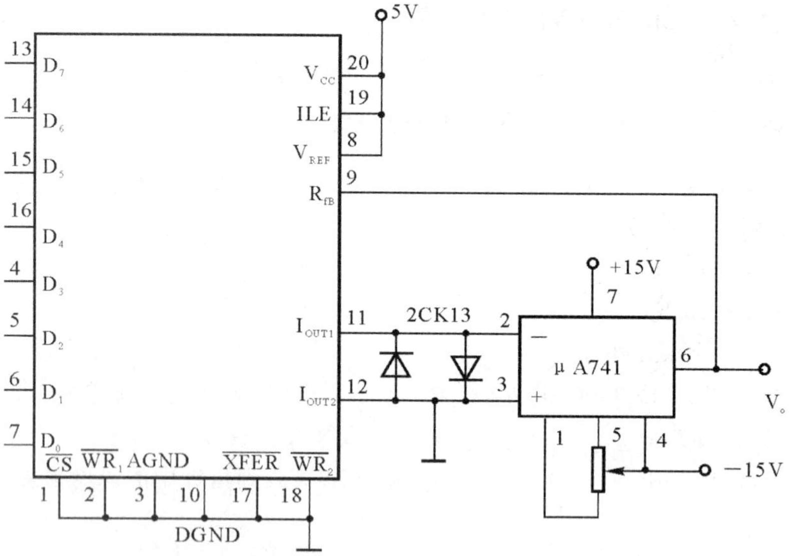

图 4-25 DAC0832 电路

```
#include <at89x52.h>
#define uchar unsigned char
sbit dax=P2^7;
sbit day=P1^6;
uchar code sin[]=
```

```
{0, 0, 0, 0, 1, 1, 1, 2, 2, 2, 3, 3, 4, 4, 5, 6, 6, 7, 8, 9, 9, 10, 11, 12, 13, 14, 15,
16, 17, 18, 19, 21, 22, 23, 24, 26, 27, 29, 30, 31, 33, 34, 36, 37, 39, 41, 42, 44, 46,
47, 49, 51, 53, 55, 56, 58, 60, 62, 64, 66, 68, 70, 72, 74, 76, 78, 80, 82 , 84, 86, 88,
91, 93, 95, 97, 99, 101, 104, 106, 108, 110, 112, 115, 117, 119, 121, 124, 126,128,
130, 132, 135, 137, 139, 141, 144, 146, 148, 150, 152, 155, 157, 159, 161, 163, 165,
168, 170, 172, 174, 176, 178, 180, 182, 184, 186, 188, 190, 192, 194, 196, 198, 200,
201, 203, 205, 207, 209, 210, 212, 214, 215, 217, 219, 220, 222, 223, 225, 226, 227,
229, 230, 232, 233, 234, 235, 237, 238, 239, 240, 241, 242, 243, 244, 245, 246, 247,
247, 248, 249, 250, 250, 251, 252, 252, 253, 253, 254, 254, 254, 255, 255, 255, 255,
255, 255, 255, 255, 255, 255, 255, 255, 255, 255, 255, 255, 255, 254, 254, 254, 253,
253, 252, 252, 251, 250, 250, 249, 248, 247, 247, 246, 245, 244, 243, 242, 241, 240,
239, 238, 237, 235, 234, 233, 232, 230, 229, 227, 226, 225, 223, 222, 220, 219, 217,
215, 214, 212, 210, 209, 207, 205, 203, 201, 200, 198, 196, 194, 192, 190, 188, 186,
184, 182, 180, 178, 176, 174, 172, 170, 168, 165, 163, 161, 159, 157, 155, 152, 150,
148, 146, 144, 141, 139, 137, 135, 132, 130, 128, 126, 124, 121, 119, 117, 115, 112,
110, 108, 106, 104, 101, 99, 97, 95, 93, 91, 88, 86, 84, 82, 80, 78, 76, 74, 72, 70, 68,
66, 64, 62, 60, 58, 56, 55, 53, 51, 49, 47, 46, 44, 42, 41, 39, 37, 36, 34, 33, 31, 30,
29, 27, 26, 24, 23, 22, 21, 19, 18, 8, 7, 6, 6, 5, 4, 4, 3, 3, 2, 2, 2, 1, 1, 1, 0, 0, 0,
0, 0, 0, 0, 0, 0, 0, 0, 1, 1, 1, 2, 2, 2, 3, 3, 4, 4, 5, 6, 6, 7, 8};
delayX10ms(uint count)
{
uchar j,k;
while(count--! =0)
{
  for(j=0;j<10;j++)
   for(k=0;k<72;k++);
  }
}
main()
{
 uchar j;
 while(1)
 {day=0;
 P2=sin[j];
 P1_5=0;
 P1_5=1;
 day=1;
 j++;}
}
```

第五章　CPLD/FPGA应用系统设计

FPGA在复杂逻辑电路以及数字信号处理领域中扮演者越来越重要的角色，SOC(片上系统)以其低功耗，高性能，低成本，高可靠性等优点成为嵌入式系统的发展趋势。作为一个简明的教程，主要宗旨是让初学者快速地了解FPGA/SOPC(可编程片上系统)开发的流程。目前IT技术的发展可以说是一日千里，如果希望在电子设计领域有所作为，则必须具备快速掌握新技术的能力。电子设计最重要的是实践的积累，只要具备了一定的基础，就应当马上投入实践，否则很多概念都无法真正理解。

本章以实践为基础，适合具备基本的数字电路设计基础的初学者。5.1，5.2节是CPLD/FPGA的基本知识，对于CPLD/FPGA知识为零的初学者应先了解这部分内容，对于已经有了一定基础的同学可以跳过这部分内容。5.3节以开发实例来让初学者了解FPGA的基本开发流程，并熟悉QuartusII软件的使用。5.4，5.5节以一个例子来让初学者了解基于NiosII软件CPU核心的SOPC设计流程，并熟识SOPC Builder和NiosII IDE的基本使用。

5.1　CPLD/FPGA的基本知识

5.1.1　可编程逻辑器件的历史和概述

随着数字电路应用越来越广泛，传统通用的数字集成芯片已经难以满足系统的功能要求，而且随着系统复杂程度的提高，所需通用集成电路的数量呈爆炸性增长，使得电路的体积增大，可靠性难以保证。此外，现代产品的生命周期都很短，一个电路可能需要在很短的周期内作改动以满足新的功能需求，对于采用通用的数字集成电路设计的电路系统来说即意味着重新设计和重新布线。因此，系统设计师们希望自己设计专用集成电路(ASIC)芯片，而且希望ASIC的设计周期尽可能短，最好是在实验室里就能设计出合适的ASIC芯片，并且立即投入实际应用之中，因而出现了现场可编程逻辑器件(FPLD)，其中应用最广泛的当属现场可编程门阵列(FPGA)和复杂可编程逻辑器件(CPLD)。

早期的可编程逻辑器件只有可编程只读存储器(PROM)、紫外线可擦除只读存储器(EPROM)和电可擦除只读存储器(EEPROM)3种。由于结构的限制，它们只能完成简单的数字逻辑功能。

其后，出现了一类结构上稍复杂的可编程芯片，即可编程逻辑器件(PLD)，它能够完成各种数字逻辑功能。典型的PLD由一个"与"门和一个"或"门阵列组成，而任意一个组合逻辑都可以用"与一或"表达式来描述，所以，PLD能以乘积和的形式完成大量的组合逻辑功能。

这一阶段的产品主要有PAL(可编程阵列逻辑)和GAL(通用阵列逻辑)。PAL由一个可编程的"与"平面和一个固定的"或"平面构成，或门的输出可以通过触发器有选择地被置为寄存状态。PAL器件是现场可编程的，它的实现工艺有反熔丝技术、EPROM技术和EEPROM

技术。还有一类结构更为灵活的逻辑器件是可编程逻辑阵列(PLA),它也由一个“与”平面和一个“或”平面构成,但是这两个平面的连接关系是可编程的。PLA 器件既有现场可编程的,也有掩膜可编程的。在 PAL 的基础上,又发展了一种通用阵列逻辑 GAL(Generic Array Logic),如 GAL16V8,GAL22V10 等。它采用了 EEPROM 工艺,实现了电可擦除、电可改写,其输出结构是可编程的逻辑宏单元,因而它的设计具有很强的灵活性,至今仍有许多人使用。这些早期的 PLD 器件的一个共同特点是可以实现速度特性较好的逻辑功能,但其过于简单的结构也使它们只能实现规模较小的电路。

为了弥补这一缺陷,20 世纪 80 年代中期,Altera 和 Xilinx 分别推出了类似于 PAL 结构的扩展型 CPLD(Complex Programmable Logic Dvice)和与标准门阵列类似的 FPGA(Field Programmable Gate Array),它们都具有体系结构和逻辑单元灵活、集成度高以及适用范围广等特点。这两种器件兼容了 PLD 和通用门阵列的优点,可实现较大规模的电路,编程也很灵活。与门阵列等其他 ASIC(Application Specific IC)相比,它们又具有设计开发周期短、设计制造成本低、开发工具先进、标准产品无须测试、质量稳定以及可实时在线检验等优点,因此被广泛应用于产品的原型设计和小批量产品生产(一般在 10 000 件以下)之中。几乎所有应用门阵列、PLD 和中小规模通用数字集成电路的场合均可应用 FPGA 和 CPLD 器件。

5.1.2　FPGA/CPLD 概述

FPGA(现场可编程门阵列)与 CPLD(复杂可编程逻辑器件)都是可编程逻辑器件,它们是在 PAL,GAL 等逻辑器件的基础之上发展起来的。同以往的 PAL,GAL 等相比较,FPGA/CPLD 的规模比较大,它可以替代几十甚至几千块通用 IC 芯片。这样的 FPGA/CPLD 实际上就是一个子系统部件。这种芯片受到世界范围内电子工程设计人员的广泛关注和普遍欢迎。经过了十几年的发展,许多公司都开发出了多种可编程逻辑器件。比较典型的就是 Altera 公司和 Xilinx 公司的 CPLD 器件系列和 FPGA 器件系列,它们开发较早,占用了较大的 PLD 市场。通常来说,在欧洲用 Xilinx 的人多,在亚太地区用 ALTERA 的人多,在美国则是平分秋色。全球 PLD/FPGA 产品 60%以上是由 Altera 和 Xilinx 提供的。可以讲 Altera 和 Xilinx 共同决定了 PLD 技术的发展方向。当然还有许多其他类型器件,如 Lattice,Actel,Quicklogic,Lucent 等。如表 5 - 1 所示为 1998 年世界十大 PLD 公司。

表 5 - 1　1998 年世界十大 PLD 公司

排名	公司	销售额/亿美金	市场占有率/(%)
1	Altera	5.96	30.1
2	Xilinx	5.74	29.0
3	Vantis	2.20	11.1
4	Lattice	2.18	11.0
5	Actel	1.39	7.0
6	Luccent	0.85	4.3
7	Cypress	0.44	2.2
8	Atmel	0.42	2.1
9	Philips	0.28	1.4
10	Quicklogic	0.24	1.2

尽管 FPGA,CPLD 和其他类型 PLD 的结构各有其特点和长处,但概括起来,它们是由 3 大部分组成的:①一个二维的逻辑块阵列,构成了 PLD 器件的逻辑组成核心。②输入/输出块。③连接逻辑块的互连资源,由各种长度的连线线段组成,其中也有一些可编程的连接开关,用于逻辑块之间、逻辑块与输入/输出块之间的连接。PLD 的结构如图 5-1 所示。

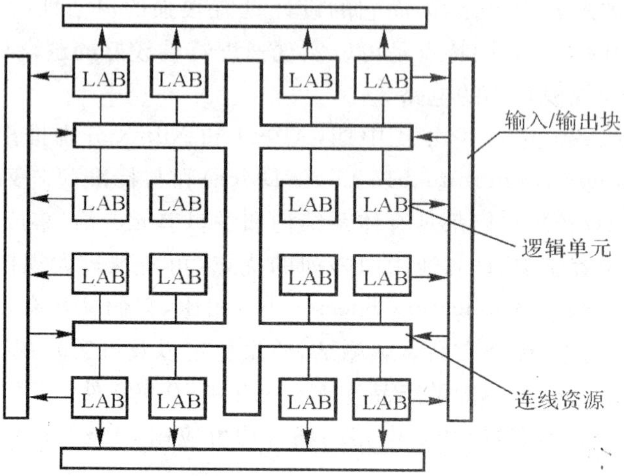

图 5-1 PLD 的结构

对用户而言,虽然 CPLD 与 FPGA 的内部结构稍有不同,但其用法都一样,所以多数情况下,不加以区分。FPGA/CPLD 芯片都是特殊的 ASIC 芯片,它们除了具有 ASIC 的特点之外,还具有以下几个优点:

(1)随着 VLSI(Very Large Scale IC,超大规模集成电路)工艺的不断提高,单一芯片内部可以容纳上百万个晶体管,FPGA/CPLD 芯片的规模也越来越大,其单片逻辑门数已达到上百万门,所能实现的功能也越来越强,同时也可以实现系统集成,即片上系统 SOC。

(2)FPGA/CPLD 芯片在出厂之前都做过百分之百的测试,不需要设计人员承担投片风险和费用,设计人员只须在自己的实验室里就可以通过相关的软硬件环境来完成芯片的最终功能设计。所以,FPGA/CPLD 的资金投入小,节省了许多潜在的花费。

(3)用户可以反复地编程、擦除,使用者在外围电路不动的情况下用不同软件就可实现不同的功能。所以,用 FPGA/PLD 试制样片,能以最快的速度占领市场。FPGA/CPLD 软件包中有各种输入工具和仿真工具以及版图设计工具和编程器等全线产品,电路设计人员在很短的时间内就可完成电路的输入、编译、优化、仿真,直至最后芯片的制作。当电路有少量改动时,更能显示出 FPGA/CPLD 的优势。电路设计人员使用 FPGA/CPLD 进行电路设计时,不需要具备专门的 IC 深层次的知识,FPGA/CPLD 软件易学易用,可以使设计人员更能集中精力进行电路设计,快速将产品推向市场。

(4)在线可编程技术(ISP)使得 CPLD/FPGA 的产品可以做到远程升级。

5.2 FPGA开发原理

PLD是可编程逻辑器件(Programable Logic Device)的简称,FPGA是现场可编程门阵列(Field Programable Gate Array)的简称,两者的功能基本相同,只是实现原理略有不同,所以有时可以忽略这两者的区别,统称为可编程逻辑器件或PLD/FPGA。

PLD能做什么呢?可以毫不夸张的讲,PLD能完成任何数字器件的功能,上至高性能CPU,下至简单的74电路,都可以用PLD来实现。PLD如同一张白纸或是一堆积木,工程师可以通过传统的原理图输入法,或是硬件描述语言自由设计一个数字系统。通过软件仿真,我们可以事先验证设计的正确性。在PCB完成以后,还可以利用PLD的在线修改能力,随时修改设计而不必改动硬件电路。使用PLD来开发数字电路,可以大大缩短设计时间,减少PCB面积,提高系统的可靠性。PLD的这些优点使得PLD技术在20世纪90年代以后得到飞速发展,同时也大大推动了EDA软件和硬件描述语言(HDL)的进步。

如何使用PLD呢?其实PLD的使用很简单,学习PLD比学习单片机要简单得多,有数字电路基础,会使用计算机,就可以进行PLD的开发。

开发PLD需要了解两个部分,即PLD开发软件和PLD本身。

由于PLD软件已经发展的相当完善,用户甚至可以不用详细了解PLD的内部结构,也可以用自己熟悉的方法,如原理图输入或HDL语言来完成相当优秀的PLD设计,所以对初学者,首先应了解PLD开发软件和开发流程。了解PLD的内部结构,将有助于提高设计的效率和可靠性。

下面以基于Altera公司的QuantusII软件来简单说明一下FPGA的开发流程。如图5-2所示是一个典型的基于QuantusII的FPGA开发流程。

(1)建立工程是每个开发过程的开始,QuantusII(以下简称Q2)以工程为单元对设计过程进行管理。

(2)建立顶层图。可以这样理解,顶层图是一个容器,将整个工程的各个模块包容在里面,编译的时候就将这些模块整合在一起。也可以理解为它是一个大元件,包含各个模块,编译的时候就是生成一个这样的大元件。

(3)采用ALTERA公司提供的LPM功能模块。Q2软件环境里包含了大量的常用功能模块,例如计数器、累加器、比较器、译码器等。如果不懂得在工程中采用这些现有的功能模块就很浪费。一个设计中一般只有极少部分的模块需要自己从零设计。

(4)自己建立功能模块。当然,有些设计中现有的模块功能不能满足具体设计的要求,那就只能自己设计。可以用硬件描述语言,也可以用原理图的输入方法。将它们独立地当做一个工程来设计,并生成模块符号(Symbol),然后在顶层图中使用这个模块的符号,并将源文件(实现该模块的原理图或HDL文件)复制到顶层图所在的工程目录下。这个过程好比你要做一个电路,现在市面上没有你想要的某个芯片,你就只能自己做一块这样的一块芯片,然后添加到你的电路板上。

(5)将顶层图的各个功能模块用连线连起来。这个过程类似电路图设计,把各个芯片连接起来,组成电路系统。

(6)系统的功能原理图至此已经基本形成了,下一步要为该设计选择芯片载体,才能真正在物理上实现系统的功能。这一步的主要工作是：①选择芯片型号；②为顶层图的各个输入、输出信号分配芯片的管脚；③设置编译选项，目的是让编译器知道更多的信息。

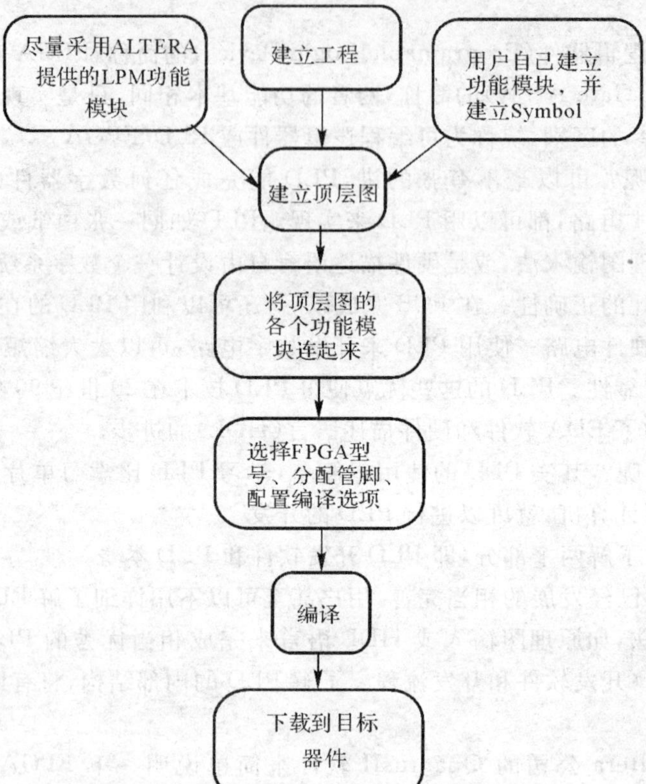

图 5-2　基于 QuartusII 的典型 FPGA 设计流程

(7)编译。这个过程类似软件开发里的编译，但实际上这个过程比软件的编译要复杂得多，因为它毕竟最终要实现硬件里的物理结构，包含了优化逻辑的组合、综合逻辑以及布线等步骤。在类似 Q2 这样的集成环境里面，这些过程都可以一气呵成，集成环境帮你自动完成了几个步骤的工作。当然，也可以用其他工具来实现各个步骤的工作。

(8)编译后会生成 *.sof 或 *.pof 文件，前者可以通过 JTAG 下载到 FPGA 内部，设计无误的话即能实现预期的功能，但断电后 FPGA 里的这些信息会丢失；后者可以下载到 FPGA 的配置芯片(EEPROM 或 FLASH 芯片)，掉电后这些配置信息不会丢失，重新通电以后通过该配置芯片对 FPGA 的内部 RAM 进行配置。

(9)对于复杂的设计，工程编译了以后可以采用 Q2 的仿真功能或其他仿真软件(如 ModelSim)对设计反复进行仿真和验证，直到满足要求。

5.3　FPGA 开发实例——按键控灯

5.3.1　学习要点

(1)了解如何利用 QuartusII 软件进行 FPGA 设计的流程；

(2)掌握 QuartusII 新建、编写、编译、下载程序方法。

5.3.2　实例内容说明

利用一个常开按钮(实验板上的 key1)作为输入(常开时输入 1,闭合时输入 0),经过一个反相器后输出到核心板的第一个 LED。key1 常开时,LED 亮,按下(闭合)实验板上的 key1,该 LED 熄灭。

5.3.3　设计实践

步骤 1　建立工程

(1)运行 QuatrusII 软件(以下简称 Q2),建立工程,打开 File→New→Project→Wizad,如图 5-3 所示。

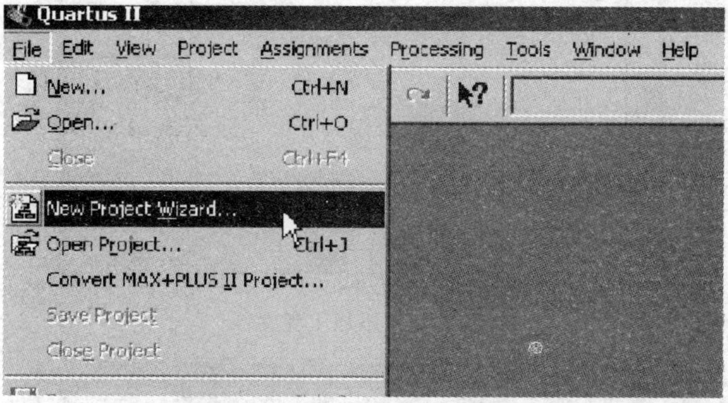

图 5-3　建立工程

(2)点击 New Project Wizard 后弹出指定工程名的对话框,如图 5-4 所示。按 Next 按钮,出现添加工程文件的对话框,如图 5-5 所示。

(3)按 Next 进行下一步,选择 FPGA 器件的型号,如图 5-6 所示。在 Family 下拉框中,选择 Cyclone 系列 FPGA,然后在"Availabledevices"中根据核心板的 FPGA 型号选择 FPGA 型号,注意在 Filters 一栏选中"ShowAdvanced Devices"以显示所有的器件型号。执行下一步出现对话框,如图 5-7 所示。

(4)这里选择其他 EDA 工具的对话框,我们用 Q2 的集成环境进行开发,因此这里不作任何改动。按 Next 按钮进入工程的信息总概对话框,如图 5-8 所示,按 Finish 按钮即建立一个空项目。

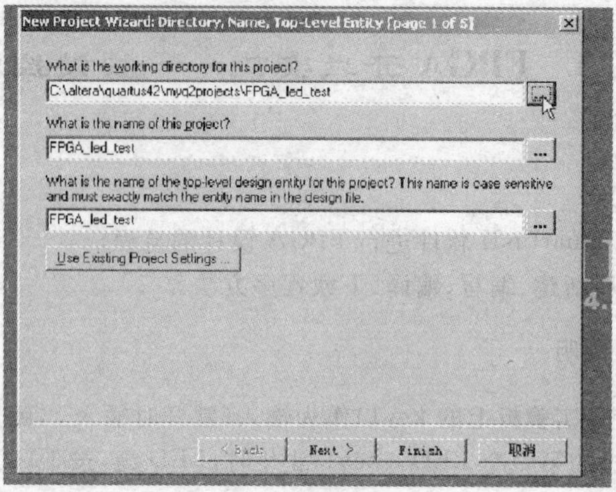

图 5－4　指定工程名

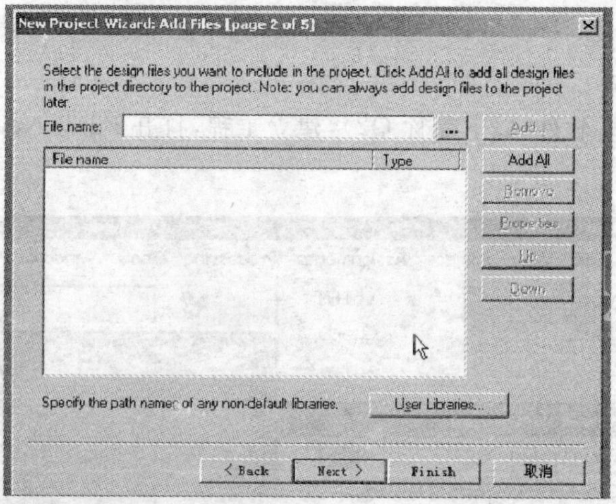

图 5－5　添加工程文件

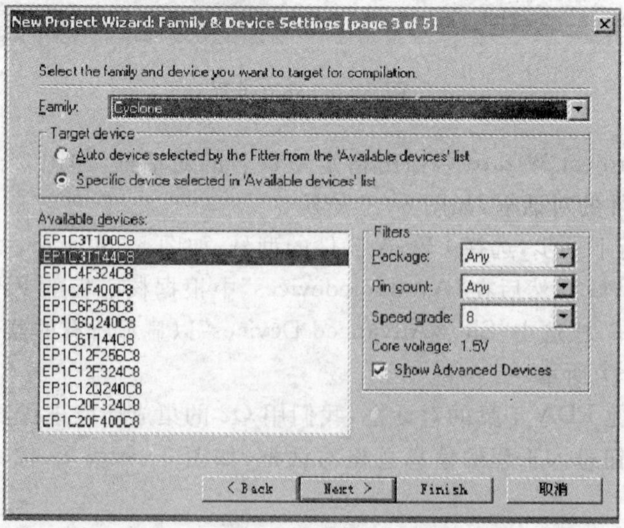

图 5－6　选择 FPGA 器件的型号

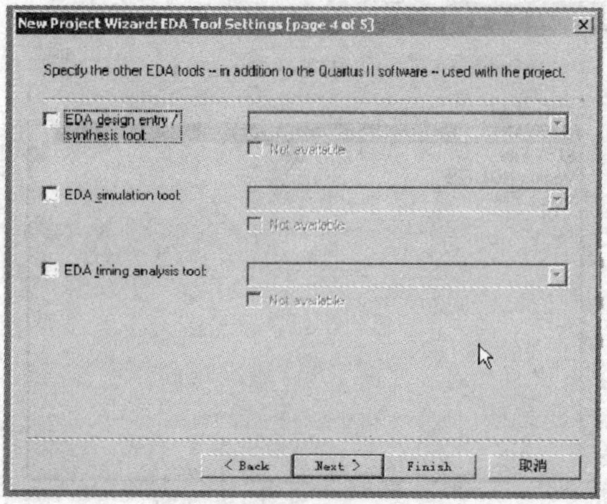

图 5－7　选择其他 EDA 工具

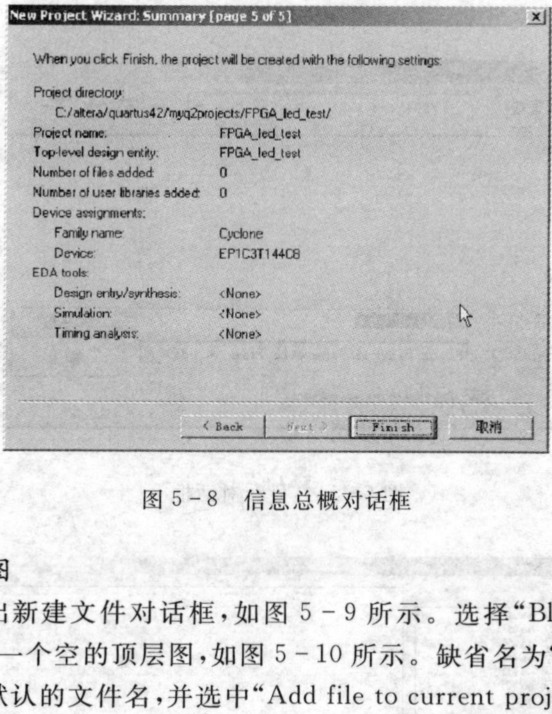

图 5－8　信息总概对话框

步骤 2　建立顶层图

执行 File New，弹出新建文件对话框，如图 5－9 所示。选择“Block Diagram Schematic File”按 OK 按钮即建立一个空的顶层图，如图 5－10 所示。缺省名为“Block1. bdf”，把它另存为(File Save as)，接受默认的文件名，并选中“Add file to current project”选项，以使该文件添加到工程中去，如图5－11 所示。

步骤 3　添加逻辑元件(Symbol)

(1)双击顶层图图纸的空白处，弹出添加元件的对话框，如图 5－12 所示。在 Libraries 里寻找所需要的逻辑元件，如果知道逻辑元件的名称的话，也可以直接在 Name 一栏敲入名字，右边的预览图即可显示元件的外观，按 OK 按钮后鼠标旁边即拖着一个元件符号，在图纸上单击左键，元件即安放在图纸上。

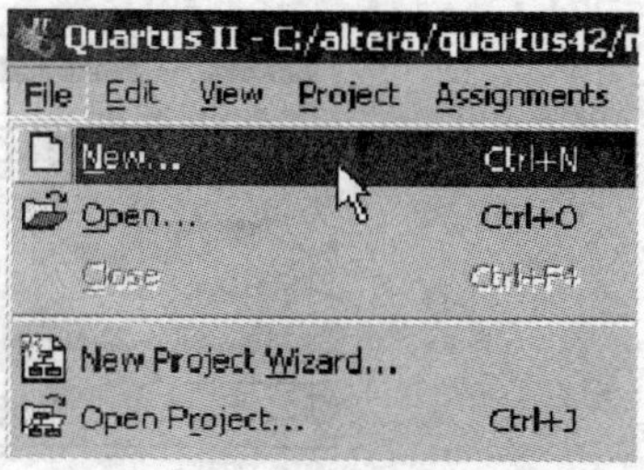

图 5－9　新建文件

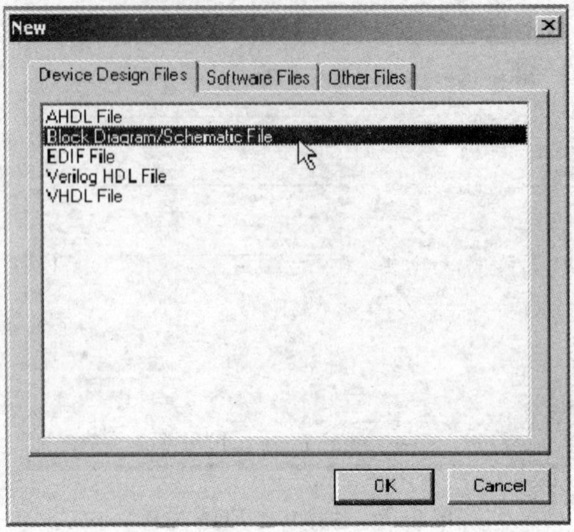

图 5-10　选择新建文件类型

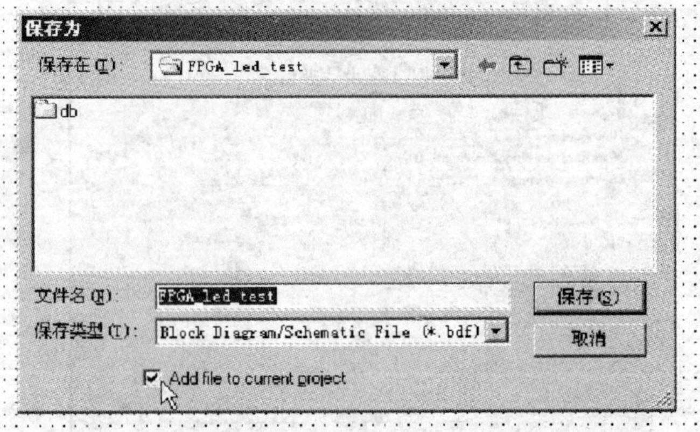

图 5-11　另存对话框

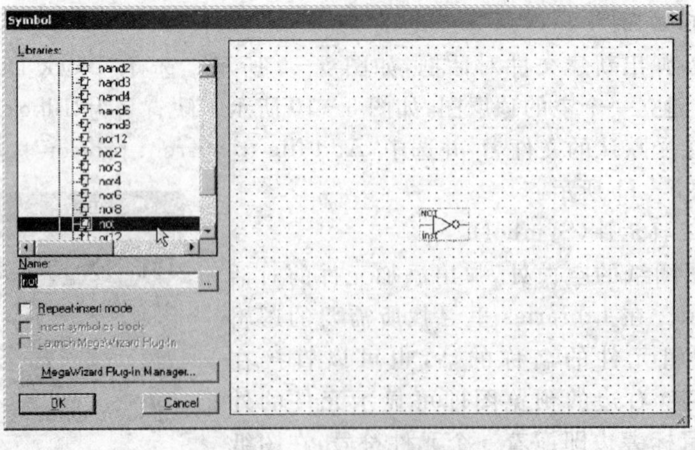

图 5-12　添加元件

(2)在图纸上分别添加非门(not)、输入(input)、输出(output)3 个 symbol，如图 5－13 所示。

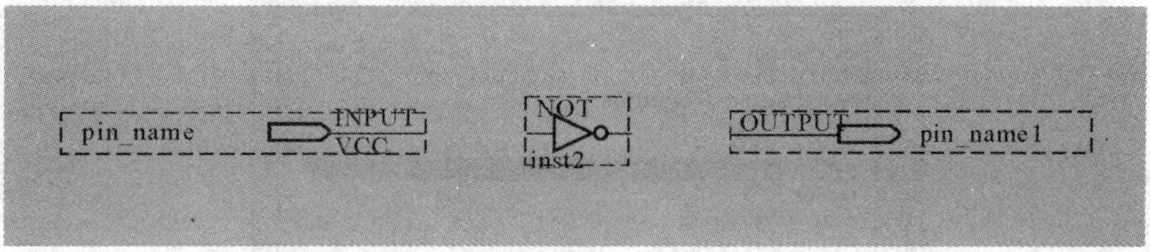

图 5－13　添加非门、输入、输出 3 个 symbol

(3)将鼠标移到 symbol 连线端口的那里，鼠标变成图示模样：，按下左键拖动鼠标到另一个 symbol 的连线端。本例中，这 3 个 symbol 的连线如图 5－14 所示。

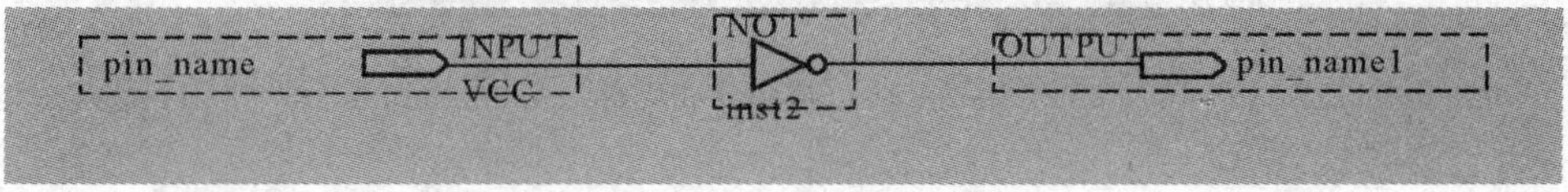

图 5－14　连线示意图

(4)分别双击 input 和 output symbol 的名字“pin_name”、“pin_name1”，将它们的名字改为 Key1，LED1，如图 5－15 所示。

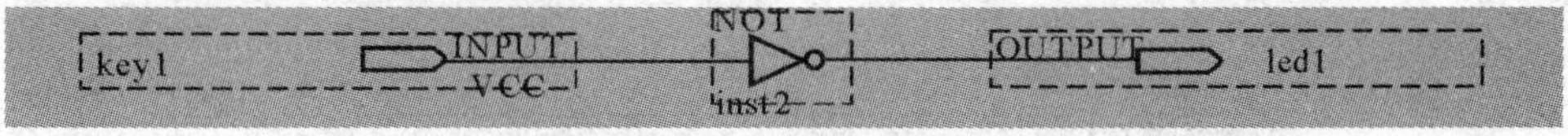

图 5－15　更名示意图

步骤 4　分配管脚

为芯片分配管脚可以用 QuartusII 软件里的“Assignments→Pins”菜单，也可以用 tcl 脚本文件。用 tcl 文件进行配置的重用性好，易于管理，因此本文介绍用 tcl 的方法。对于另一种方法，可以参考 QuartusII 软件的帮助文档。在工程目录下建立一个 name 为 Setup. tcl 的 file。打开 File→New，选择 other files 页面，如图 5－16 所示。

对应于 EP1C3 核心板：

```
#Setup. tcl
#Setup pin setting
set_global_assignment－name RESERVE_ALL_UNUSED_PINS"AS INPUT
TRI－STATED"
set_global_assignment－name ENABLE_INIT_DONE_OUTPUT OFF
set_location_assignment PIN_6－to LED1
set_location_assignment PIN_52－to key1
```

保存到工程目录下，并注意在保存对话框选中“Add file to currentproject”选项。然后打开 Tools→Tcl Scripts，选中刚才编辑的 Script 文件，选择 Setup，并点击 Run，如图 5－17 所示。

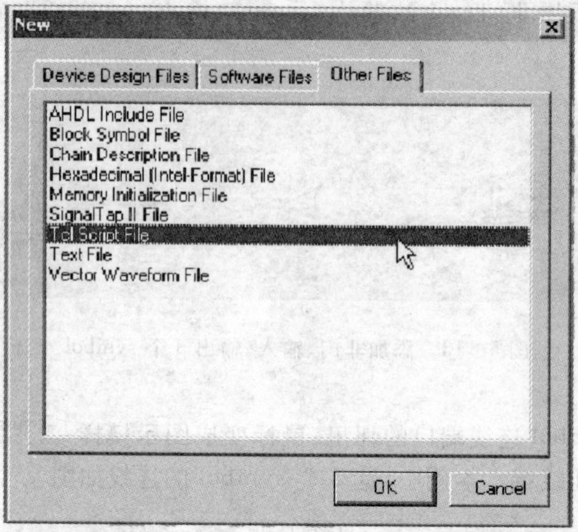

图 5-16　新建 Tcl 文件

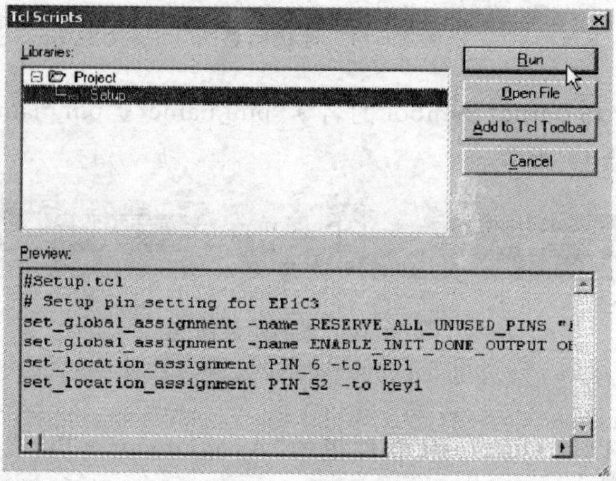

图 5-17　加入 Tcl 文件

注意:建立工程时如果路径名有中文字符或者空格字符,那么 tcl Script 文件将不能运行。比如,本例建立的工程"FPGA_led_test",目录是 C:\myq2projects\FPGA_led_test,如果是 C:\my q2projects\FPGA_led_test\,在该目录下运行工程里的 setup. tcl 就会出错。

步骤 5　设置

在建立工程的时候选定了芯片型号,其实也可以在这一步设定芯片型号,打开菜单 Assignments→Device(见图 5-18),弹出设置对话框如图 5-19 所示。

根据核心板的 FPGA 选择芯片型号,如上图所示选择 EP1C3T144C8。点击设置对话框的"Device&Pin Options"按钮弹出"Device&Pin Options"对话框,并选择该对话框的 Configuration 标签页,如图 5-20 所示。

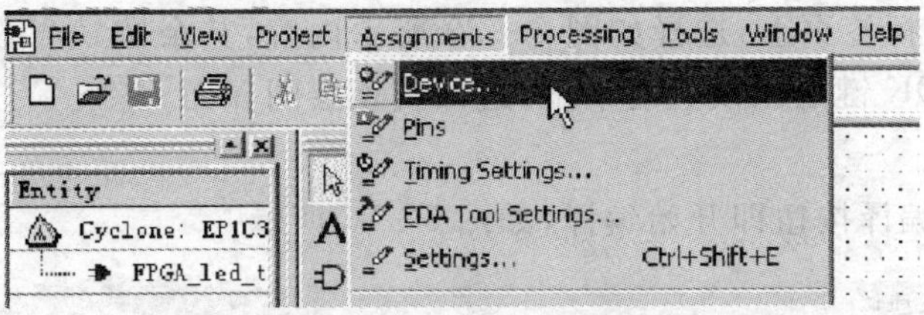

图 5-18　设定芯片型号菜单

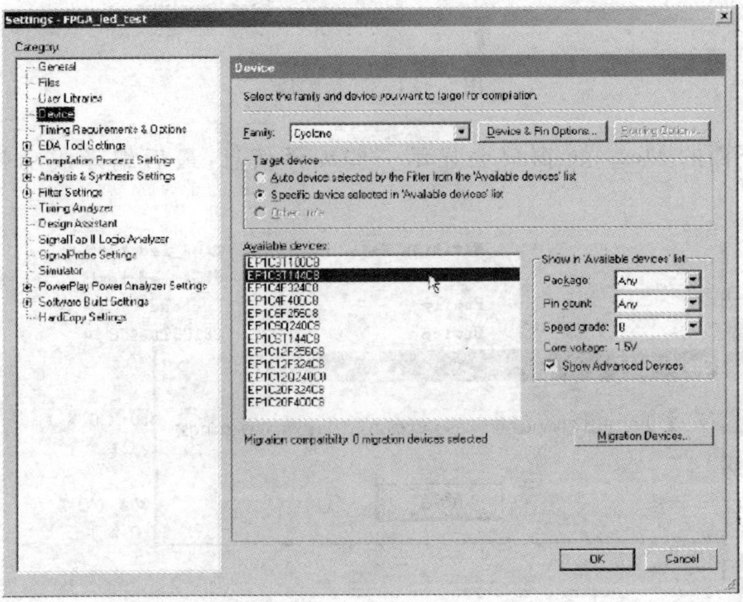

图 5-19　设定芯片型号对话框

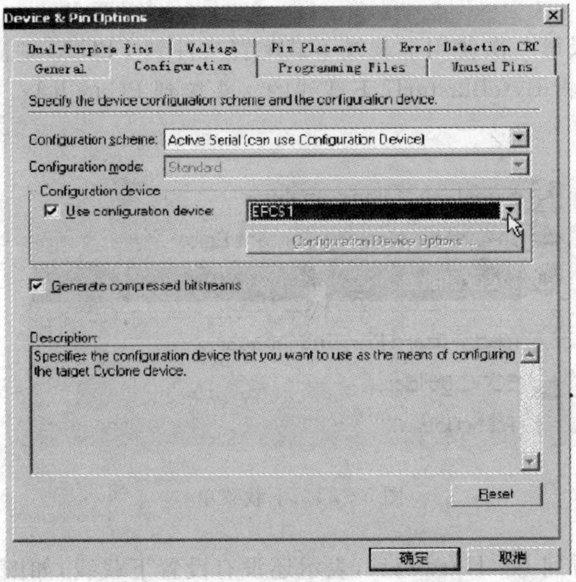

图 5-20　Configuration 标签页

在 Configuration 标签页上，选择如图 5－20 所示内容，其余留缺省设置即可。按确定按钮退出该对话框，按 OK 键退出设置对话框，返回到顶层图界面。

步骤 6　编译

按主工具栏上的编译按钮即开始编译，如图 5－21 所示。

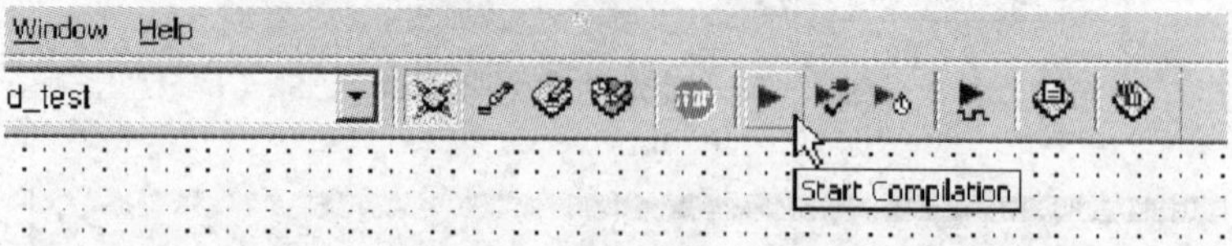

图 5－21　开始编译

QuartusII 下面的 Message 窗口会显示一些编译信息，最后编译成功弹出提示框，如图5－22 所示。

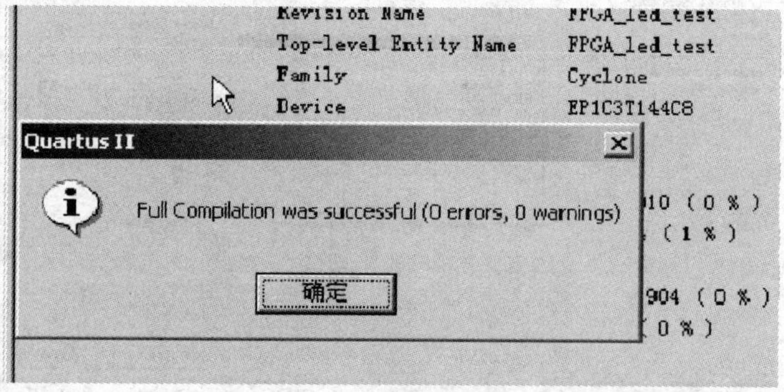

图 5－22　编译成功弹出提示框

步骤 7　下载

(1)下载设置。如果第一次使用下载线下载配置文件到 FPGA，则需要在 Q2 软件设置下载线的型号等信息。先将 ByteBlasterII 下载线的一头接到 PC 的并口，执行菜单 Tools→Programmer(见图 5－23)。

图 5－23　下载菜单

打开下载界面，可看到 No Hardware，表示还没有设置下载线，如图 5－24 所示。

点击 Hardware Setup，弹出“Hardware Setup”对话框，如图 5－25 所示。

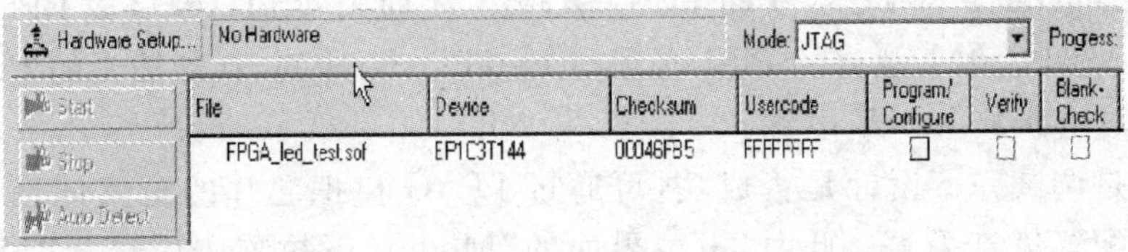

图 5-24　下载对话框

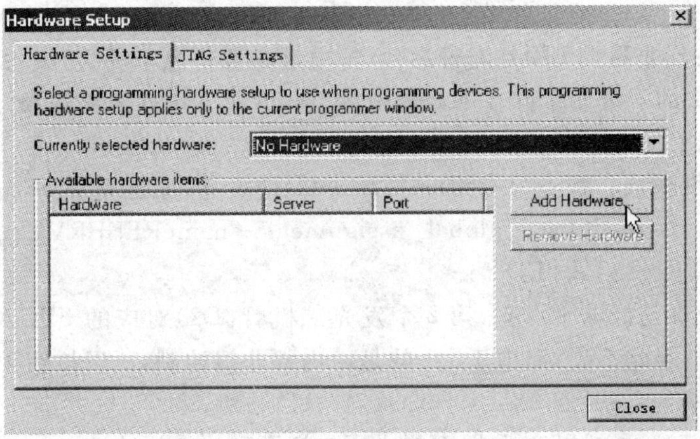

图 5-25　硬件设置对话框

点击“Add Hardware”，弹出“Add Hardware”对话框如图 5-26 所示。在“Hardware type:”下拉列表选择“ByteBlasterMV or ByteBlasterII”，单击 OK 按钮返回“Hardware Setup”对话框，从“Currently selected hardware:”下拉列表选择 ByteBlasterII[LPT1]，单击“Close”按钮返回下载界面，可看到下载线已经被添加，如图 5-27 所示。

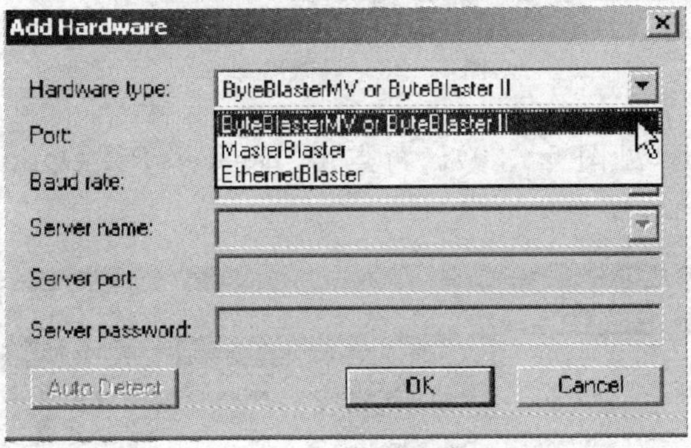

图 5-26　选择下载方式

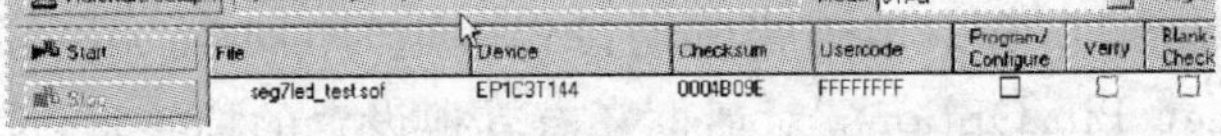

图 5-27　已选择下载方式的下载界面

(2)将 ByteBlasterII 下载线一头与 PC 连接,另一头插入到 JTAG 口或 EPCS1 的下载口。注意:JTAG 口或 EPCS1 下载口的 Pin1 必须与 ByteBlasterII 的 10 针插头的 Pin1 对应。

(3)FPGA 核心板接上 5 V 电源。

(4)如果只是调试一下设计是否成功,可通过 JTAG 口把芯片的配置信息下载到 FPGA 芯片内,掉电后配置信息丢失。此时,下载界面的"Mode:"下拉列表应选择"JTAG",并选择工程中. sof 后缀的文件进行下载。

注意:记得在"Program/Configure"选框打上"√",其他"Verify""Blank Check"等可根据需要选择。

(5)如果要下载到非易失 Flash 配置芯片(掉电后配置信息不丢失)里去,则将 ByteBlasterII 插到 EPCS1 芯片的下载口。并在下载界面的"Mode:"下拉列表应选择"Active Serial Programming",并选择工程中. pof 后缀的文件进行下载。

下载完后可以发现核心板上只有第一个 LED(D1)点亮,原因是在 Setup. tcl 文件中指定没用的管脚为输入 & 三态(set_global_assignment - nameRESERVE_ALL_UNUSED_PINS"AS INPUT TRI-STATED")。

核心板上的 LED 是低电平点亮,第 2 个发光二极管(D2)对应的 FPGA 管脚因为没有用而设为输入 & 三态,因此不亮;而由于 D1 的是由内部非门控制,所以按钮 1(KEY1)没按下时是亮的。

没用到的管脚定义也可以在设置菜单设置,打开菜单"Assignments－＞Settings"(见图5-28)。

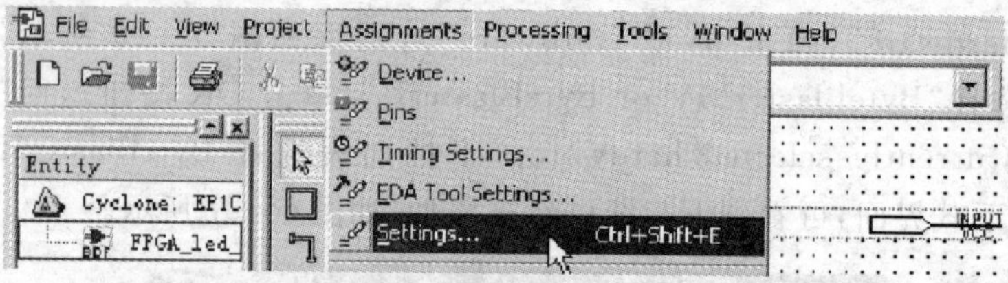

图 5-28　设置菜单

打开"Setting"对话框(见图 5-29)。再点击"Device&Pin Options",弹出"Device&Pin Options"对话框(见图 5-30)。

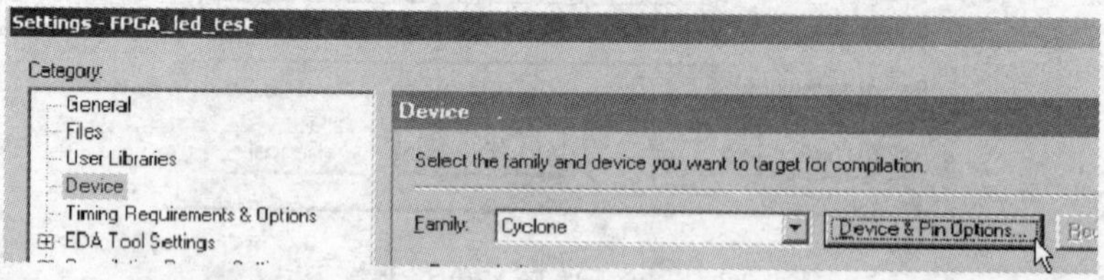

图 5-29　设置对话框

在"Unused Pins"标签页,有未用到管脚的设置选项"Reserve all unsuedpins",用户可以根据需要选择。"Device&Pin Options"对话框还有其他设置的标签页,读者可以看看其他的,熟悉一下 QuartusII 的界面。

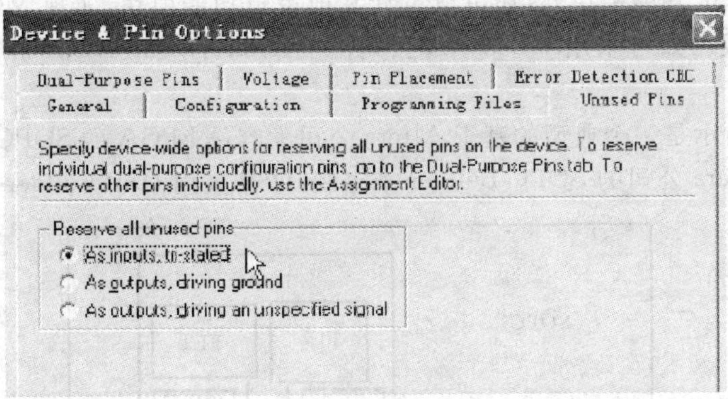

图 5-30　管脚设置页

步骤 8　结果

在本例的设计中，我们利用一个常开按钮(实验板上的 key1)作为输入(常开时输入 1，闭合时输入 0)，经过一个反向器后输出到核心板的第一个 LED。因此，按下(闭合)实验板上的 key1，该 LED 灭。该设计非常简单，目的就是为了更容易理解 FPGA 的设计流程和 QuartusII 软件的基本用法。

5.4　SOPC 的基本开发流程

5.4.1　SOPC vs MCU，DSP 和 FPGA

嵌入式系统发展朝着小体积、低功耗、高性能的趋势发展。MCU，DSP 和 FPGA 这 3 种处理器在现代嵌入式系统中扮演的角色呈现三分天下的局面，它们各自具有独特的优势而在某方面又略显不足。以 51 系列单片机和 ARM 微处理器为代表的 MCU 家族因丰富的软件系统支持在控制和处理人机接口领域占据绝对的领先地位，然而在海量数据处理方面却被 DSP 占尽了风头。FPGA 在高速复杂逻辑处理方面独占风骚，并且凭借其超大规模的单芯片容量和硬件电路的高速并行运算能力，在信号处理方面也显示出突出的优势。因此，MCU，DSP，FPGA 的结合将是未来嵌入式系统发展的趋势。

SOPC＝MCU＋DSP＋FPGA：SOPC 可以将 MCU，DSP 和 FPGA 完美结合。

SOPC⊇MCU：目前，在大容量 FPGA 中可以嵌入 16 位或 32 位以上的 MCU。如 Altera 公司的 FPGA 可嵌入一个或多个软核 CPU(Nios 或 NiosII)，或预嵌入 ARM 等微处理器。

SOPC⊇DSP：DSP 对海量数据快速处理的优异性能主要在于它的流水线计算技术，只有规律的加减乘除等运算才容易实现流水线的计算方式。然而，这种运算方式也较容易用 FPGA 的硬件门电路来实现。目前，实现各种 DSP 算法的 IP 核已经相当丰富和成熟，例如，FFT，IIR，FIR，Codec 等。有实践证明，用 FPGA 实现的 MPEG4 压缩/解压速度比通用 DSP 实现快 10 倍以上。利用相关工具(例如 DSPBuilder)可以很方便地把现有的数字信号处理 IP 添加到工程中去。

SOPC⊇FPGA：SOPC 一般采用大容量 FPGA 作为载体，除了在一片 FPGA 中定制

MCU 处理器和 DSP 功能模块外，还可以设计其他逻辑功能模块，实现 MCU＋DSP＋FPGA 在一片芯片上集成。如可采用 ALTERA 公司的 Cyclone，Stratix，StratixII 等大容量 FPGA 实现片上系统。

如图 5－31 所示是一个典型的基于 Altera 公司大容量 FPGA 的 SOPC 结构图。其中 NiosII 可以采用 Altera 公司的 SOPC Builder 来定制，DSP 采用 DSP Builder 来定制。

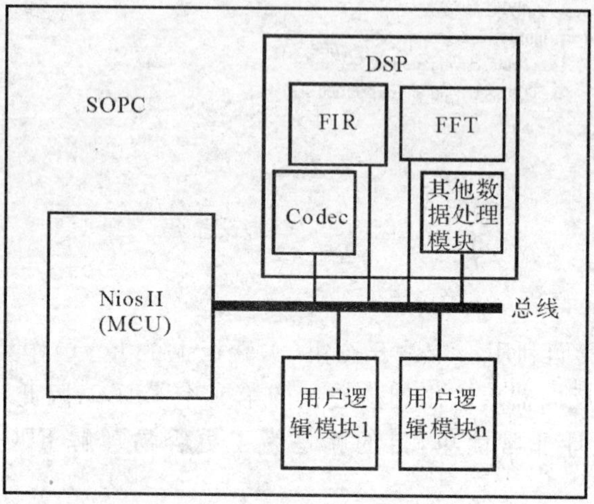

图 5－31　SOPC 结构图

Altera 推出的 Nios II 系列嵌入式处理器扩展了目前世界上最流行的软核嵌入式处理器的性能，把 Nios II 嵌入到 Altera 的所有 FPGA 中，例如 StratixII，Stratix，Cyclone 等系列器件中，用户可以获得超过 200 DMIPS 的性能，可以从 3 种处理器以及超过 60 个的 IP 核中选择所需要的。Nios II 系统为用户提供了最基本的多功能性，设计师可以以此来创建一个最适合他们需求的嵌入式系统。

Nios II 处理器的优点和特性：使用 Nios II 处理器的用户可以根据他们的需要来调整嵌入式系统的特性、性能以及成本，快速将产品推向市场，扩展产品的生命周期，并且避免由于处理器的更新换代带来的损失。利用 Altera 的强大的 SOPC Builder 系统开发工具和 Quartus II 设计软件，可以在几分钟内设计一个系统。

5.4.2　QuantusII 和 NiosII 的 SOPC 基本开发流程

一个简化的基于 QuantusII 和 NiosII 的 SOPC 开发流程如图 5－32 所示。从图中可见，SOPC 开发流程比 FPGA 的开发流程增加了处理器及其外设接口的定制步骤以及软件开发的步骤（阴影框）。然而，这些新增加的步骤在 SOPC Buider（定制处理器和外设接口）、NiosII IDE（软件集成开发环境）工具的协助下显得相当轻松。

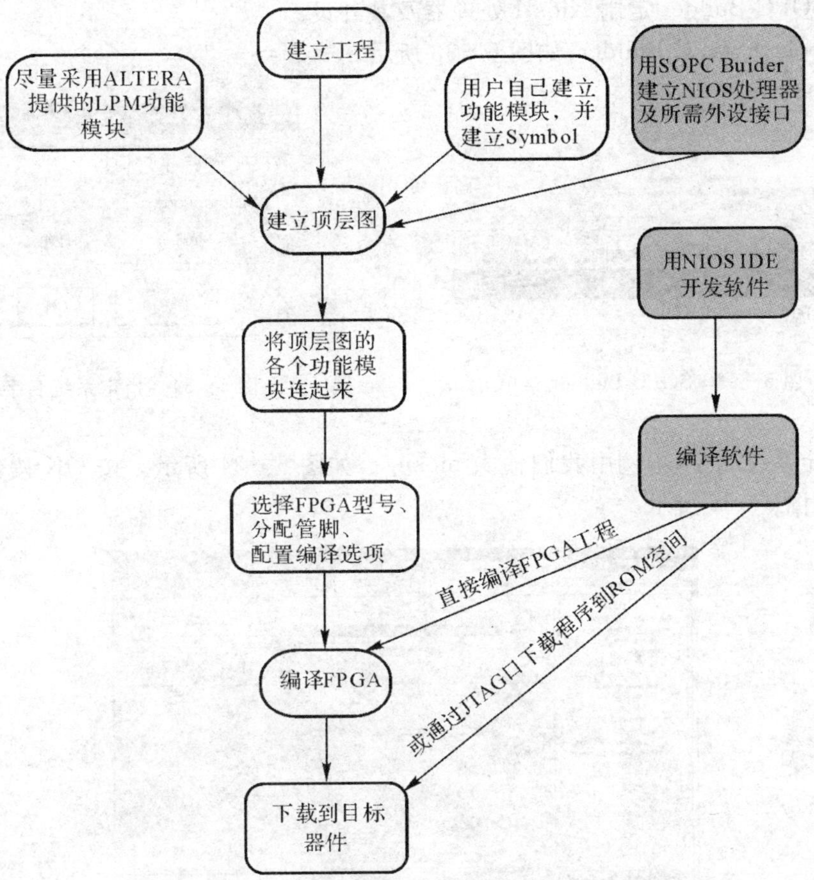

图 5－32　基于 QuantusII 和 NiosII 的 SOPC 开发流程

5.5　SOPC 实例——在 FPGA 上实现内嵌单片机功能

在上节中，学习了基于 QuartusII 的 FPGA 设计基本流程，在掌握了基本的 FPGA 设计基础上，将在本节中学习基于 QuartusII 和 NiosII 的 SOPC 设计流程。通过核心板上的两个 LED 交替闪烁来实践一下 SOPC。学习要点有以下 5 点：

(1)掌握 NiosII 软核的定制流程。

(2)掌握 NiosII 软件开发流程。

(3)熟悉 sII IDE 开发环境的使用。

(4)掌握基本的软件调试方法。

(5)学会使用 Cyclone 内部的 PLL 的使用方法。

下面用图例的方式建立一个 SOPC 工程并实现一个实例来体会 SOPC 的强大和设计步骤。

(1)新建工程。新建一个工程目录“sopc_led”，在此目录下建立一个名为“sopc_led”的 QuartusII 工程，并新建一个顶层图，保存于工程中。

(2)用 SOPC Builder 定制 NiosII 处理器及其外设。

打开 Tools→SOPC Builder,如图 5-33 所示。

图 5-33　SOPC Builder 菜单

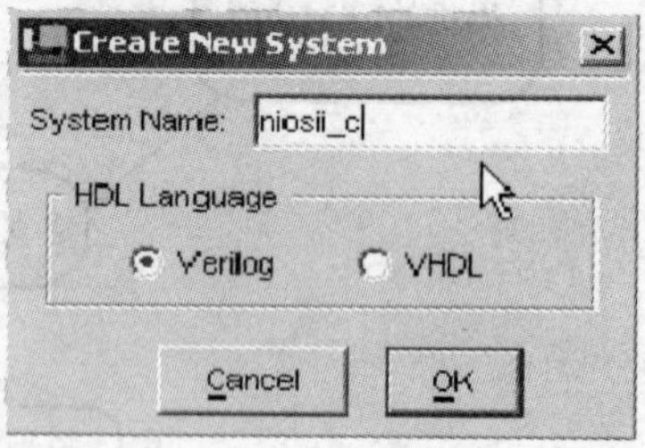

图 5-34　指定系统名字

要求指定系统名字,本例中我们输入 niosii_c,如图 5-34 所示。按 OK 按钮进入 SOPC 定制界面,如图 5-35 所示。

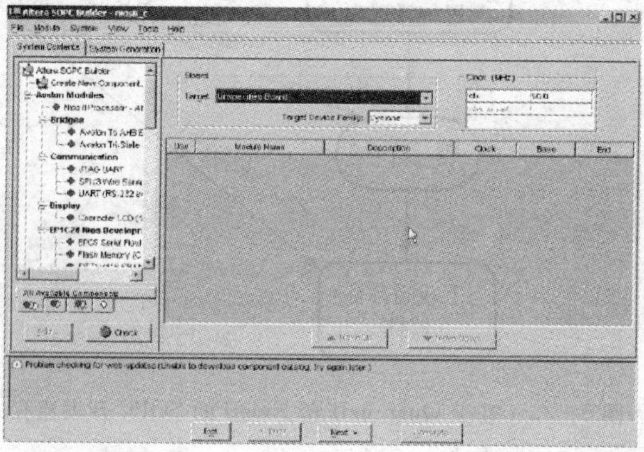

图 5-35　SOPC 定制界面

选择 Target,本例选择 Unspecified Board;选择时钟频率,Clock(MHz),本例选 50.0;选择目标器件系列,Target Device Family,本例选 Cyclone。

在 SOPC 定制界面的左边,可以看到有很多功能模块,这些功能模块用户可以按照需要添加到所设计的系统中。

首先,我们需要一个 CPU,双击 NiosII Processor→Altera Corporation 弹出"Altera NiosII"对话框,选择一个经济型的 CPU 核,即 NiosII/e,如图 5-36 所示。

单击 JTAG Debug Module 标签页,选择第一级调试支持 Level1,如图 5-37 所示。

单击 Finish 完成 NiosII CPU 的配置工作。项目中会增加一个 niosII 处理器,名字为 cpu_0,为了简便起见,没有将它改名。改名的方法是:右键→ReName,输入名字后回车,如图5-38 所示。

双击 On-Chip Memory(RAM or ROM),(在 Avalon Modules－>Memory－>下),为系统添加 RAM。Memory Type 选择 RAM;Data Width 选择 32bits,TotalMemory Size 可以选择 4K bytes,如图 5-39 所示。

按 Finish 按钮确认,返回 SOPC Builder 界面,如图 5-40 所示。

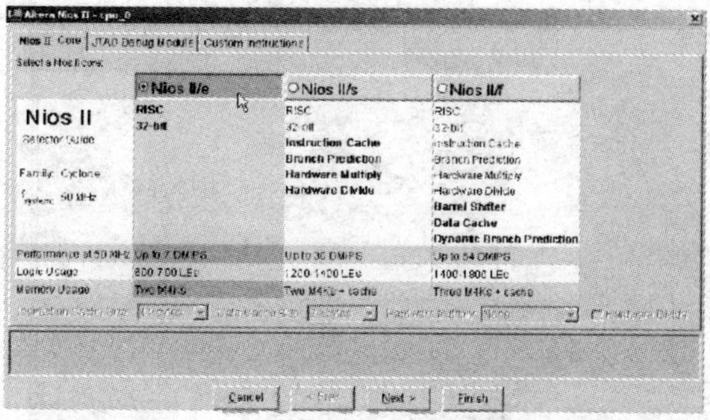

图 5 - 36　NiosII/e CPU 核选择

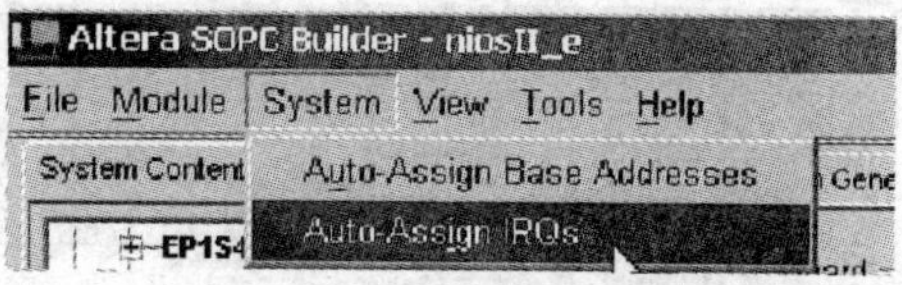

图 5 - 37　JTAG Debug Module 标签页

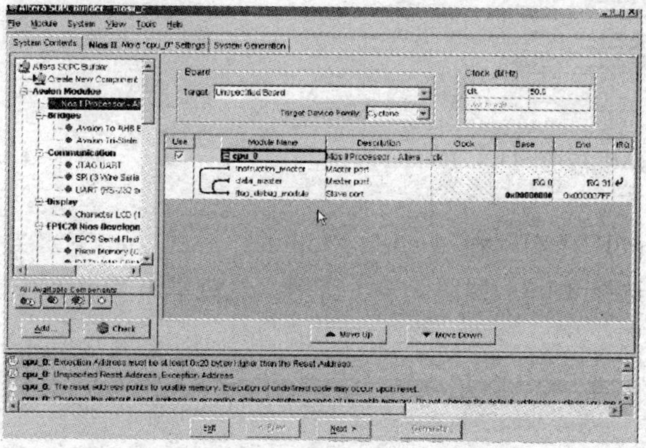

图 5 - 38　修改 niosII 处理器名称

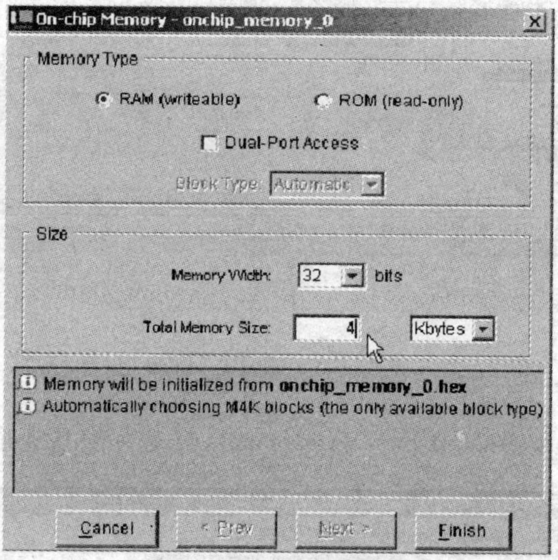

图 5 - 39　系统添加 RAM

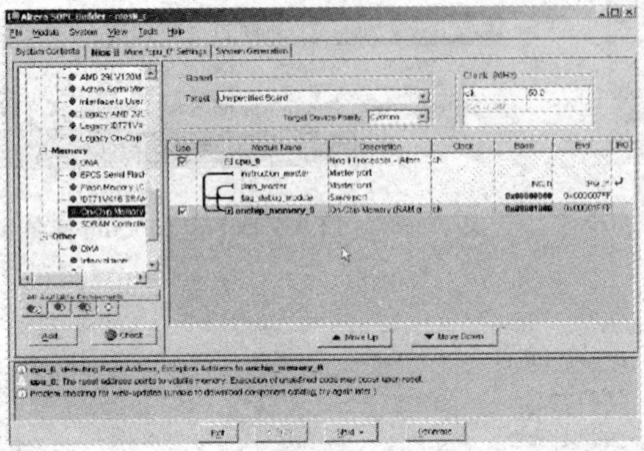

图 5-40　设置 RAM 后的 SOPC Builder 界面

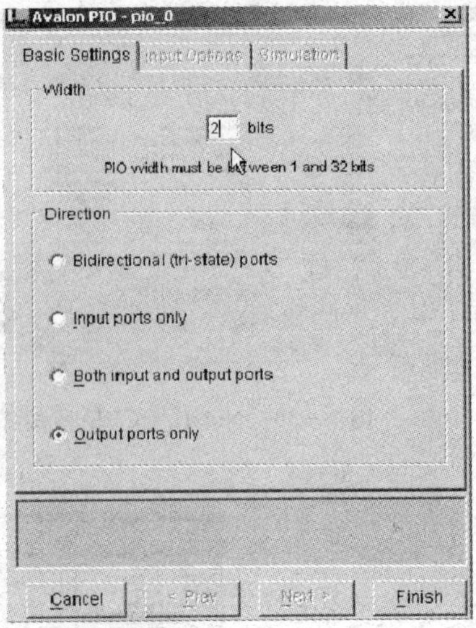

图 5-41　添加 PIO

双击 PIO(在 Parallel I/O)(在 Avalon Modules－＞Other 下)，为系统添加输出到 LED 的输出接口。Width 选择 2 bits，如图 5-41 所示。然后单击 Finish 按钮返回 SOPC Builder，如图 5-42 所示。

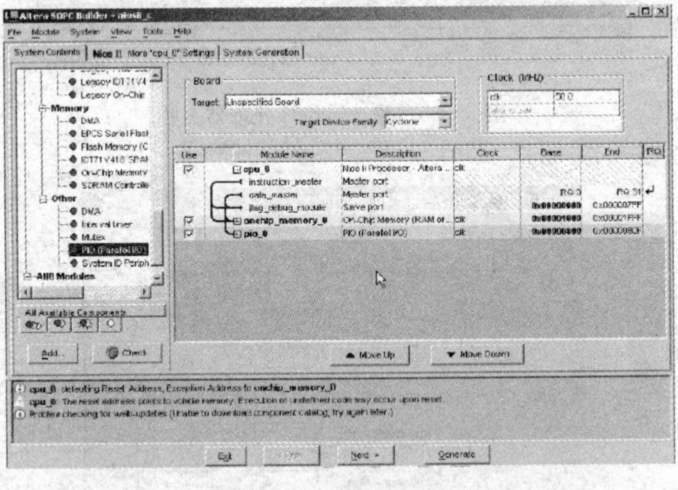

图 5-42　添加 RAM 和 PIO 后的 SOPC 界面

选择 System－＞Auto-Assign Base Addresses，自动分配基地址，如图 5-43 所示。

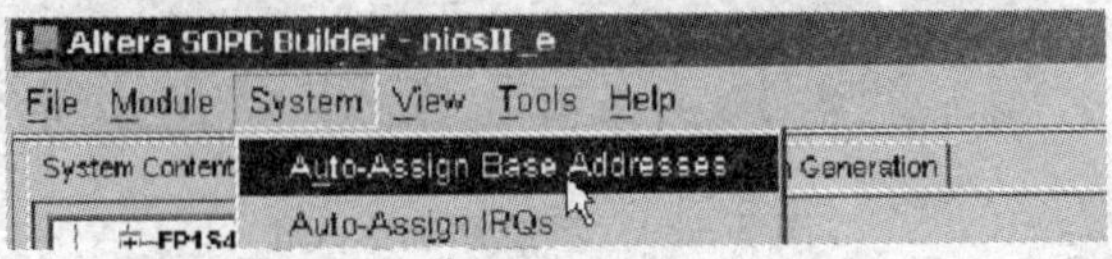

图 5-43　Auto-Assign Base Addresses 菜单

然后，选择 Sysetm－＞Auto-Assign IRQs，让系统自动分配中断，如图 5－44 所示。

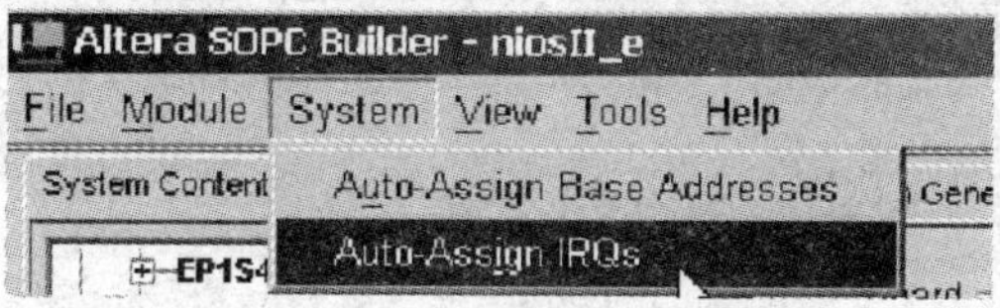

图 5－44　Auto-Assign IRQs 菜单

单击 Nios II More"cpu_0"settings 选项卡，进行处理器设定。在该例中，无须做任何更改。Reset Address、Exceptiong Address、BreakLocation 默认值，如图 5－45 所示。

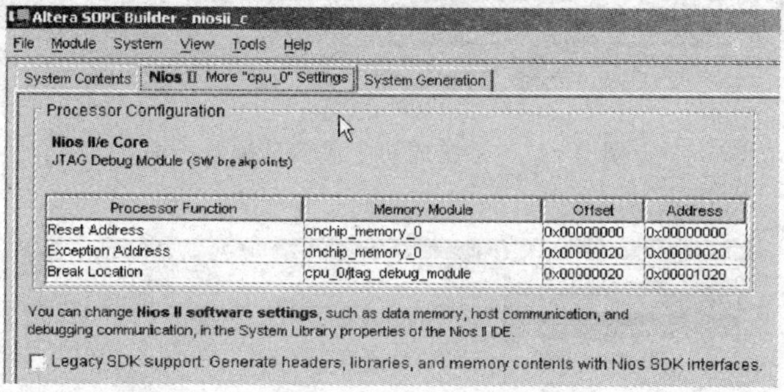

图 5－45　Nios II More“cpu_0”settings 选项卡

单击 System Generation 选项卡，进行最后的设定并生成系统。选中 HDL. Generate system module logic in Verilog。单击 Generate 按钮，执行系统生成的任务，如图 5－46 所示。

图 5－46　System Generation 选项卡

然后等待系统的生成。一般情况下可以看到系统提示：SUCCESS：SYSTEM GENERATION COMPLETED。如果看到此信息，系统被正确生成了。如果失败，请返回并检查、修改。系统成功生成如图 5－47 所示。

单击 Exit 按钮退出 SOPC Builder。

(3)在 QuartusII 工程中添加上述 niosII 系统。类似往 QuartusII 工程添加功能模块，将所定制的 NiosII 软核 CPU 添加到本例工程中，即双击工程顶层图空白处，弹出“Symbol”对话框，在 Project 下面可以找到刚才建立的 niosii_c 模块，如图 5－48 所示。

按 OK 按钮将 niosii_c 添加到顶层图中，如图 5－49 所示。

(4)添加 PLL 模块。从 QuatusII 的库中添加一个锁相环(PLL)模块，以将外部时钟倍频后输送给 CPU。打开“Symbol”对话框，在如图 5－50 所示的目录下找到 altpll 模块。

按 OK 按钮进入 altpll 模块的设置对话框，如图 5－51 所示。

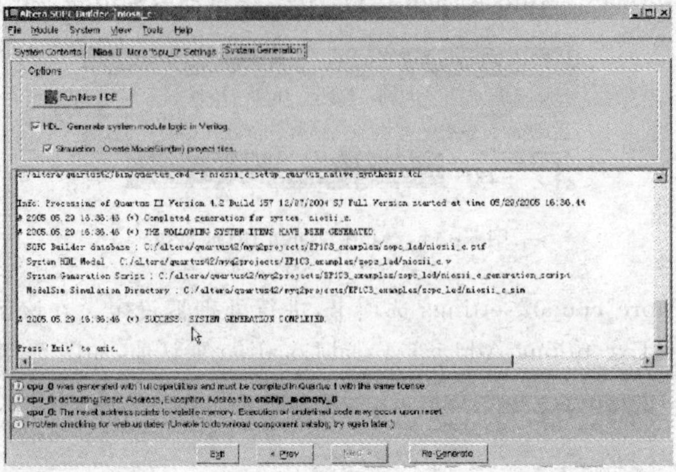

图 5－47　系统成功生成信息浏览界面

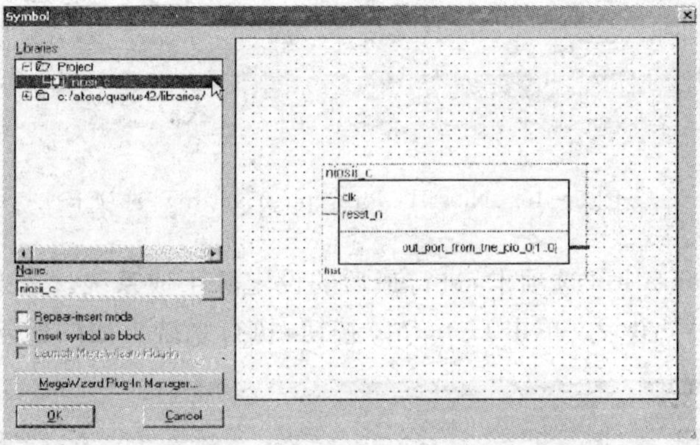

图 5－48　Symbol 对话框中的 NiosII 软核

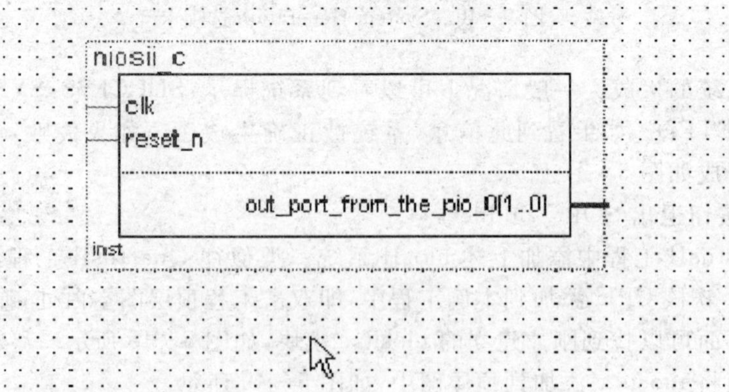

图 5－49　添加到顶层图中的 NiosII 软核

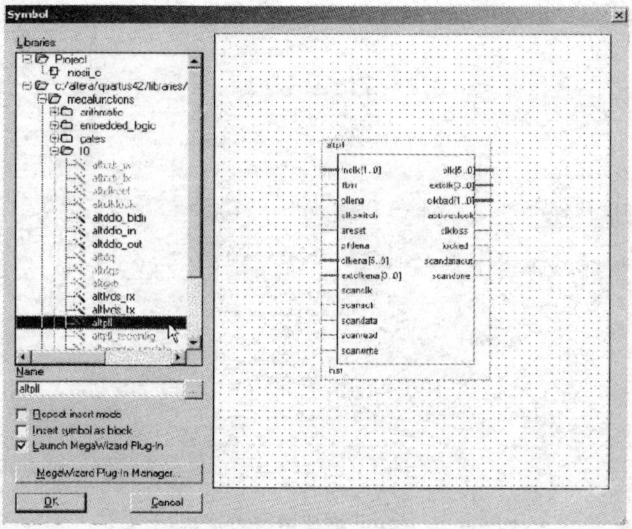

图 5 - 50　添加锁相环(PLL)模块

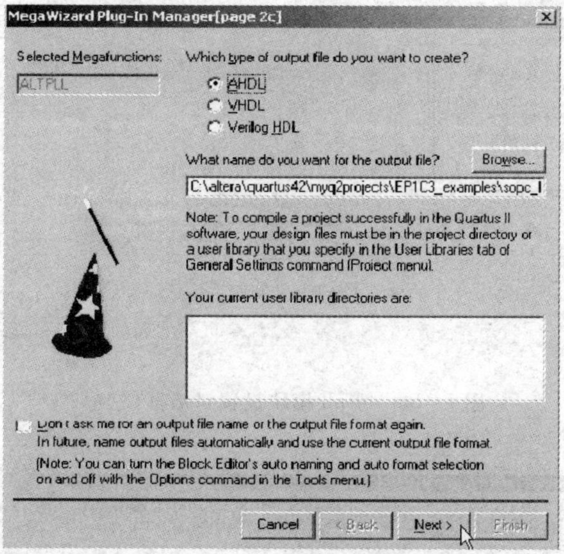

图 5 - 51　altpll 模块设置对话框(一)

单击 Next 按钮,分别设置下列内容:

"Which Device family will you be using?":Cyclone;

"Which device speed grade will you be using":any;

"What is the frequency of the inclk0 input?":25.00 MHz;

其他接受缺省设置,如图 5 - 52 所示。单击 Next 按钮,在进入的页面设置如图 5 - 53 所示。

单击 Next 按钮,进入 c0 输出设置界面,如图 5 - 54 所示。

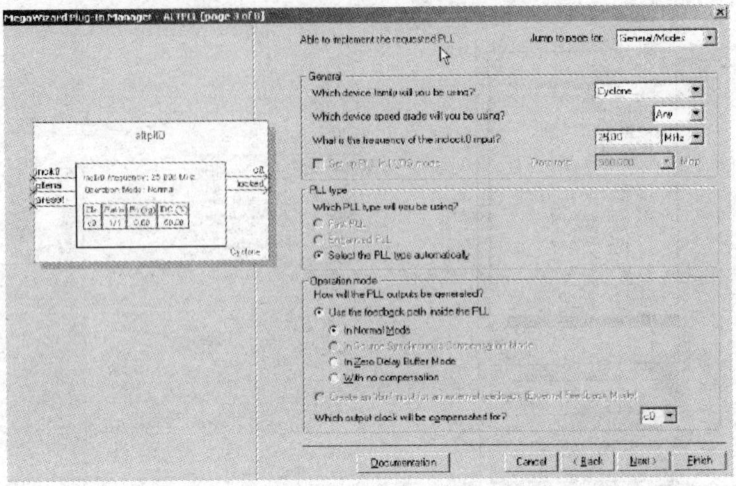

图 5－52　altpll 模块设置对话框（二）

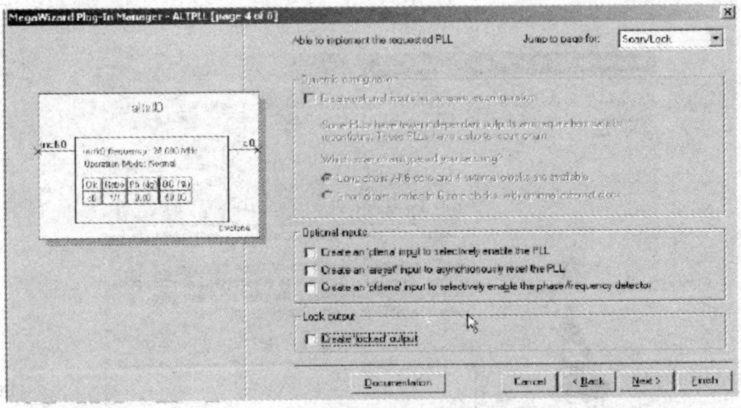

图 5－53　altpll 模块设置对话框（三）

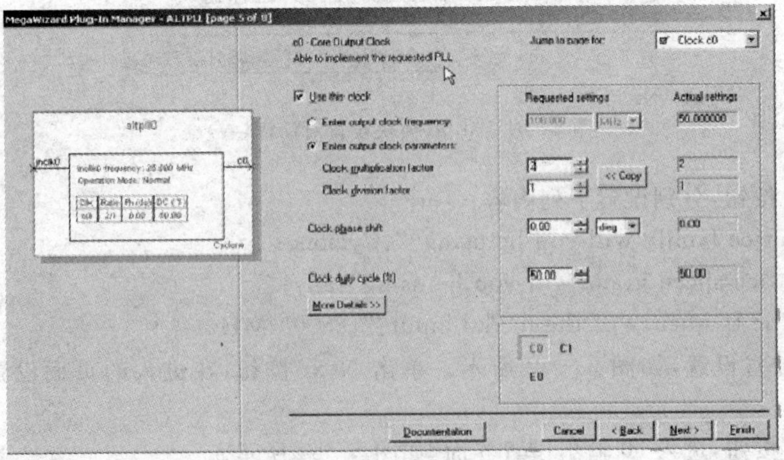

图 5－54　c0 输出设置界面

选中“Use this clock”选项；选择“Enter output clock parameters”；在“Clock multiplication factor”与“Clock division”中填入合适的倍频因子和分频因子，倍频因子和分频因子的选择参照 c0 口所需要输出的频率而设置，例如本例中定义 CPU 的时钟为 50 MHz，因此如果外部时钟的实际输入为 25 MHz，则可以选择倍频因子为 2，分频因子为 1；如果实际输入时钟为 10 MHz，则可以选择倍频因子为 5，分频因子为 1。注意：如果倍频因子和分频因子超出 altpll 所能实现的范围，则会提示错误。

本例中我们没有用到 c1 和 e0 输出，因此不用对它们进行配置，直接单击 Finish 按钮完成 pll 的配置。如果需要用到的话则必须对它们进行配置，过程类似于 c0 输出的配置。

单击 Finish 按钮返回到 QuartusII 的顶层图界面，将建立好的 PLL 模块添加进去，如图5－55 所示。

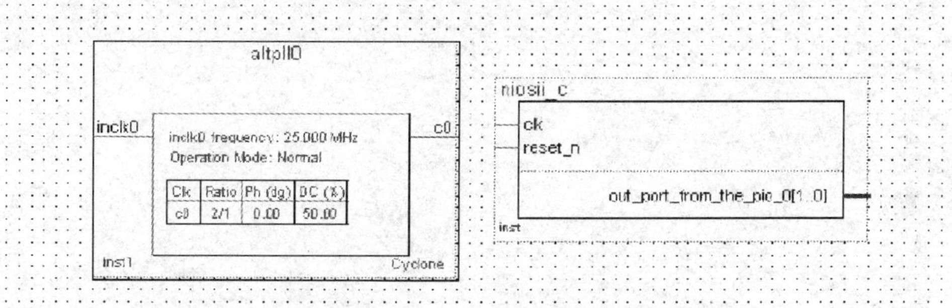

图 5－55　QuartusII 的顶层图界面

(5)添加其他元件模块。本例分别添加 clk 和 reset 输入、led[1..0]输出，并相互连接，如图 5－56 所示。

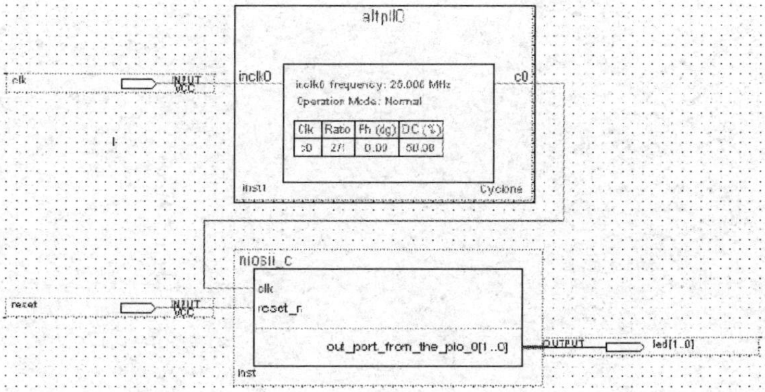

图 5－56　添加输入输出模块

(6)设置编译选项。建立并运行 tcl 脚本语言定义管脚。

对于 EP1C3 核心板，tcl 管脚配置文件为：

＃Setup. tcl

＃Setup pin setting for EP1C3 main board

set_global_assignment － nameRESERVE_ALL_UNUSED_PINS" AS INPUTTRI－

STATED"

set_global_assignment－nameENABLE_INIT_DONE_OUTPUT OFF

set_location_assignment PIN_16－to clk

set_location_assignment PIN_54－to reset

set_location_assignment PIN_6－to led\[0\]

set_location_assignment PIN_7－to led\[1\]

(7)编译该工程并通过 Flash 下载口下载到 EPCS1 芯片中。

注意：

下载到 EPCS1 芯片，目的是在 FPGA 芯片中建立硬件系统，为后来的软件调试做好准备。

第六章　电子综合系统设计实例

6.1　集成运放参数测试仪

6.1.1　系统任务说明

运算放大器在电子设计中具有广泛的用途。由于种类繁多，各型运算放大器的性能千差万别，根据不同的应用场合选用参数合适的运放就尤为重要。本实例旨在介绍一种简易集成运放参数测试仪的开发和测试实例，以满足对通用 741 型运放若干主要参数的测量需求。

本实例自动测试系统可完成对 V_{IO}输入失调电压)、I_{IO}（输入失调电流）、A_{VD}（交流差模开环电压增益）和 K_{CMR}（交流共模抑制比）4 种基本参数的测量，并可通过扫频的方法确定运放的 BW_G（单位增益带宽）。

受到制作条件的限制，本实例自动测试仪的精度难以保证。为了提高精度，根据 GB3442－82另行搭建了对 V_{IO}、I_{IO}、A_{VD}和 K_{CMR} 4 项参数进行测量的标准电路，并利用此电路对所设计的运放自动参数测试仪进行了较准。

本系统的主要特点如下：

(1)良好的用户界面。用户可通过 4×4 键盘，在液晶显示和在全中文菜单的环境下输入指令。

(2)较大的适用范围。系统可以完成对集成运放 5 项主要参数的测量，适用范围广泛。

(3)内嵌两种信号源。为了便于测试集成运放对高低频交流信号的放大增益，系统内部集成了两种信号源 5 Hz 低频正弦信号源和 40 kHz～4 MHz 的高频扫频信号源。

(4)高速扫频。能够在 10 s 之内扫描 40 kHz～4 MHz 的频谱，确定出增益带宽。

6.1.2　方案选择与论证

1. 信号源模块

方案一：采用 CPLD 产生 DDFS 信号，经过后级数模转换电路，得到正弦波。

方案二：采用 DDS 芯片产生正弦波。

方案三：采用 CPLD 产生低频信号，采用 DDS 芯片产生高频扫频信号。

相比之下，方案一成本最低，搭建容易，可以产生多种频率。但是毕竟 CPLD 能力有限，无法提供高频的信号，后级数模转换电路也很难达到高频率要求，考虑到 4 MHz 的扫频要求，需要使用 DDS 芯片。由于所需低频信号(5 Hz)与高频扫频信号的幅度要求不同，所以需要两套信号发生电路。若两套电路均采用 DDS 芯片，则成本过高，并且使用 DDS 芯片产生 5 Hz 正弦波有“大材小用”之嫌，因此采用 CPLD 进行 DDFS 作为低频信号源，用 DDS 芯片做高频信号源。

2. 辅助控制模块

方案一：直接利用主控单片机控制测试运放的电路，通过I/O管脚通断开关切换测试电路，通过总线读取AD芯片输出信号。

方案二：在主控单片机之外建立一个基于CPLD的运放测试电路控制模块，切换测试电路以及读取测量值。

方案一可以节省一个CPLD，但是由于整个系统的庞大与复杂，主控单片机可能遭遇I/O管脚紧张的问题。而且由于高精度的需要，数模变换芯片的位数需要超过8位，无论如何需要在单片机与测试电路之间加一级数据缓存。因此采用方案二更合理。

3. 集成测试网络

方案一：采用继电器切换针对不同参数的测试电路。

方案二：采用模拟开关切换针对不同参数的测试电路。

方案二成本略低于方案一，但是在电路中引入模拟开关就意味着引入了大量不定阻值的阻抗，从而影响原电路的稳定性。相比之下，继电器引入的电阻对电路的影响几乎可以忽略，因此采用方案一。

4. 用户界面

方案一：采用液晶显示，4×4键盘输入，支持多级中文菜单。

方案二：采用数码管和LED作为显示终端，输入由位于单片机I/O管脚上的按键实现。

方案二虽制作简单，成本低廉，对系统的负载要求低，但是操作界面不够友好。考虑到系统驱动能力以及功能的复杂多样性，本系统采用方案一。

6.1.3 理论分析与计算

赛题中所提供的国家标准运放参数测试原理图用于测量V_{IO}（输入失调电压）、I_{IO}（输入失调电流）、A_{VD}（交流差模开环电压增益）和K_{CMR}（交流共模抑制比）。

对输入失调电压的测量满足以下基本条件可以比较准确，电路如图6-1所示，首先由于输入失调电压通常比较小（mV级），不便测量，可以进行放大，另外要使输出端电压为零，同时输入失调电流较小（nA级），不易直接测出，考虑到741输入阻抗为MΩ级，因此可加入较大电阻R，通过测量电阻两端电压间接测量输入失调电流，在K1，K2闭合时，由辅助运放输出电压V_{LO}可得运放输入端2的电压$\frac{R_i}{R_i+R_f}V_{LO}$；电键K1，K2断开时，由辅助运放输出电压$V_{L1}$可得运放输入端2的电压$\frac{R_i}{R_i+R_f}V_{L1}$，从而得到输入失调电流$I_{IO}=\frac{R_i}{R_i+R_f}\cdot\frac{V_{L1}-V_{LO}}{R}$。

交流差模开环电压增益测量电路（见图6-2），分别测出输入差模电压V_{id}和运放输出电压V_o，输出电压V_o由信号源决定，即

$$V_o=-V_s\frac{R_1}{R_2}$$

而V_{id}可由辅助运放的输出电压V_{LO}得到，即

$$V_{id}=V_{LO}\frac{R_i}{R_i+R_f}$$

则交流差模开环电压增益

$$A_{VD}=20\ \log_{10}\frac{V_s}{V_{Lo}}\frac{R_i+R_f}{R}\frac{R_1}{R_o}$$

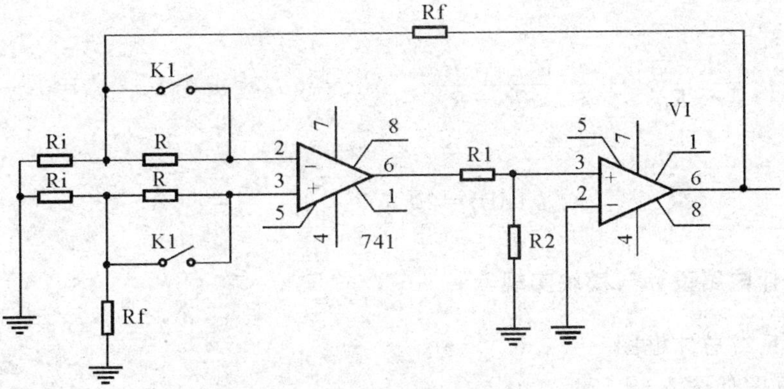

图 6-1　国家标准运放测试原理图(一)

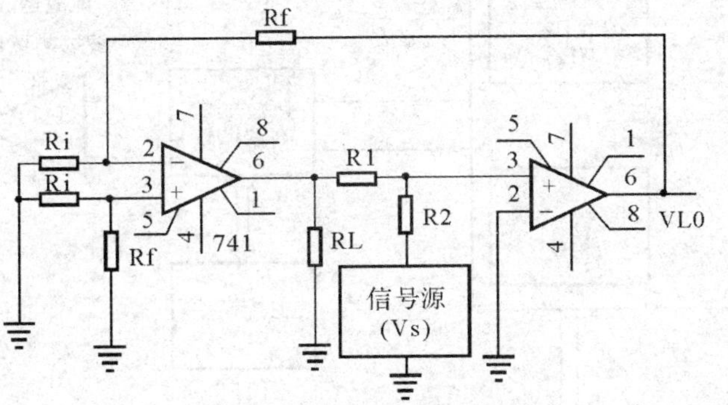

图 6-2　国家标准运放测试原理图(二)

为了方便数据处理,可将 R_1,R_2,取为等值,即最终结果

$$A_{VD}=20\ \log_{10}\frac{V_s}{V_{LO}}\left(\frac{R_i+R_t}{R}\right)$$

交流共模抑制比 K_{CMR} 测试电路如图 6-3 所示。在计及共模特性的集成运放的等效模型中,运放输出电压由共模输入引起的输出和差模输入引起的输出组成,则有

$$V_O=A_{vc}v_{ic}+A_{vcf}v_{id}$$

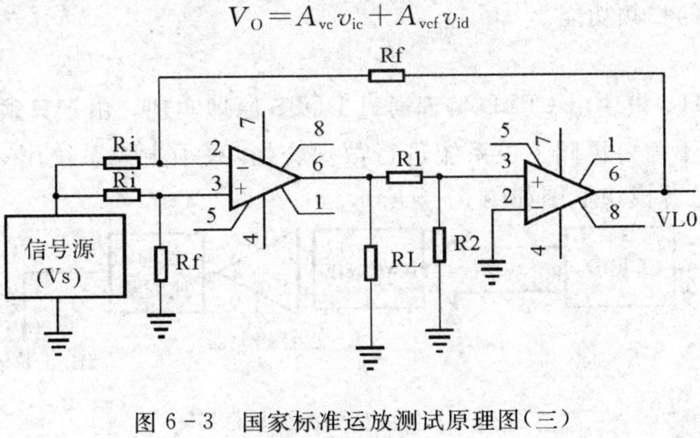

图 6-3　国家标准运放测试原理图(三)

又根据共模抑制比的定义有 $K_{CMR}=|A_{vd}/A_{vc}|$，共模输出电压 $A_{vc}v_{fc}=A_{vd}v_{ic}/K_{KMR}$，则有

$$K_{CMR}=-v_{ic}/v_{id}$$

在图中：

$$v_{+}=v_{s}\frac{R_{f}}{R_{i}+R_{f}},\quad v_{-}=\frac{R_{i}v_{L0}+R_{f}v_{s}}{R_{i}+R_{f}},\quad v_{ic}=(v_{+}+v_{-})/2,\quad v_{id}=v_{+}-v_{-}$$

则有

$$K_{CMR}(\mathrm{dB})=20\ \lg\frac{2v_{s}R_{f}+R_{i}v_{L0}}{2R_{i}v_{L0}}$$

6.1.4 硬件电路设计与模块实现

6.1.4.1 系统总体框图

系统总体框图如图 6-4 所示。

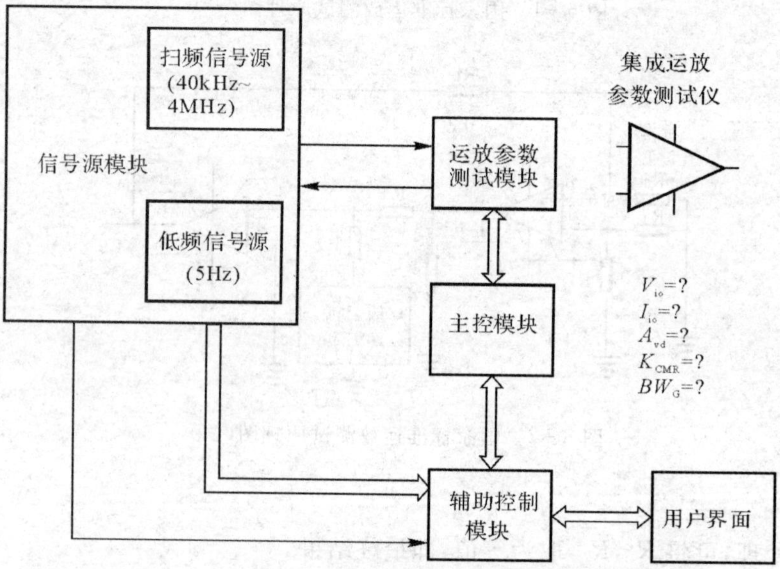

图 6-4 系统总体框图

6.1.4.2 信号源模块

信号源模块由低频信号源和高频信号源组成，前者提供精确稳定的 5 Hz 正弦信号，后者完成 40～400 KHz 的扫频功能。

1. 低频信号源

低频信号源(5 Hz)模块由 CPLD 编程通过 DDFS 原理实现。由于只须提供 5 Hz 的恒定频率正弦信号，因此不需要再同主控系统进行数据交换，只须主控系统用一个 I/O 管脚控制使能即可。低频信号源模块框图如图 6-5 所示。

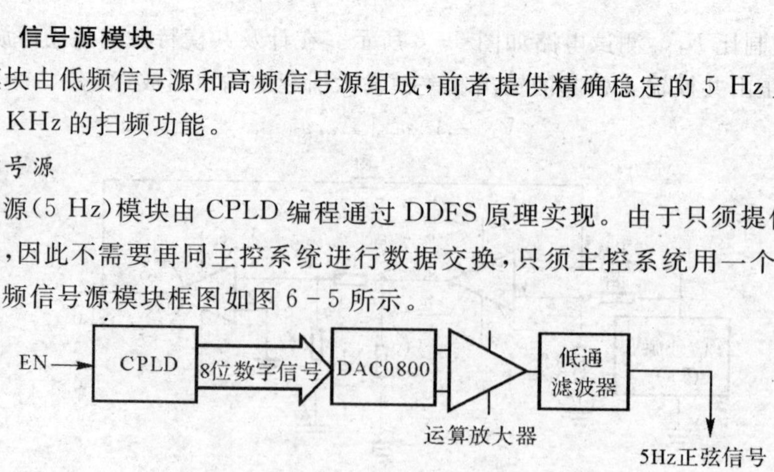

图 6-5 低频信号源模块框图

CPLD 内部包含基于直接频率合成(DDFS)原理的相位累加器以及 6 位输入的正弦函数查找表,可以直接提供 8 位正弦函数幅度的数字信号。CPLD 原理框图如图 6-6 所示。

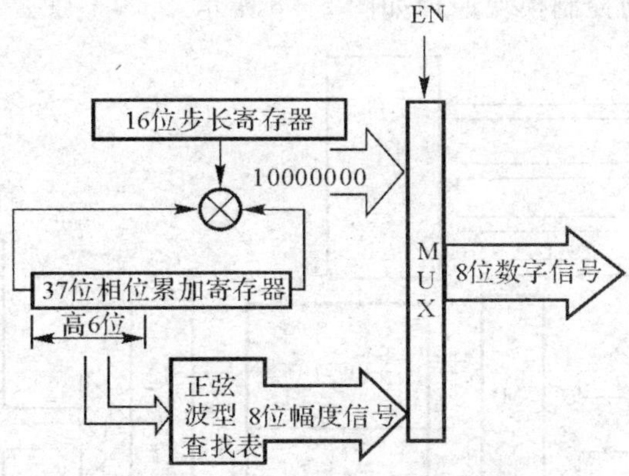

图 6-6　CPLD 内部原理图

2. 扫频信号源

扫频信号源的核心是一个 DDS 芯片 AD9834,可以产生高达 4 MHz 的稳幅正弦信号。DDS 产生的正弦信号经过放大与去直流分量,可以作为扫频信号,测试运算放大器 40 kHz 到 4 MHz 的幅频特性,进而获得运算放大器带宽。

扫频信号源产生扫频信号测量运放频率响应的情况如图 6-7 所示。

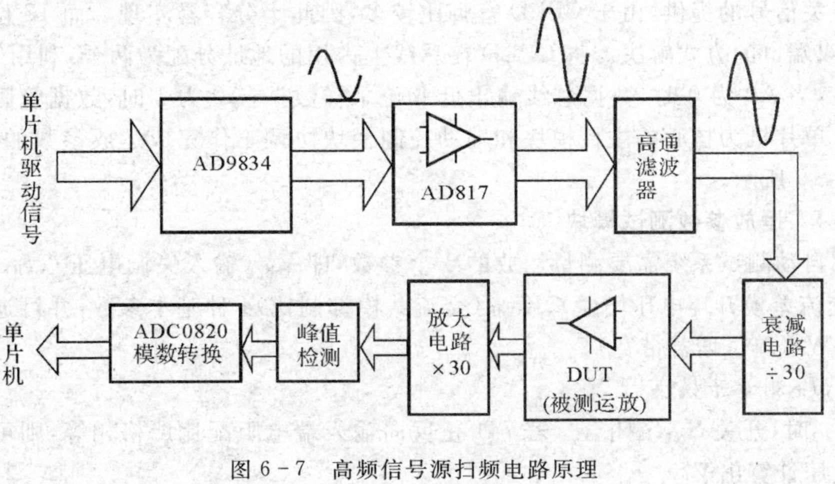

图 6-7　高频信号源扫频电路原理

主控系统的单片机根据 ADC0820 转换的数据判断截止频率。判断的方法是记录下低频处测得的电压作为基准,随着频率升高,电压降到基准的 -3 dB 处判断作截止,由此得到单位增益带宽 BW_G。

高频信号源除了扫频测试带宽的功能,还提供空扫频功能,即连续产生 40 kHz 到 4 MHz 的正弦信号,只供观察检测,不对增益作任何判断。

6.1.4.3　辅助控制模块

辅助控制模块的功能是分担主控系统的负担,帮助主控单片机,提供足够的 I/O 管脚控制运放测试电路，并且直接读取12位的模数转换值，传达给主控单片机。此处选用CPLD作为辅助控制模块的核心，利用了它的I/O管脚数量优势，以及方便快速采样超过8位的AD芯片输出信号的能力。辅助控制模块原理如图6-8所示。

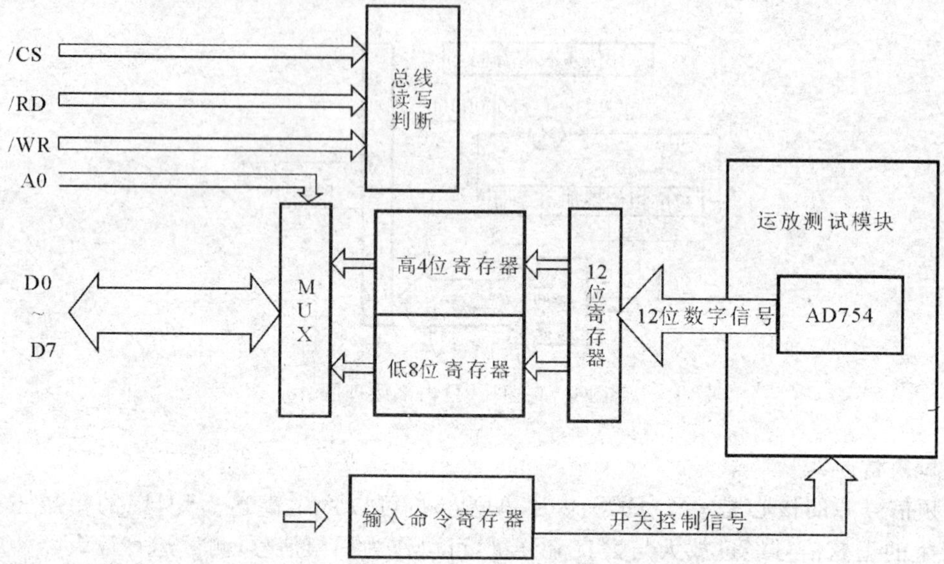

图6-8 辅助控制模块原理图

关于开关信号的提供，由于CPLD管脚比较多，因此十分容易实现。而12位数据缓存的问题，采用双端口的方式解决。将CPLD在总线上占用的地址分配为两个，利用管脚A0来选择一个通道，当A0为0时，数据总线输出低8位采样数据；A0为1时，数据管脚输出高4位采样数据。单片机为核心的主控模块和辅助控制模块协调工作完成运放参数的测量，其工作流程如图6-9所示。

6.1.4.4 运放参数测试模块

本实例自动测试系统需要测量运放的5个参数，即V_{IO}（输入失调电压）、I_{IO}（输入失调电流）、A_{VD}（交流差模开环电压增益）、K_{CMR}（交流共模抑制比）4种基本参数，并可通过扫频法确定运放的BW_G（单位增益带宽）。

1. V_{IO}，I_{IO}测量子模块

测量V_{IO}时，开关S_1，S_2闭合。若741正反向输入端电阻配比严格相等，则可以由辅助运放输出端电压计算出V_{IO}。

根据国家标准规定的V_{IO}检测电路，必须保证严格的低噪声环境，以及使用高精度的电阻。事实上，上述要求是难以达到。由于开环增益较大，使得放大器稳定工作的条件被破坏，因此必须引入相应的补偿以抑制自激。如图6-10所示即为本实例自动测试系统中供V_{IO}检测使用的电路，图中在反馈电阻上并联了一个电容，以增强交流信号的负反馈。

在使用上述电路的基础上，为了提高后继AD芯片转换精度，又附加了一级滤波电路，以进一步滤出高频信号。其电路如图6-11所示：

另一方面，也可以在辅助运放上引入补偿来抑制自激，本实例中为自动测试电路校准所用的V_{IO}检测电路即采用如图6-12所示改进后的电路。

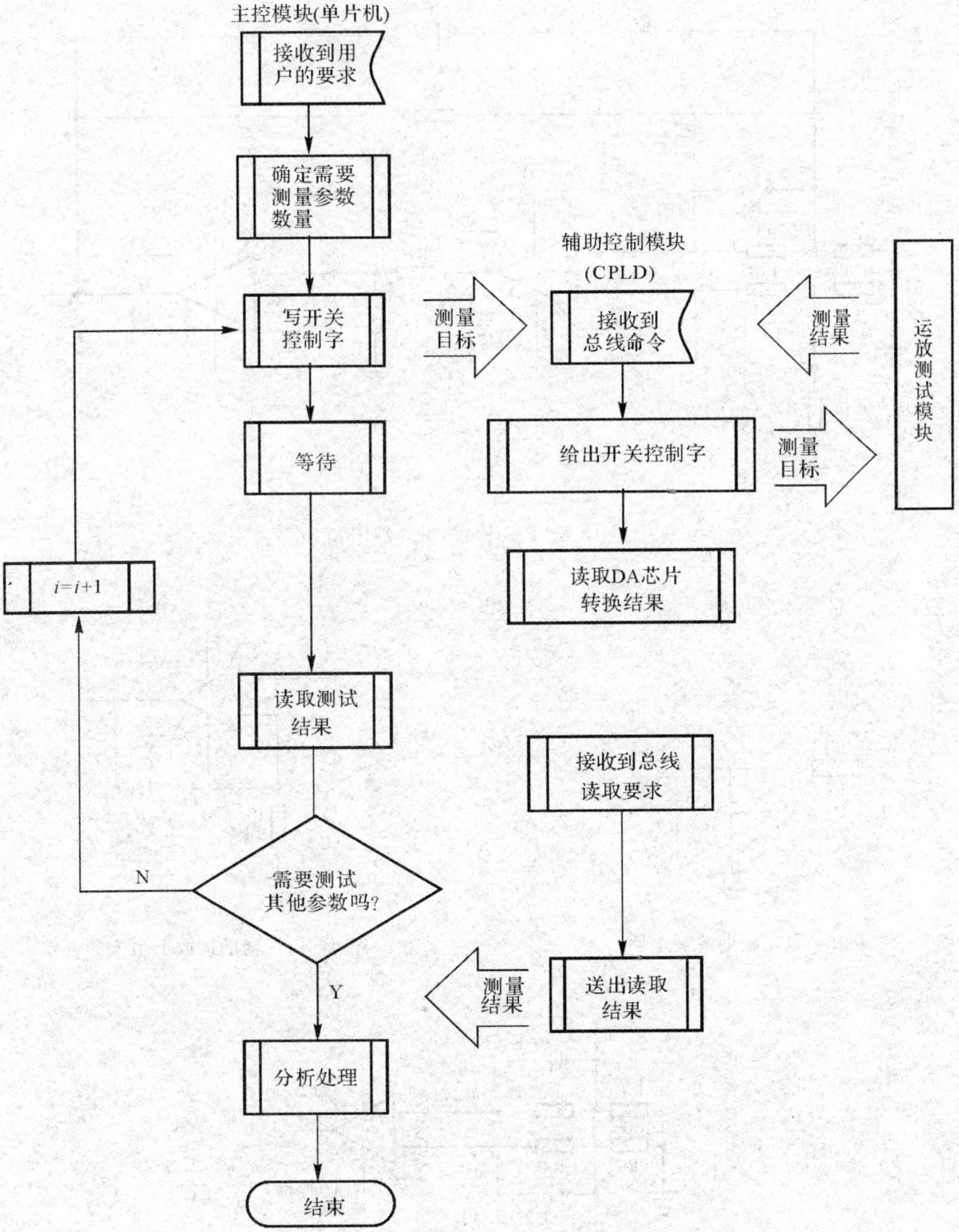

图 6-9　主控模块与辅助控制模块工作流程

测量 I_{IO}时，需要将图 6-10 中的开关 S_1，S_2打开，连入 741 输入端的阻值高达 1 MΩ。在此电阻上附加的噪声会使电路的抗自激性能大大下降。为了避免振荡，需要使从该电阻视入的交流电阻很小，因此需要对电路进行调整，如图 6-13 所示。

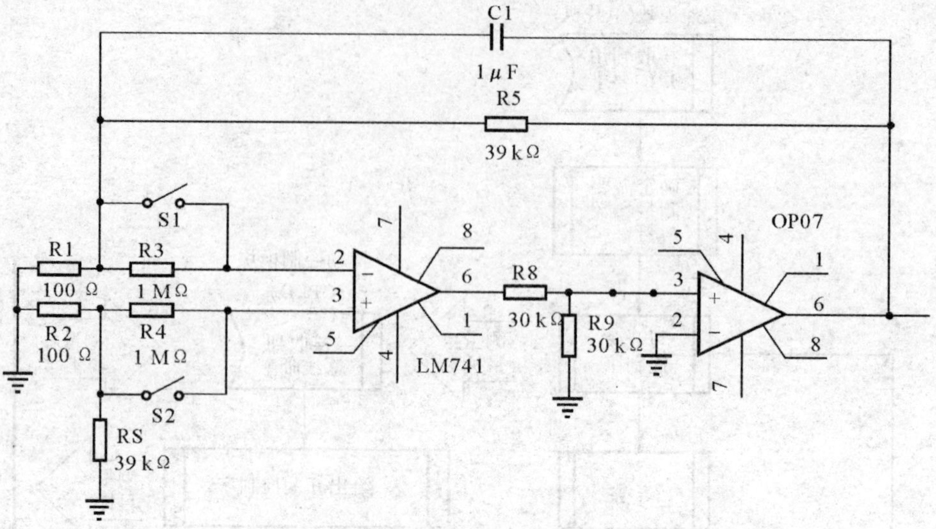

图 6-10　V_{IO}测量原理图

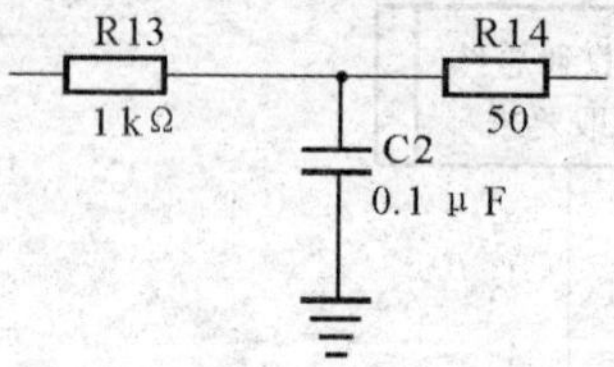

图 6-11　辅助滤波电路

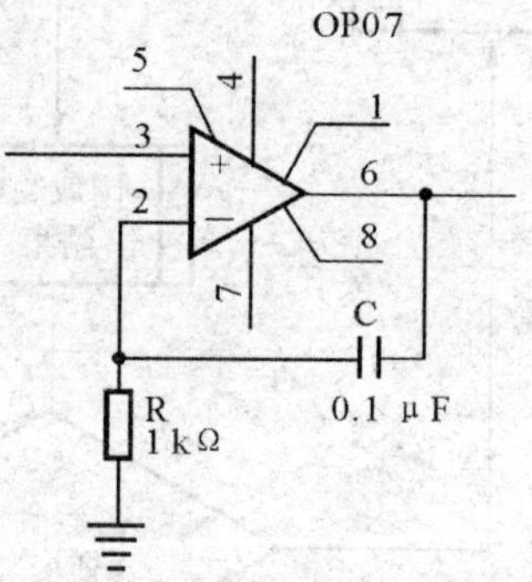

图 6-12　辅助运放上引入的补偿

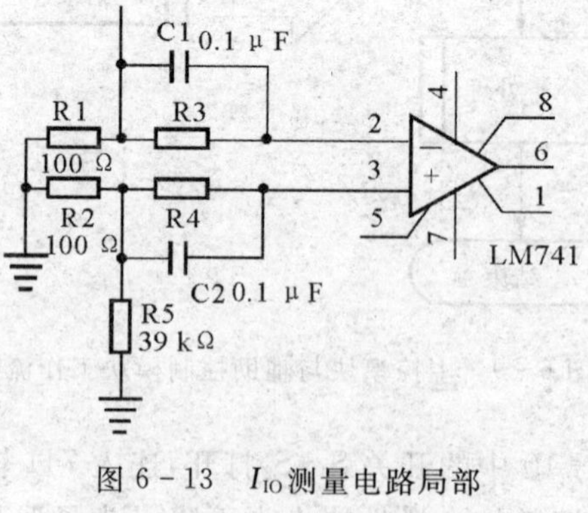

图 6-13　I_{IO}测量电路局部

2. A_{VD}测量子模块

该测量模块通过间接测量差模输入电压，比较运放输出电压和差模输入电压来获得交流差模开环电压增益，为有效抑制自激，在辅助运放上引入补偿，如图 6-12 所示，电路主要部分如图 6-2 所示。

由于激励的信号源加在运放输出端，运放的输出电压随信号源变化。同时，反馈电路的作用，使得差模输入电压也于信号源随动，从理论上分析差模输入电压是信号源波形上叠加一个直流偏置，由于信号源的幅度比较稳定，为 5.66 V，只须测出差模输入电压的峰-峰值即可，同时信号源频率较低，再加上有直流偏置，采用峰值检波比较困难，所以采用高精度 A/D 进行采样，得到峰值、谷值，即可获得差模输入的交流信号幅值。

3. KCMR 测量子模块

该模块通过间接测量差模输入电压和共模输入电压来实现共模抑制比的测量，为了抑制自激，同样采用图 6-12 所示地电容补偿，电路主要部分如图 6-3 所示。

4. BWG 测量子模块

扫频信号源为运放提供 40 kHz～4 MHz 的稳幅输入电压，通过测量运放在单位增益电路应用对不同频率信号的不同放大倍数，来确定单位增益带宽。由于扫频信号源的输出电压较大，受到 741 系列运放转换速率的限制，波形会发生严重失真，所以有必要先对信号进行衰减，可以通过电阻分压来实现。因为频率较高，通过检波可以比较准确地检测出输出幅度，而运放输出波形幅度较小不利于检波，于是在待测运放后加一级放大，采用高速运放 AD817。

6.1.5　软件算法设计与模块实现

1. 主控模块

主控模块为一个单片机，连接着用户界面与运放测试控制电路，控制着整个系统的流程，使系统中各个部分协调工作。主控模块工作流程如图 6-14 所示。

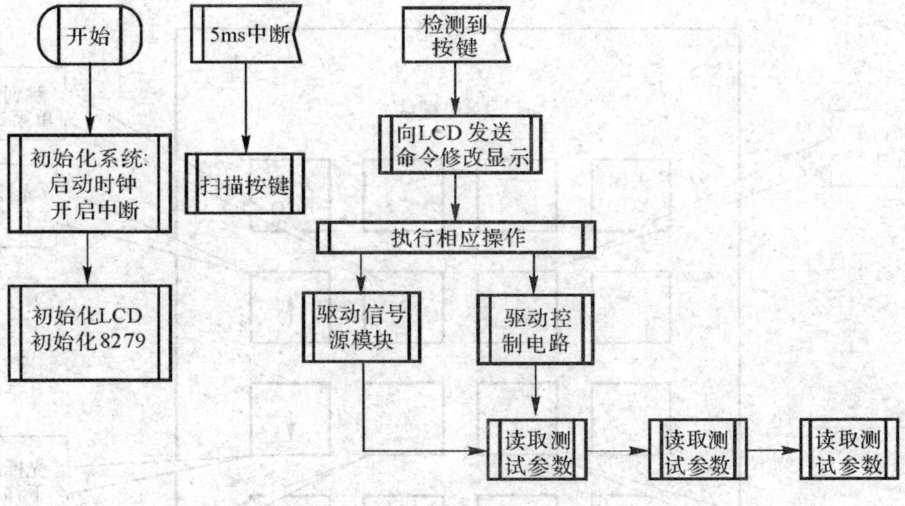

图 6-14　主控模块工作流程图

主控界面与各个模块的接口如图 6-15 所示。

2. 用户界面模块

用户界面分为输入部分和输出部分，输入由 4×4 键盘完成，输出由液晶显示实现。主控模块通过 8279 驱动键盘，通过 8255 驱动液晶显示电路。

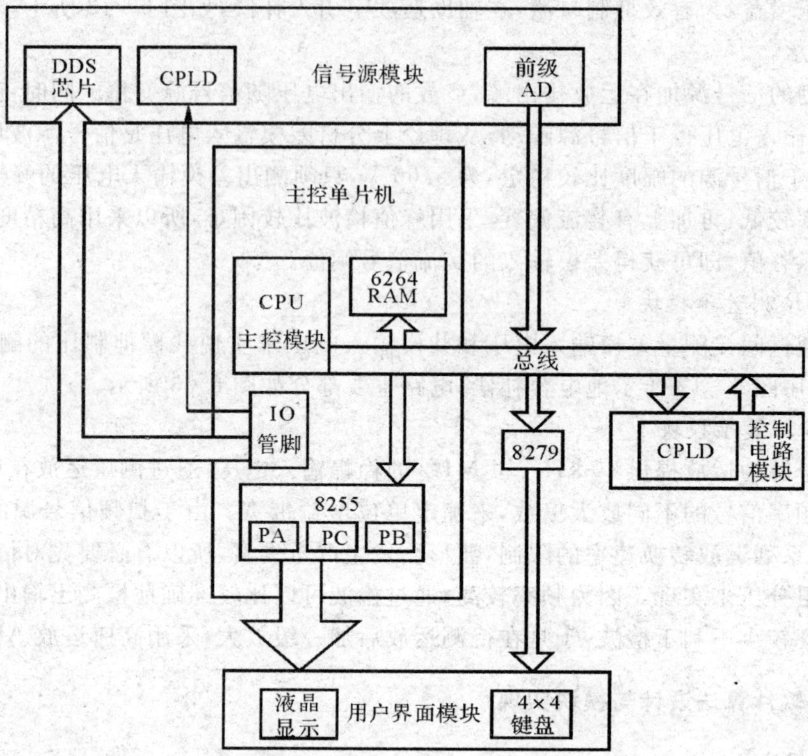

图 6-15　主控单片机与其他模块连接

键盘的按键布局如图 6-16 所示。

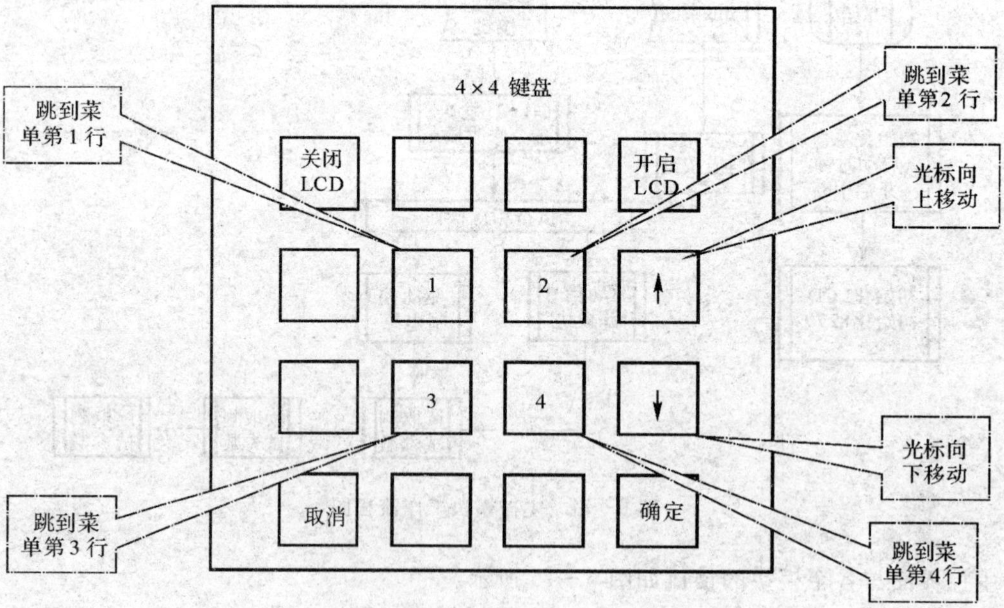

图 6-16　键盘布局

液晶显示菜单分级如图 6-17 所示。

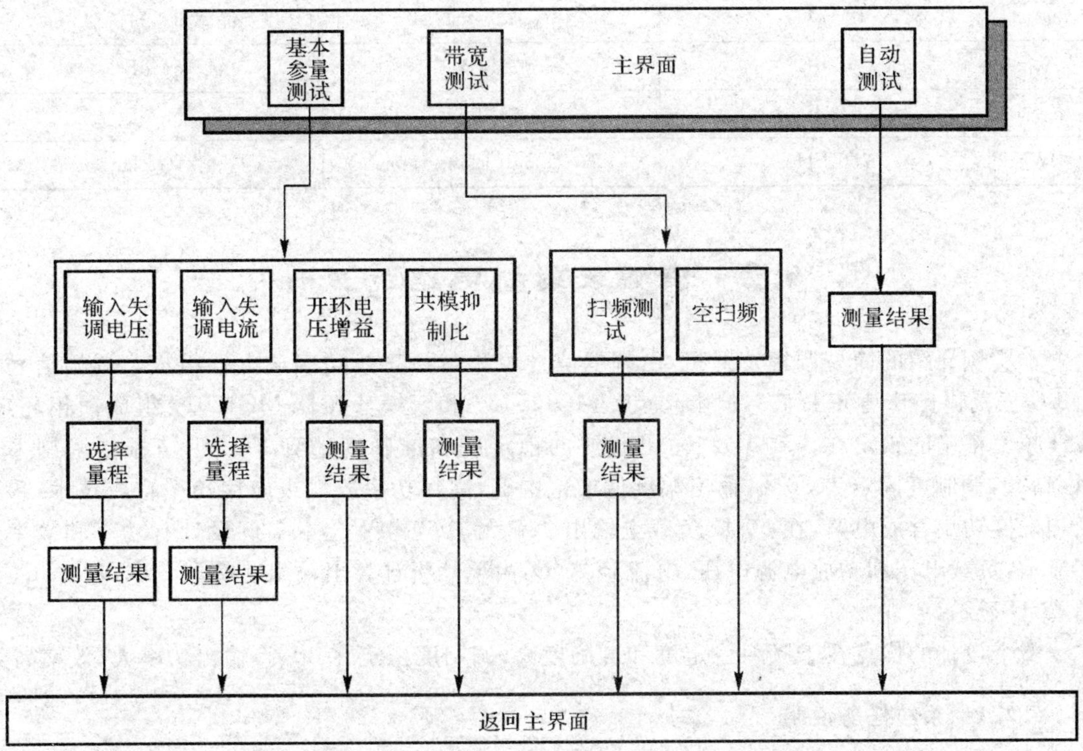

图 6-17　液晶显示菜单分级

6.1.6　系统测试

1. 测试仪器

测试仪器包括 Tektronix TDS21060M 数字示波器、HP 四位半万用表和 DF1731SB32 直流电源等。

2. 运放参数测试

3. 数据分析

从测得的数据与运放的技术参数进行比较(见表 6-1),输入失调电压、输入失调电流、单位增益带宽均在标准范围内,交流差模开环电压增益、交流共模抑制比比标准的最低值略小,根据电路分析可能是抑制自激的旁路电容造成的阻抗不匹配,降低了增益。

表 6-1　测试数据

	样本 1　LM741	样本 2　LM741	样本 3　H17741
V_{IO}	2.604 mV(4 mV 量程)	2.704 mV(4 mV 量程)	2.704 mV(4 mV 量程)
	2.64 mV(40 mV 量程)	2.73 mV(40 mV 量程)	3.75 mV(40 mV 量程)
I_{IO}	0.0901 μA(0.4 μA 量程)	0.1001 μA(0.4 μA 量程)	0.2301 μA(0.4 μA 量程)
	0.091 μA(4 μA 量程)	0.104 μA(4 μA 量程)	0.224 μA(4 μA 量程)

续 表

	样本 1　LM741	样本 2　LM741	样本 3　H17741
A_{VD}	62 dB	70 dB	54 dB
K_{CMR}	58 dB	61 dB	59 dB
BW_G	750 kHz	640 kHz	710 kHz

6.2　调幅发射机电路的设计

本实例介绍的简易调幅发射机，由调幅信号源和高频高效功率放大器组成。调幅信号源由 LC 振荡电路产生正弦波；锁相环芯片 MC145152 和双模分频器 MC12017 组成锁相环，将载波频率精确的锁定在 15 MHz，输出载波的稳定度和准确度达到 2×10^{-6}；振幅调制采用 MC1496，调制度固定为 30%，输出幅度调节范围宽；高频功率放大级应用功率合成技术，采用反相推挽功率合成电路，在 50 H 负载上输出功率大于 60 mW。本实例设计有功率和效率数字显示，负载电压和功放电源电压、电流经 A/D，由单片机计算出输出功率和效率，128×64 液晶 LCD 显示。

整个设计的优点在于频率稳定度和准确度高，调制度稳定在 30%，输出功率大、效率高。

6.2.1　系统任务说明

设计并制作简易发射机电路，如图 6－18 所示。

1. 基本要求

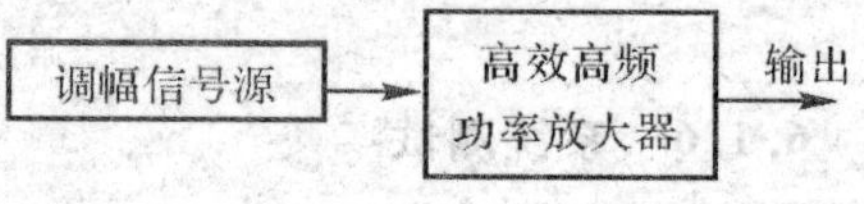

图 6－18　简易发射机电路

(1)采用锁相等技术设计并制作调幅信号源（调制信号外加，其频率为 100 kHz)。

1)输出波形（载波、包络）无明显失真；

2)载波频率：15 MHz；

3)载波频率准确度：1×10^{-5}；

4)载波频率稳定度：1×10^{-5}；

5)已调波输出电压幅度：$V_{P-P}=1\ V\pm0.1\ V$；

6)调制系数：$m_A=30\%$。

(2)采用功率合成技术设计并制作 15 MHz 高效高频功率放大器。

1)输出波形对称且无明显失真；

2)－3 dB 带宽：500 kHz ± 50 kHz；

3)输出功率：在单电源 12 V 时，50 Ω 负载电阻上的输出功率大于或等于 40 mW；

4)功率放大器的效率：≥50%。

2. 发挥部分

(1)提高功率放大器的输出功率和效率：50 Ω 纯阻负载时输出功率大于或等于 60 mW，效率大于或等于 60%。

(2)在不改变参数条件下，负载为容性负载（50 Ω 纯阻，串联 47 pF 电容）时，其纯阻上的功率大于或等于 60mW，效率大于或等于 60%。

(3)实时数字显示功率放大器的输出功率和效率。

(4)其他。

6.2.2　方案设计与论证

系统框图如图 6-19 所示，由调幅信号源模块、高频功率放大模块以及数字显示模块构成。

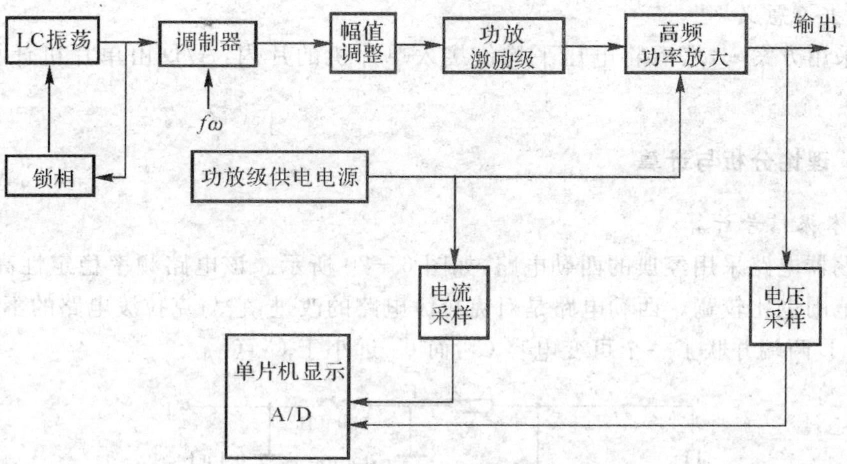

图 6-19　系统框图

1. 本振信号

方案一：采用晶体振荡器产生基准频率，用选频网络加放大器选出它的谐波实现倍频。该方案稳定度较高，但是 15 MHz 的 1/N 频率的晶振比较难找，因为 N 不能太大，而且选频网络调节较为麻烦。

方案二：采用西勒 LC 振荡产生一接近 15 MHz 的正弦波，然后采用锁相环专用芯片 MC145152 和双模分频器构成的锁相电路将信号锁定在 15 MHz。该方案主要由锁相环芯片构成，振荡频率一定范围内可调，振荡频率准确度和稳定度高，故采用方案二。

2. 幅度调制模块

采用工作稳定、调节方便的模拟乘法器 MC14%构成调制电路。

3. 功率放大前置激励级

方案一：采用分立器件构建，由共射极放大器和射极电压跟随器组成。

方案二：采用高频宽带运放来放大调幅波和激励功放级。由于高频宽带运放成本高，带负载能力不强，而且容易损坏，故采用分立器件搭建电路。

4. 高频功率放大

方案一：采用反相功率合成电路。反相功率合成器的优点是：输出偶次谐波被衰减，输入电阻比单边工作时高，因而引线电感的影响减小。

方案二：采用同相功率合成电路。同相功率合成电路中偶次谐波在输出端是相加的，因此输出中有偶次谐波存在。

基于对效率与谐波干扰的考虑，选用方案一的反相功率合成电路。

5. 数字显示模块

该模块的核心部分是电压值的测量，有两种方案。

方案一：采用检波电路，滤出调幅信号的包络波形，再经过滤波放大，输出直流电压，通过A/D转换测出电压的平均值，因调制度固定为30%，故得出的功率误差在可以接受的范围内。

方案二：采用专用的有效值测量芯片，测量包络信号的有效值，但是由于经检波电路后信号直流电压分量和包络分量变化不成正比，其有效值与功率之间失去了正比的函数关系，测量有效值就失去了意义。

因此，采用方案一，然后将电压平均值接入单片机的片内，A/D由单片机计算后输出到LCD显示。

6.2.3 理论分析与计算

1. LC本振信号计算

LC振荡器电路采用经典的西勒电路，如图6-20所示。该电路频率稳定性高，输出幅度均匀，调谐范围也比较宽。西勒电路是对克拉泼电路的改进，它与克拉泼电路的不同点在于它在回路电感L两端并联了一个可变电容 C_4，而 C_3 远小于 C_1，C_2。

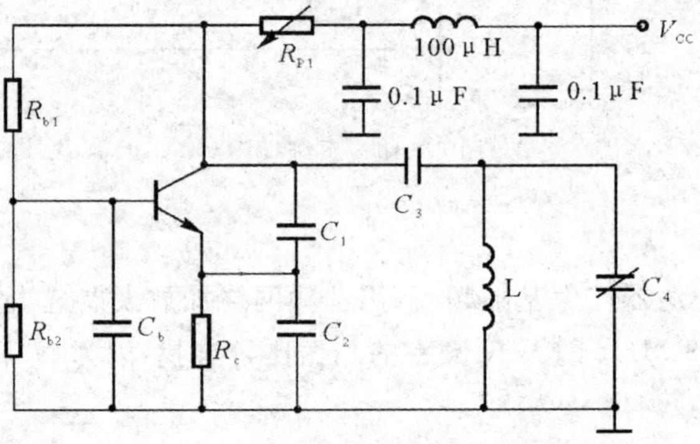

图6-20 西勒LC振荡器电路

因此电路的振荡频率为

$$f=\frac{1}{2\pi\sqrt{L(C_3{}'+C_4)}}\approx\frac{1}{2\pi\sqrt{L(C_3+C_4)}}$$

式中

$$C_3{}'=\frac{C_1C_2C_3}{C_2C_3+C_1C_3=C_1C_2}$$

电路中 C_3 的选取对电路性能的影响很大，对电容 C_4 来说，C_3 越大电路越容易起振，但振荡频率的调节范围越小；反之 C_3 越小，振荡频率的覆盖范围越大，但也越难以起振。因此，应该在保证起振条件的前提下尽量减小 C_3 的值。具体参数的选取在后面的电路设计中有介绍。

2. 锁相环路的组成及工作原理

锁相就是相位同步的自动控制。完成两个信号相位同步的自动控制系统叫做锁相环路（称锁相环）。锁相环路能使每秒振荡百万次以上的两个信号精确、自动地相位同步。一个最基本的锁相环路的方框图如图 6-21 所示。它包括 3 个部件:鉴相器(PD)、环路滤波器(LF)、电压控制振荡器(VCO)。

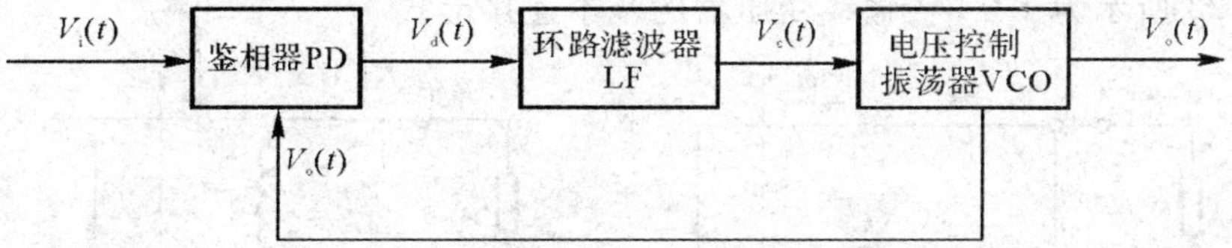

图 6-21　基本锁相环路方框图

图 6-21 中,输入信号为 $V_i(t)$,输出信号为 $V_o(t)$。并将 $V_o(t)$ 直接反馈到输入端,即可看成反馈网络传输系数为 1,这种反馈系统叫做单位反馈系统。经环路的自动反馈控制后,输出信号的角频率等于输入信号的角频率;输出输入信号的相位差达到一个稳定值(即相当小的稳态相差 θ),环路达到"锁定"(即保持相位同步)。

鉴相器是进行相位比较的装置,它把压控振荡器的输出信号 $V_o(t)$ 与输入信号 $V_i(t)$ 的相位进行比较,产生对应于两信号相位差的误差电压 $V_d(t)$。

环路滤波器的作用是滤除误差电压 $V_d(t)$ 中的高频分量和噪音,以保证系统所要求的性能,增加系统的稳定性。

压控振荡器受控制电压的控制,使压控振荡器输出信号频率向输入信号频率靠拢,两个信号间的相位差减小。

锁相环路是一个相位误差控制系统,它比较输入信号与压控振荡器输出信号之间的相位差,产生一个对应于两个信号相位差的误差电压。该误差电压经处理后去调整压控振荡器的频率(相位)。当环路锁定时,输入信号与压控振荡器输出信号频差为零,相位差不再随时间变化,此时误差控制电压为一个固定值。锁相环路的这一特点,使它在自动频率控制中得到应用,以达到精确的频率控制,而其他的频率控制系统总是存在剩余频差。

3. 锁相环频率合成器原理

根据锁相环路的基本原理可以实现精确的频率合成。当参考频率和输出频率分别采用模 M 和模 N 的计数器来分频,频率锁定时有 $f_o/N=f_r=f_R/M$,即输出频率 $f_o=\frac{N}{M}f_R$。由于 N 的值可由程序控制,因此可以通过赋予 N 以不同的值来控制输出信号的频率。采用了双模分频器 MC12017 后,分频为$\frac{P}{P+1}=64/65$,所以 $f_o=\frac{PN+A}{M}f_R$,(A,N 都是径系数)。

4. 功率合成技术

在高频功率放大器中,当需要的输出功率超过单个电子器件所能输出的功率时,可以将几个电子元件的输出功率叠加起来以获得足够大的输出功率。这就是功率合成技术。单从增加输出功率这一点来看,并联与推挽电路也可认为是功率合成电路。但是这两种电路都有不可克服的共同缺点:当一个管损坏失效时,会使其他管子的工作状态产生剧烈变化,甚至导致这些管子的损坏。因此,并联和推挽电路不是理想的功率合成电路。一个理想的功率合成电路应该满足:①N 个同类型的放大器,它们的输出振幅相等,每个放大器供给匹配负载以额定功率 P,则 N 个放大器输至负载的总功率为 $N\times P$,这叫做功率相加条件。②合成器的各单元放大电路彼此隔离,也就是说,任何一个放大单元发生故障时,不影响其他放大单元的工作,这些没有发生故障的放大器依旧向电路输出自己的额定输出功率 P,这叫做相互无关条件。

晶体管放大器功率合成所用的混合网络主要是传输线变压器,特别是 1∶4 传输线变压器。如图 6-22 所示为 1∶4 传输线变压器的基本连接形式。

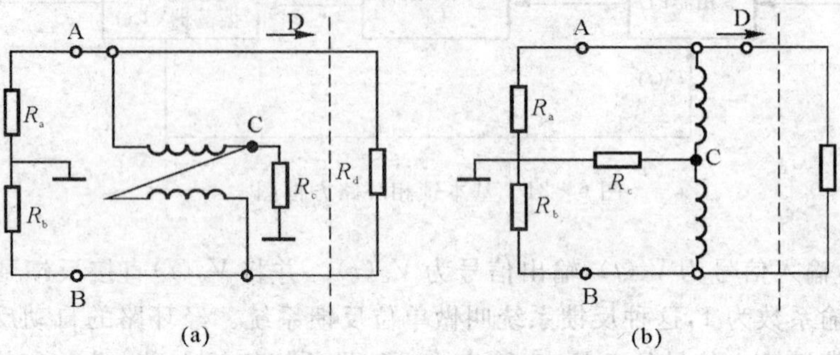

图 6-22　1∶4 传输线变压器的基本连接形式

(1)根据传输线的原理,它的两个线圈中对应点所通过的电流一定是大小相等、方向相反的。

(2)在满足匹配条件并略去传输线上的损耗时,变压器输入端与输出端电压的振幅也应该是相等的。

为了满足合成(或分配)网络所需要的条件,通常取 $R_a = R_b = Z_c = R, R_c = R/2 = Z_0/2, R_d = 2R_0 = 2Z_c$。

可以证明在该网络中,C 端与 D 端是互相隔离的,同样,A 端与 B 端也是互相隔离的。即如果在 A,B 两端馈以反相激励电压,由于电路的对称性,在 R_c 上获得功率为 0,在 R_d 上获得合成功率。R_d 上电阻 $2R$ 正好与 A,B 两端的电阻 $2R$ 相匹配。相反,如果在 A,B 两端馈以同相激励电压,则在 $R_c = R/2$ 上获得合成功率。而在 R_d 上则无输出功率。$R_c = R/2$ 正好与等效激励信号内阻相匹配。

5. 功率放大器的增益倍数估算

要求负载功率达到 40 mW、扩展达到 60 mW,故输出电压有效值为 $V = \sqrt{W \times R} = \sqrt{2} \sim \sqrt{3}$,因此峰-峰值为 4.0～4.9 V。信号源输出为 1 V 峰-峰值,后级放大器的增益倍数应在 5 倍以上。考虑到后级的电阻匹配等问题,放大倍数应高于 5 倍很多,而且接成增益可调放大器最好。

6. 理论效率估算

用功率合成技术做成的高频功率放大器属于丙类放大器,效率应高于 70%,但实际情况中,由于不对称和谐波输出造成的功率损失,会降低功率放大级的效率。为使功率输出级效率较高,在功率输出级要尽量做到阻抗匹配。

6.2.4　电路图及设计文件

1. 调幅信号源的设计

(1)本振电路设计本振信号的产生采用西勒电路的接法,产生一 14.6 MHz 左右的频率。具体电路接法如图 6-23 所示,其中,引脚 1,2 间为一可调电感。

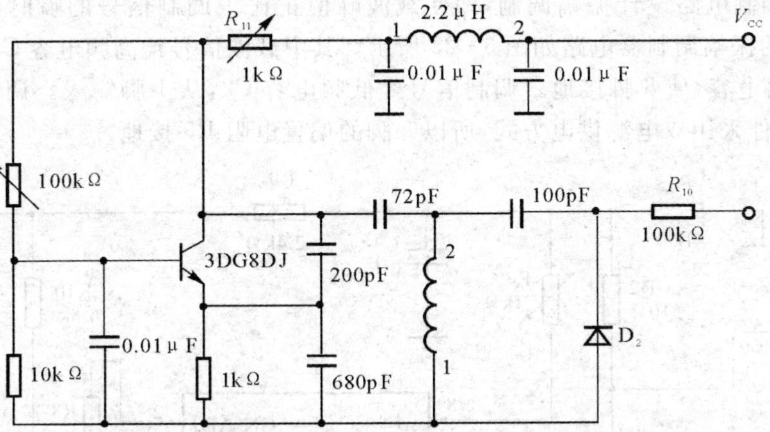

图 6-23 调幅信号源电路

(2)锁相环电路设计本振信号输出到由 MC145152 和 MC12017 构成的电路中，构成锁相环。MC145152 是 MOTOROLA 公司生产的大规模集成电路，它是一块采用并行码输入方式置定，由 14 根并行输入数据编程的双模 CMOS-LSI 锁相环频率合成器。该芯片内含参考频率振荡器，可供用户选择的参考分频器(12×8ROM 参考译码器和 12bit/R 计数器)、双端输出的鉴相器、控制逻辑、10 位可编程的 10bit/N 计数器、6 位可编程的 6bit/A 计数器和锁定检测等部分。其中，10bit/N 计数器、6bit/A 计数器、模拟控制逻辑和外接双模前置分频器 12017 组成吞脉冲程序分频器，吞脉冲程序分频器的总分频比为 $D=VN+A$。本任务只要求输出 15 MHz 的信号，故将 A，N 固定接为 $A=0$，$N=01111000$(binary)，电路接法如图 6-24 所示。

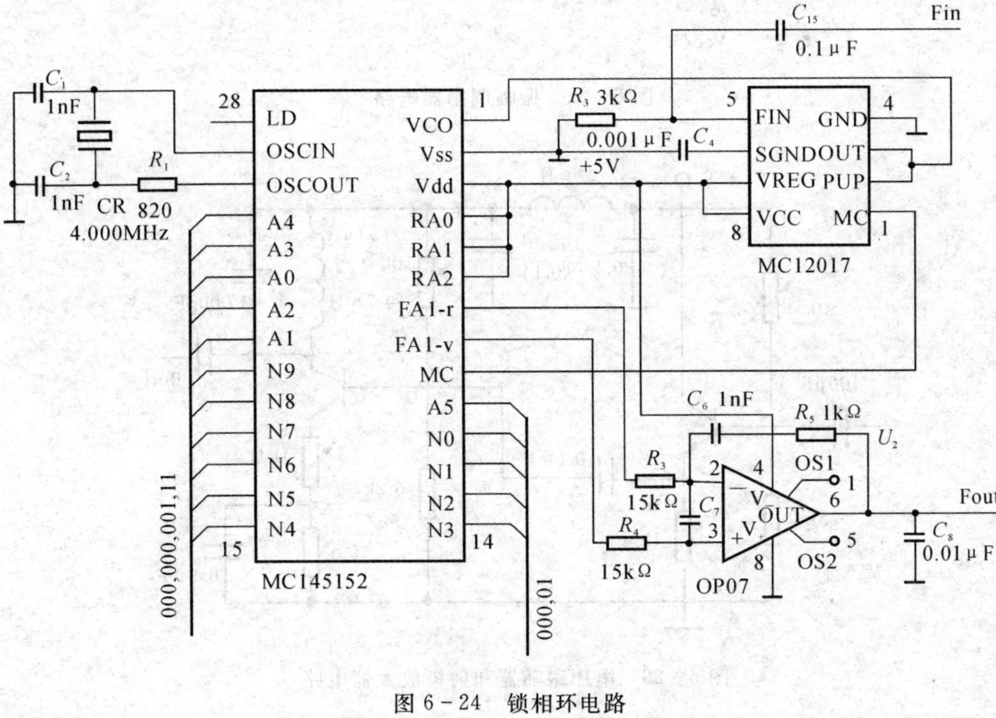

图 6-24 锁相环电路

(3)振幅调制电路设计振幅调制,即使载波峰值正比于调制信号的瞬时值的变换过程。MC14%构成的振幅调制器电路如图 6-25 所示。其中载波信号经高频电容 C1 从 10 脚输入,C3 为高频旁路电容,使 8 脚接地。调制信号经低频电容 C2,从 1 脚输入。调幅信号从 12 脚单端输出。器件采用双电源供电方式,所以 5 脚的偏置电阻 R5 接地。

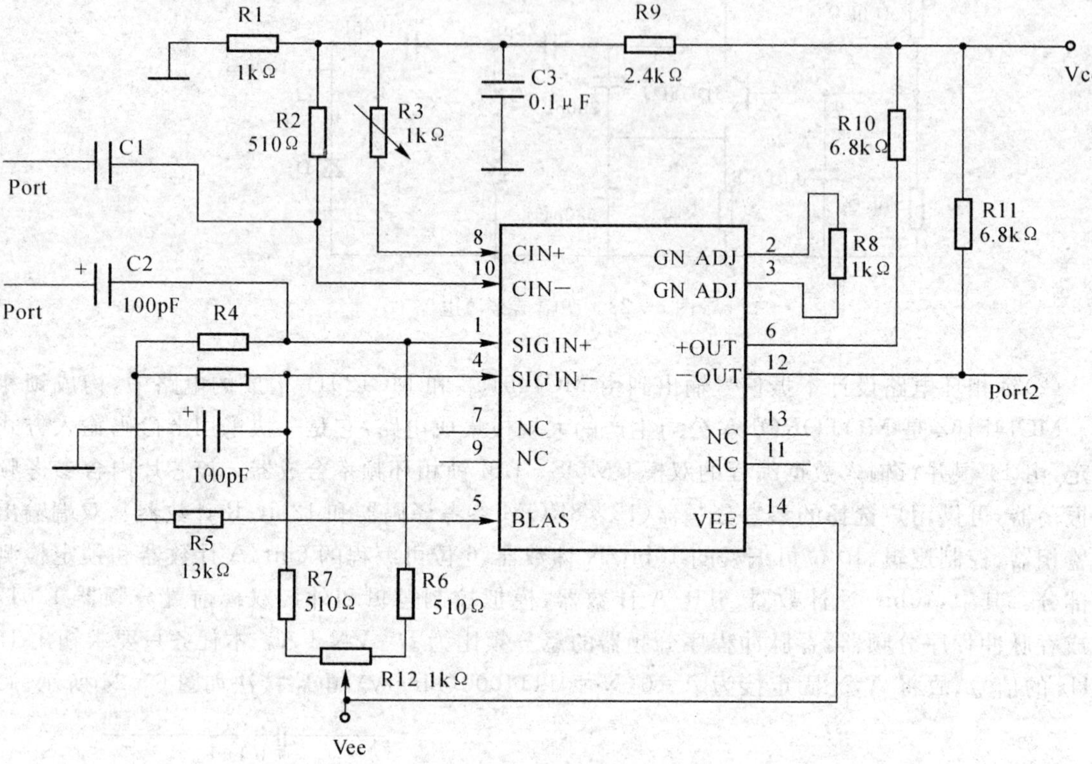

图 6-25　振幅调制器电路

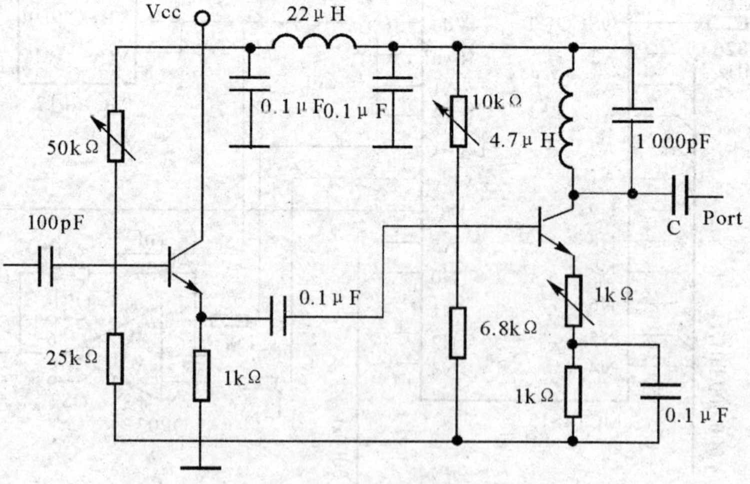

图 6-26　电压跟随器和射极放大器电路

此外，为了使输出幅值达到 1.0±0.1 V，所以后接一电压跟随和射极放大器用作调节，如图 6-26 所示。

2. 高效高频功率放大级的设计

该部分采用功率合成技术，应用了传输线变压器组成的反相功率合成电路。因高频功率放大级的输入等效阻抗电阻小，故前级需要接激励级，以免信号源输出的信号被拉得过低。

(1)前级激励级。需要较高的放大倍数以及较低的输出电阻，故而采用谐振放大电路和电压跟随器级联。为了方便可调，用一个可调中周来调节其谐振频率，具体的电路如图 6-27 所示，该电路输入阻抗较低，输出阻抗较高，为使前后级阻抗匹配，输入与输出端用中周实行阻抗变换以降低功率的衰减。

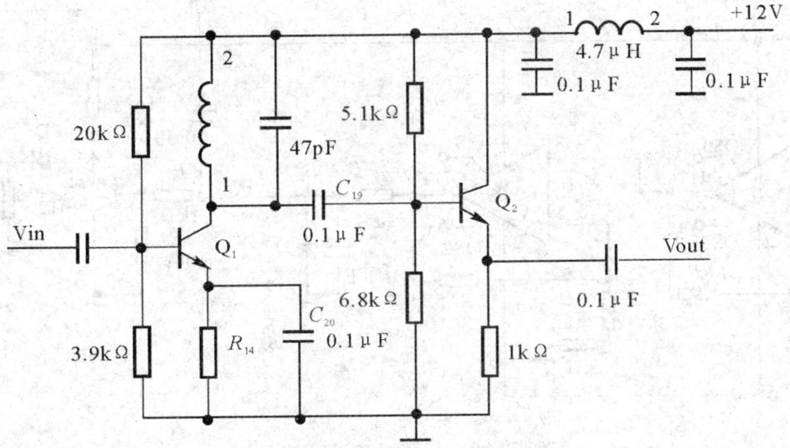

图 6-27　前级激励级电路

(2)高效高频功率放大级。该部分最重要的为传输线变压器的应用，这种变压器是用传输线(例如，两根紧塞的平行线、扭纹线、带状传输线或同轴线等绕在高磁导串的铁芯磁环上构成)，传输线变压器的工作原理是传输线原理与变压器原理的结合，那么它的工作也可分为两种方式：一种是按照传输线方式来工作，即在它两个线圈中通过大小相等方向相反的电流，磁芯中的磁场正好互相抵消。因此，磁芯没有功率损耗，磁芯对传轴线的工作没有什么影响。这种工作方式称为传输线模式。另一种是按照变压器方式工作，此时线圈中有激磁电流，并在磁芯中产生公共磁场，有铁芯功率损耗。这种工作方式称为变压器模式。传输线变压器通常同时存在着这两种模式或者说传输线变压器正是利用这两种模式来适应不同的功用。普通变压器绕组间的分布电容是限制它工作带宽的主要因素，而在传输线变压器中，绕组间的分布电容则成为传输线特性阻抗的一个组成部分，因而这种变压器可以在很宽的频带(可达几百 MHz)范围内获得良好的响应。这种变压器极适合于作为高频宽带网络之用。在高频率时，传输线模式起主要作用，此时初级次级之间的能量传输主要依靠线圈之间分布电容的藕合作用；在低频率时，变压器模式起主要作用，初级次级之间的能量传输主要依靠线圈的磁作用。为了扩展低频响应范围，应该加大初级线圈的电感量，但同时线圈总长度又不能过大，因此采用高频磁芯来解决圈数少，而初级线圈电感量又足够大的问题。最常用的为 1∶4 的阻抗传输线变压器。由此种传输线变压器组成的功率合成电路能较好的解决高效率、大功率与宽频带等问题。反相功率合成电路如图 6-28 上半部分所示。

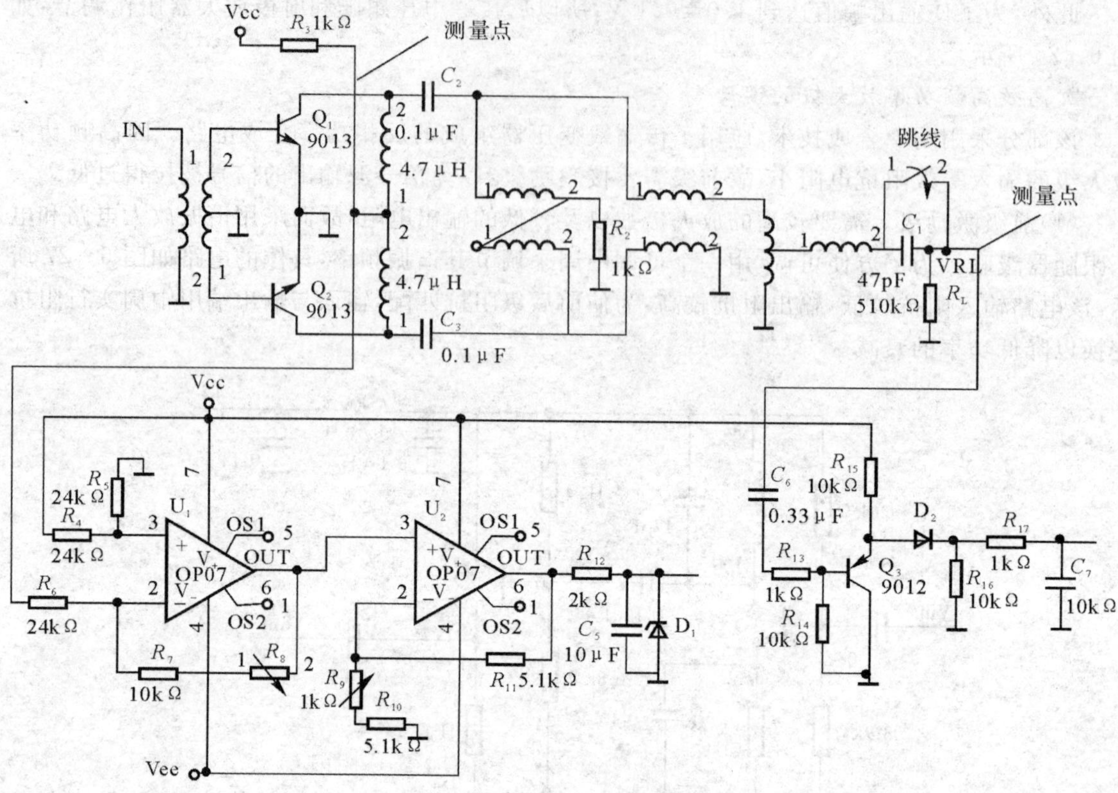

图 6－28　反相功率合成电路

6.2.5　软件及流程图

本实例系统的软件流程图如图 6－29 所示。

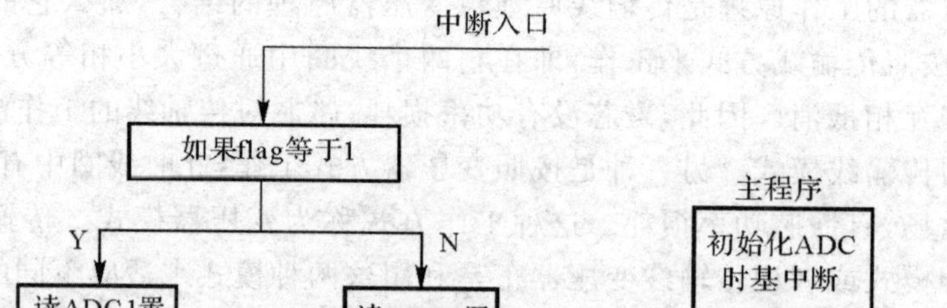

图 6－29　系统软件流程图

6.2.6　测试方法与数据

1. 调幅发射机载波频率测试

测量仪器：测频仪 EFC－3203A。

测量方法：将载波信号接入测频仪，计算测频仪显示频率与 15 MHz 的差值(误差)并观察其频率的稳定度。

测量结果：显示测试频率为 14.99998 MHz，该值比较稳定，偶尔在 14. 99998 和14.99997 之间跳动，原因可能是晶振频率不稳定和外界的干扰。

2. 调幅发射机载波信号输出幅值与调制度测试

测量仪器：示波器 TDS1002。

测量方法：输入调制信号为 100 kHz，20 mV 正弦波信号。在示波器上读出调幅波的波峰和波谷的幅度大小 A 和 B，调制度为$(A-B)/(A+B)$。

测量结果：调制度为 30%，调幅输出幅度为 996 mV。

附注：由示波器观察，输出波形无显失真。

3. 高频功率放大级的带宽测试

测量仪器：示波器 TDS1002，高频信号源。

测量方法：外接高频正弦信号，$V_{p-p}=1.0$ V，改变高频信号的频率，测量功率放大器的输出信号的幅值。

测量结果：见表 6－2。其中，输出峰-峰值纯阻性阻抗时，电阻上的峰-峰值。

分析：由于最后制作的选频网络选频特性不是很理想，而且频率特性又受前级的影响，导致了最终的带宽不对称。

表 6－2　高频功率放大级带宽测试结果

频率/MHz	12.00	14.50	14.75	15.00	15.25	15.50
输出峰-峰值/V	6.46	6.23	6.10	5.92	4.20	2.10

2. 高频功率放大级的输出功率测试

测量仪器：数字万用表 FLUKE45。

测量方法：输入 100 kHz 调制信号，调整幅值，测量负载两端电压。

测量结果：见表 6－3。其中，纯电阻指负载接 50 Ω 电阻；输出功率指输出的有用功率；输出电压为有效值。下同。

表 6－3　高频功率放大级输出功率测试结果

	输出电压/V	输出功率/mW
纯电阻	2.09V	87.6
容性阻抗	1.63V	52.9

5. 高频功率放大级的效率测试

测量仪器：数字万用表 FLUKE45。

测量方法：输入 100 kHz 调制信号，调整幅值，输出电压为负载两端电压，输出电流为测量点测量到的输出电流。

测量结果：见表 6－4。其中，输出电压为有效值。

表 6－4　高频功率放大级效率测试结果

	供电电源输出			功率放大级输出		效率
	输出电压	输出电流	输出功率	输出电压	数出功率	
纯电阻	12 V	29 mA	348 mW	2.09 V	87.6 mW	25.2%
容性阻抗	12 V	10 mA	120 mW	1.63 V	52.9 mW	44.1%

6.2.7　结果分析

本系统通过锁相环、模拟乘法器和功率合成技术实现模拟信号的调幅调制，具有频率稳定度高，输出功率扩展性好的优点。放大电路全部由分立器件构成，成本低廉，性能可靠。

6.3　低频数字式相位测量仪

本系统以 51 单片机以及可编程逻辑器件为核心，由模拟移相网络、数字式相位测量仪（含测频功能）、数字式移相信号发生器 3 个独立模块组成。相位测量仪的核心为数字鉴相器及高速计数器，频率计算采用高精度恒定误差测频法。信号发生器使用直接数字频率合成（DDFS）技术，并使用汉字液晶显示模块，操作界面友好。系统的测量精度及其他指标均达到了设计要求。

6.3.1　系统任务说明

6.3.1.1　任务

设计并制作一个低频相位测量系统，包括相位测量仪、数字式移相信号发生器和移相网络 3 部分。

6.3.1.2　要求

1. 基本要求

(1)设计并制作一个相位测量仪（见图 6－30）。

1)频率范围：20 Hz～20 kHz。

2)相位测量仪的输入阻抗大于或等于 100 kΩ。

3)允许两路输入正弦信号峰-峰值可分别在 1～5 V 范围内变化。

4)相位测量绝对误差大于或等于 2°。

5)具有频率测量及数字显示功能。

6)相位差数字显示：相位读数为 0～359.9°，分辨力为 0.1°。

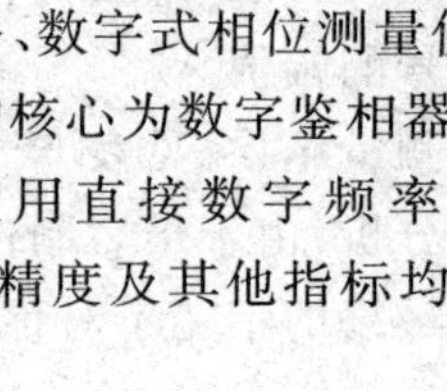

图 6－30　相位测量仪

(2)参考如图 6－31 所示，制作一个移相网络。

1)输入信号频率：100 Hz，1 kHz，10 kHz。

2)连续相移范围:－45°～＋45°。

3)A,B 输出的正弦信号峰-峰值可分别在 0.3～5 V 范围内变化。

2. 发挥部分

(1)设计并制作一个数字式移相信号发生器(见图 6－32),用以产生相位测量仪所需的输入正弦信号,要求:

1)频率范围:20 Hz～20 kHz,频率步进为 20 Hz,输出频率可预置。

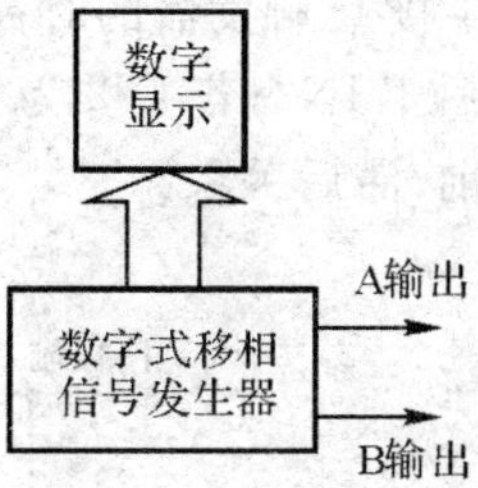

图 6－31　移相网络

2)A,B 输出的正弦信号峰-峰值可分别在 0.3～5 V 范围内变化。

3)相位差范围为 0～359°,相位差步进为 1°,相位差值可预置。

4)数字显示预置的频率、相位差值。

(2)在保持相位测量仪测量误差和频率范围不变的条件下,扩展相位测量仪输入正弦电压峰-峰值至 0.3～5 V 范围。

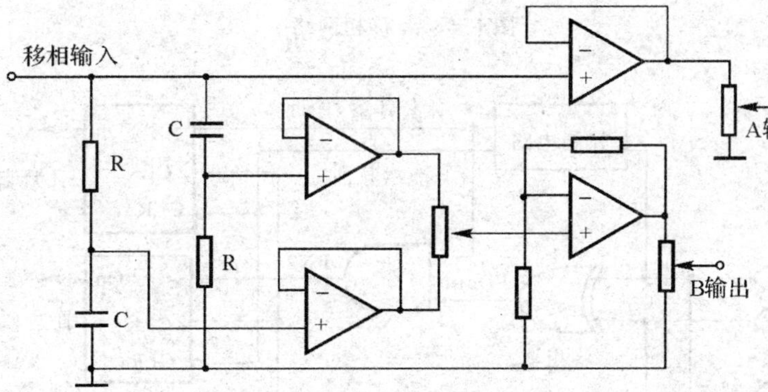

图 6－32　数字式移相信号发生器

6.3.2　方案论证与比较

1. 移相网络

题目中要求移相网络输入信号频率为 100 Hz,1 kHz,10 kHz,为了在这 3 个频率点都能产生±45°相移,需用 3 组 RC 移相网络。在图 6－33 中的 P1 点和 P2 点处接入两个双刀双掷继电器。根据输入信号的频率,控制继电器的组态,将相应的那一组 RC 移相网络接入电路。调节电位器 R3,可从抽头 P 处获得(相对于输入信号)相位连续变化的相移信号,经同相放大后从 B′点输出。

2. 相位测量仪

方案一:将两路输入的正弦信号 A 和 B 分别通过电压比较器整形为方波,然后送数字鉴相器(二输入异或门)鉴相,再经过 RC 电路积分后进行 A/D 转换。根据相位差与电平成正比的关系,由单片机计算得到相位差值。

方案二:仍然采用异或门鉴相,设经过整形后的两路方波信号分别为 IN1 和 IN2,鉴相器的输出信号为 PDout。

我们用一个上升沿触发的 D 触发器判断 IN1 超前还是滞后 IN2(电路见图 6－34),图中

IN1 接 D 触发器的时钟，IN2 接 D 触发器的数据端。当 IN1 正跳变时，若 IN2 为 1，表明 IN1 落后于 IN2；若 IN2 为 0，表明 IN1 超前于 IN2。于是该 D 触发器的 Q 端就表明了两路信号的超前/滞后关系。

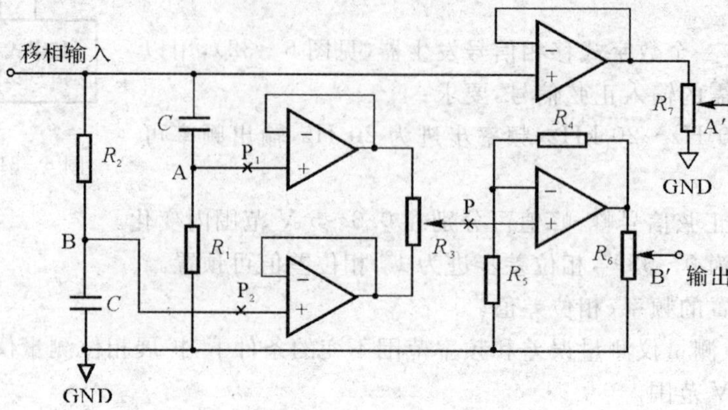

图 6-33 移相网络

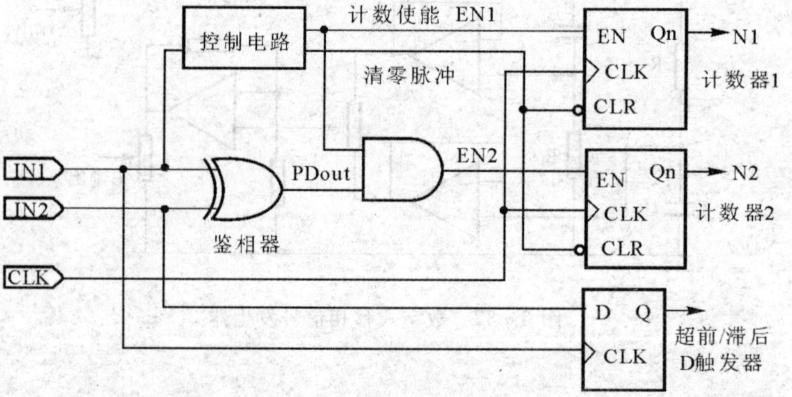

图 6-34 相位测量仪原理图

计数器 1 的使能信号 EN1 由控制电路（实现于 CPLD 中的状态机）产生，EN1 与鉴相器的输出信号 PDout 相与后得到 EN2，EN2 接到计数器 2 的使能端。两个计数器的计数时钟 CLK 均为 36 MHz。当单片机发出“开始测量相位”命令后，控制电路先输出一个清零脉冲，将两个计数器清零。随后，IN1 的上升沿使得计数器 1 的使能信号 EN1 有效（由“控制电路”实现），计数器 1 开始计数；IN1 的下一个上升沿到来时，EN1 翻转，计数器 1 停止计数。这样就完成了一次测量过程。各点时序如图 6-35 所示。“计数器 1 的计数值 N1”乘以“计数时钟 CLK 的周期”等于 IN1 的周期（也等于 IN2 的周期），计数器 2 的计数值 N2 乘以时钟周期等于 PDout 在一个信号周期内的脉冲宽度。PDout 的脉冲宽度与输入信号周期的比值等于 IN1 与 IN2 的相位差值（以弧度计），若按角度计算，则相位差 PD 为

$$PD=\frac{N_2}{N_1}\times180^\circ \tag{6-1}$$

PD 范围为（0～180°）。PDout 等于 IN1 异或 IN2，若 IN1 与 IN2 同相，那么 PDout 将一

直为低电平，EN2 也为低电平，导致 $N_2=0$，这样计算得 PD＝0°；若 IN1 与 IN2 反相（相位相差 180°），那么 PDout 将一直为高电平，$N_2=N_1$，计算得 PD＝180°。这就初步验证了以上公式的正确性。算出 PD 之后，再根据“超前/滞后”信号，还原出 0～360°的相位差。

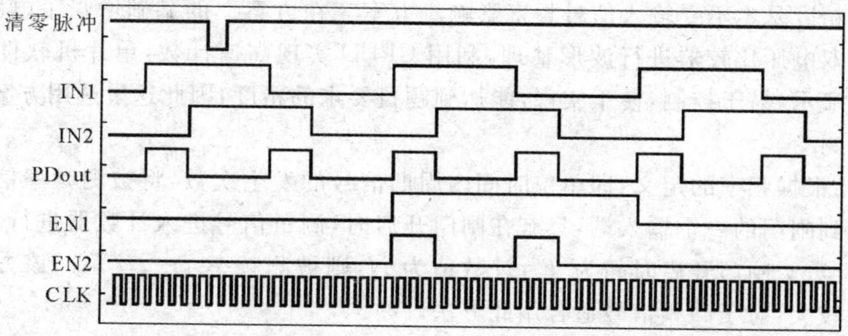

图 6－35　相位测量仪时序图

方案三：事实上，只要能确保计数使能信号 EN1 的持续时间是输入信号周期的整数倍，那么相位差 PD 就可利用式(1)计算（EN1 的边沿无须与 IN1 的上跳沿对齐）。方案二对一个信号周期进行计数，这就要求每个信号周期中 IN1 只能有一个上跳沿。若在一个信号周期中 IN1 有多个上跳沿，那么 EN1 的持续时间便不足一个信号周期，测量结果无意义。这对波形整形电路提出很高的要求，我们希望，IN1 恰好在输入信号（一般为正弦信号）的每个过零点处翻转一次。如果直接采用过零比较器，那么电压比较器在零点电位附近极有可能振荡（因为输入电压位于电压比较器的线性区），这样得到的 IN1 在跳变沿会有许多抖动，使得方案二根本无法工作。

我们知道迟滞型电压比较器可以很好地消除抖动。然而从迟滞比较器获得的 IN1 与原输入正弦信号存在相位差，就是说 IN1 的上跳沿滞后于输入信号的过零点，输入信号幅度越小，滞后越多。如果两路输入正弦信号幅度基本相等，而两个迟滞比较器的门限又很接近的话，迟滞比较器引入的相位差不会对测量精度造成多大影响。但是，如果两路输入信号的幅度相差较大的话（例如一路信号峰-峰为 5 V，另一路为 0.5 V），两路迟滞比较器引入的相位差可能有较大差值（10 余度），这使得相位计的误差大得难以接受。另外，比较器的输入失调电压也会引入一定的误差。

减小电压比较器引入的相位误差的一个直接办法是对输入信号进行放大，将两路信号放大到幅度大致相等后再送入迟滞型电压比较器（可使用自动增益控制技术）。但是进行信号放大可能引入难以预测的附加相移，使得相位计的精度下降。

为了达到较好的精度，这里使用一种双电压比较器的波形整理及相位测量办法。简单地说，将两路输入信号经普通过零比较器整形得到的方波信号（边沿可能存在抖动）送入异或鉴相器，并将两路输入信号经过迟滞比较器得到的方波信号传给控制电路及“超前/滞后”判断电路。电路的工作时序与方案二基本相同，相位差也用式(6－1)计算得出。这样的好处是，控制电路得到的方波信号没有抖动，不会产生误动作。因为使用迟滞比较，计数使能信号 EN1 的跳变沿略滞后于信号的过零点。由于 EN1 的上跳沿和下跳沿的滞后时间相同，那么 EN1 的持续时间恰好为一个信号周期，可保证测量精度不受影响。异或鉴相器的输出 PDout 可能会有抖动，但由于抖动只在边沿处才有，对其脉冲宽度受的影响不大。实测表明。即便两路输入信号的幅度有较大差异，也不会影响测量精度。通过测量多个周期后取平均值，也可减小误差。

结论：方案一在低频段，积分电路输出波动会很大，不能保证题目要求的相位精度。方案二相位测量精度基本不受输入信号频率影响。方案三在方案二的基础增强了电路的可靠性。方案三采用双电压比较器进行波形整理，利用CPLD实现高速计数，单片机软件执行高精度浮点运算并显示，易于控制，便于实现，能达到题目要求的精度，因此这里选用方案三。

3. 频率测量

方案一：根据频率的定义，即单位时间内周期信号的发生次数，将被测频率信号经脉冲形成电路后加到闸门的一个输入端，只有在闸门开启时，测量信号进入计数器进行计数，闸门关闭时，停止计数。闸门开启时间为 T_g，计数值为 N，则被测频率 $f=N/T_g$。该方案在低频段的相对误差较大，对于高频信号适合用此方法。

方案二：为克服方案一的缺点，在低频段利用计时直接测周期，取倒数可获得频率，在高频段用方案一。此方案需要确定最佳分测点（使得测频率与测周期两种方法的量化误差相等时的信号频率），这点实现很难，而且电路较为复杂。

方案三：采用高精度恒定误差频率测量技术，基本原理如图 6-36 所示。计数器 1 和计数器 2 均有使能端和清零端。控制电路产生的门控信号接到 D 触发器的数据端 D，触发器的 Q 端接两个计数器的使能端。输入信号经过迟滞比较器转换为同频率的方波，即被测信号。门控信号是宽度为 T_g的脉冲。

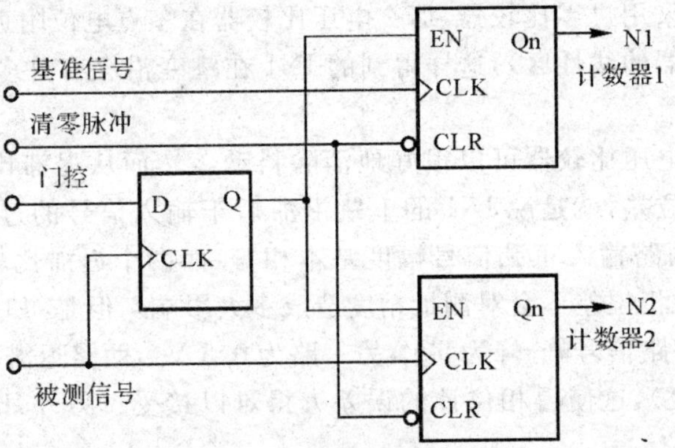

图 6-36　频率测量仪原理图

当单片机发出“开始测量相位”命令后，控制电路先输出一个清零脉冲，将两个计数器清零，随后并将门控信号置为高电平。这时 D 触发器的 Q 端为低电平，两个计数器尚未开始计数。被测信号的上升沿到来时，D 触发器翻转，其 Q 端变为高电平，同时启动两个计数器。计数器 1 和计数器 2 分别对标准频率方波信号（频率为 f_O）和被测信号（频率为 f_X）同时计数。自门控信号被置为高电平起，经过 T_g时间，控制电路将门控信号置为低电平。被测信号的下一个上升沿到来时，两个计数器同时停止计数。这样一来，两个计数器的工作时间 T_w恰好为被测信号周期的整数倍。工作时序如图 6-37 所示，从图中可以看出，实际闸门时间 T_w与预置闸门时间 T_g并不相等，但差值不超过被测信号的一个周期。设 T_w时间内被测信号计数值为 N_2，标准频率信号的计数值为 N_1，由 $f_O=N_1/T_w$ 和 $f_X=N_2/T_w$ 可得到公式

$$f_X = \frac{N_2}{N_1} f_O \qquad (6-2)$$

这种方法又称等精度测频法，精度与待测信号的频率无关，无论低频和高频信号，其相对精度均为 $1/(T_g f_O)$。因此增加 T_g 可提高测量精度。本设计中 T_g 取 100 ms，f_O 为 10 MHz，可以精确测量频率大于 10 Hz 的信号，误差约不大于 10^{-5}。这里用 CPLD 来做高速计数器，单片机用软件实现高精度浮点运算并负责显示输出。

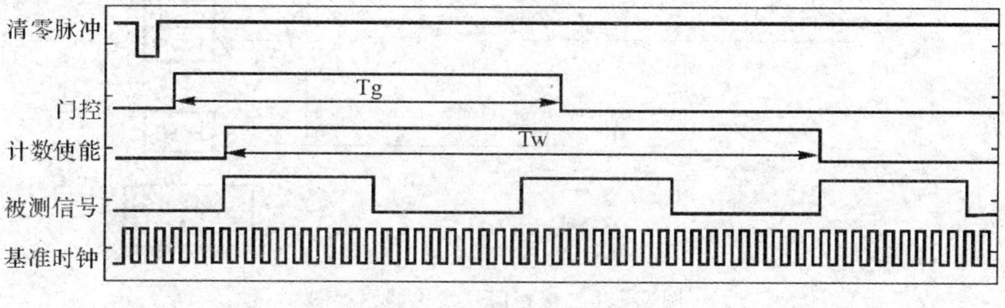

图 6－37　频率测量仪时序图

结论：比较以上 3 种方案，方案三实现较容易，同时可做到高精度测量，因此舍弃前两种方案。

4. 数字式移相信号发生器

方案一：使用锁相环频率合成实现信号发生器，频率稳定精确，并且频率在较大范围可变，但由于锁相环本身是一个惰性环节，锁定时间较长，故频率转换时间较长。而且，由模拟方法合成的正弦波的参数、幅度和相位都很难控制。

方案二：采用直接数字频率合成器（DDFS），它主要由 4 个部分组成：相位累加器、波形表、D/A 输出、低通滤波器。采用这种纯数字化的方法，产生信号的频率准确，频率分辨率高，输出相位连续，频率、相位和幅度均可实现程控，因此选用该方案。

AD9833 是基于 DDFS 原理的波形发生器专用芯片，内置正弦波形表（4096 项）和 10bitDAC，可直接输出正弦波、三角波、方波。AD9833 的频率步进为 0.1 Hz，相位预置精度为 0.1°，非常适合用在这里。

DDFS 原理如图 6－38 所示，相位累加器在时钟信号 MCLK 驱动下，不断地对相位进行累加，频率控制字 Freq 决定每次累加的相位增量。每当相位累加器产生一次溢出，就完成 DDFS 合成信号的一个周期。输出信号波形的频率表示为 $f_o = \text{Freq} \times \text{fclk}/2^N$，式中 fclk 为时钟频率，$N$ 为累加器位数。若频率控制字 Freq 很小，累加器将一步一步经过每个 SINEROM（正弦波形表）地址；若频率控制字 Freq 较大，累加器将跳过某些 ROM 地址。ROM 输出的数据经 D/A 转换，再经低通滤波器滤波就得到所需的正弦信号波形。为了产生相位测量仪所需的两路正弦信号，将相位寄存器的值加上用户预置的相位差值，取其高位 10 位送入第二块正弦波形表。

这里使用一片 CPLD 实现相位累加器及周边数字逻辑，单片机依据用户输入算出频率控制字和相移控制字（图中的“相位差”）送入 CPLD。为了减小输出波形的毛刺，我们在 CPLD 中增加了同步措施。用两片 EPROM 存储波形数据，输出级用两套数模转换和幅度控制模块。

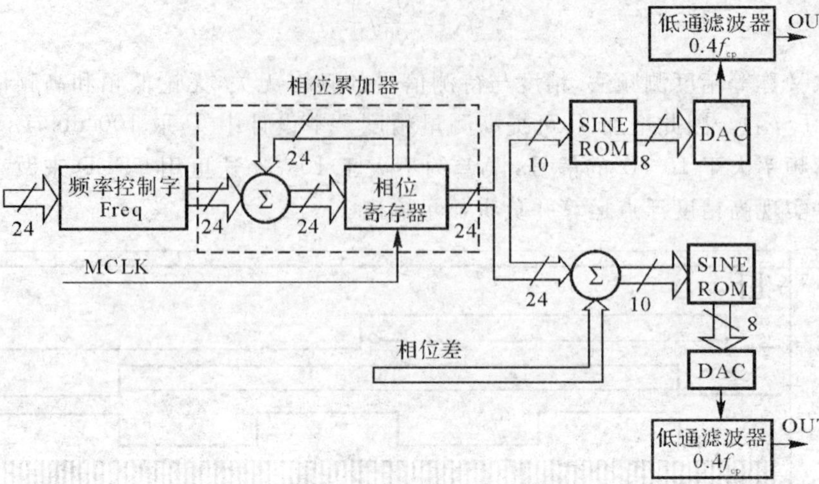

图 6－38　移相信号发生器原理图

6.3.3　电路分析与设计

电路总体设计框图如图 6－39 所示。

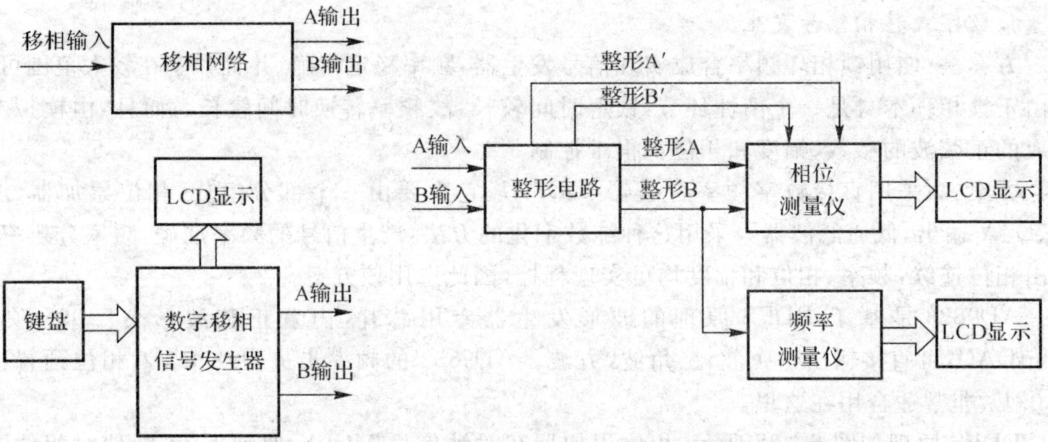

图 6－39　总体设计框图

1. 移相网络参数确定

相位超前/滞后 RC 网络：

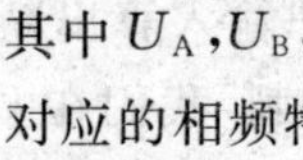

$$U_A = \frac{R}{R = \frac{1}{j\omega R}} U_I$$

$$U_B = \frac{\frac{1}{j\omega R}}{R + \frac{1}{j\omega R}} U_I$$

其中 U_A，U_B，U_I 均用相量表示。

对应的相频特性分别为

$$\varphi_A(\omega) = \arctan\frac{1}{\omega RC}$$

$$\varphi_B(\omega)=\arctan\frac{1}{\omega RC}$$

理论上要实现相移范围为$-45°\sim45°$，则要求$\varphi_A=45°$，$\varphi_B=-45°$。就是说ωR_2C，$1/\omega R_1C$均为1。为留有裕量，取ωR_2C，$1/\omega R_1C$均为1.2，则相移范围为$-50°\sim50°$。

先选出3对容量接近的涤纶电容，再根据公式由ω，C算出电阻值R，计算结果如表6-5所示。我们串联两个固定电阻以获得所需的阻值。移相网络电压特性如图6-40所示。

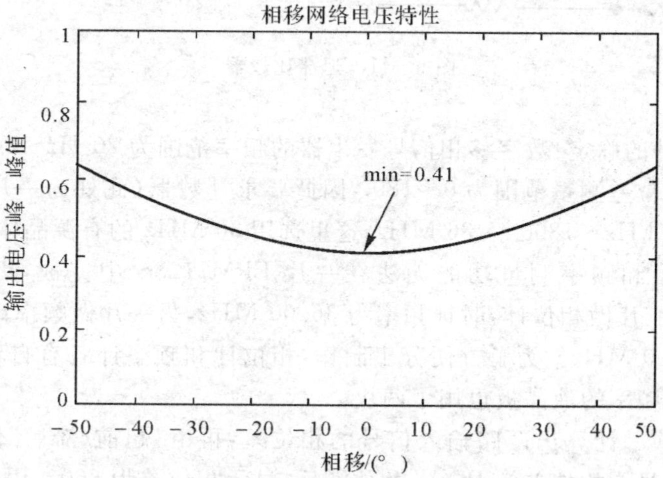

图6-40　移相网络电压特性

图中表示输入峰-峰值为1 V正弦信号，经过移相网络后，输出电压随相移的变化特性。可以看到调节相移时，电压会随之变化，所以输出电压不宜采用程控D/A调节。本设计采用电位器手动调节。在图上同时可看到电压值在相移为0时最小，约为输入信号电压幅值的41%，因此后级反相放大器的增益取2.5。移相网络元件参数见表6-5。

表6-5　移相网络元件参数表

输入信号频率	移相网络电容值	相位超前网络 R1/Ω	相位滞后网络 R2/Ω	R1 实际取值/Ω	R2 实际取值/Ω
100 Hz	355 nF	3 738	5 382	3 600+100	5 000+360
1 kHz	33.5 nF	3 961	5 703	3 600+360	5 600+100
10 kHz	3.57 nF	3 717	5 352	3 600+100	5 000+360

2.相位测量仪

相位测量仪主要由两部分组成：波形整形电路以及数字式相位测量电路。其中波形整形电路将输入的正弦信号变为同频同相的方波信号，送入后级的数字相位计进行相位测量(同时送入频率计测量信号频率)。本系统波形整形所采用迟滞比较器和普通过零比较器均用LM393搭成。迟滞比较器电路如图6-41(两通道皆同)所示。

这里V_{ref}接地，V_{in}接输入信号，输入阻抗大于100 kΩ。改变R_1，R_2的值，可以调整电压翻转门限，公式如图6-41中所示。输出信号V_o为方波，经施密特反相器74LS14整形后送入CPLD中的鉴相器。

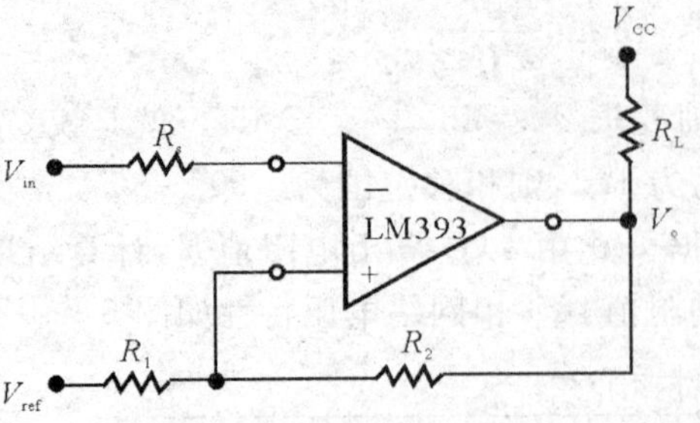

$$R_S = R_1 \mid\mid R_2$$

$$V_{th1} = V_{ref} + \frac{(V_{CC} - V_{tef})R_1}{R_1 + R_2 + R_L}$$

$$V_{th2} = V_{ref} + \frac{(V_{fet} - V_{OLOW})R_L}{R_1 + R_2}$$

图 6 - 41　迟滞比较器

高速计数器时钟的确定：数字移相信号发生器的频率范围为 20 Hz～20 kHz，相位测量仪的分辨力为 0.1°，相位差测量范围为 0～180°，因此要求计数器(此处为一片 CPLD)的时钟频率至少为 fclk = 20 kHz×1800 = 36 MHz，这里选用 36 MHz 的有源晶体振荡器。受 CPLD 资源限制，相位测量和频率测量功能无法在一片 EPM7128S 中完成，因此我们使用两片 EPM7128S。其中，一片做相位计，时钟频率为 36.00 MHz；另一片做频率计，为便于单片机计算，时钟频率取 10.00 MHz。为了方便分工制作，相位计和频率计各有自己的配套控制单片机，显示相位差值和频率的液晶板也用了两块。

单片机根据公式一计算出两路输入信号的相位差，再由“超前/滞后”信号确定显示的内容。当相位超前时，显示相位差为 PD，若相位滞后，显示相位差为 360－PD。

3. 数字式移相信号发生器

移相信号发生器输出波形的频率为 $f_o = \text{Freq} \times \text{fclk}/2^N$。因输出级 D/A 转换器 DAC0800 的建立时间为 100 ns，那么时钟频率不应大于 10 MHz。我们将时钟频率 fclk 定为 8.388608 MHz，相位累加器为 24 bit，那么频率分辨率_f= fclk /2^{24} =0.5 Hz，可以做到 1 Hz 的步进。因为输出 DAC 是 8 bit，那么波形表的位数应比 DAC 的位数多 2，即 10 bit，1 024 项。这样当输出 20 kHz 的最高频率时，一个周期内采样点数为 400，保证了相位差步进为 1°。

数模转换：在输出级，采用转换速度为 100 ns 的 8 bit 数模转换芯片 DAC0800，该芯片具有快速的稳定时间，输出波形的频率可达 5 MHz(按最高转换频率的一半计算)，完全满足信号发生器的要求。DAC0800 的数据口直接接到 SINE ROM(存放正弦波形表的 EPROM)的数据口，从而将波形表内存储的正弦波数据转换为模拟量。输出级接一个运放作为电流/电压转换器，获得双极性电压输出。数模转换电路如图 6 - 42 所示，图中 R2 和 R3 为 0.5%精度的电阻，V_{ref}=5.12 V，由 TL431 提供。

幅度控制：使用转换时间 1 μs 的 DAC0832 实现。利用 DAC0832 内部的电阻分压网络，将 DAC0800 的输出作为 DAC0832 的基准电压。由单片机控制 DAC0832 输入的数字量，从而实现步进为 0.1 V 峰-峰值的幅度调整(实际可做到步距 0.02 V)。幅度控制电路如图6 - 43 所示。

4. 键盘控制和液晶显示

键盘模块：4×6 个按键，其中 4 个按键控制通道 A 的输出电压峰-峰值(加减 1 V、加减 0.1 V)；4 个按键控制通道 B 的输出电压峰-峰值；0～9 共 10 个数字键用作输入频率；4 个按键控制通道 A 超前通道 B 的相位值(加减 10°，加减 1°)，另有两个功能键。液晶显示：相位测量仪 LCD 显示：0.0～359.9。频率计 LCD 显示输入信号的频率(以赫兹计)，有 5 位有效数字。移相数字信号发生器 LCD 显示如图 6 - 44 所示。

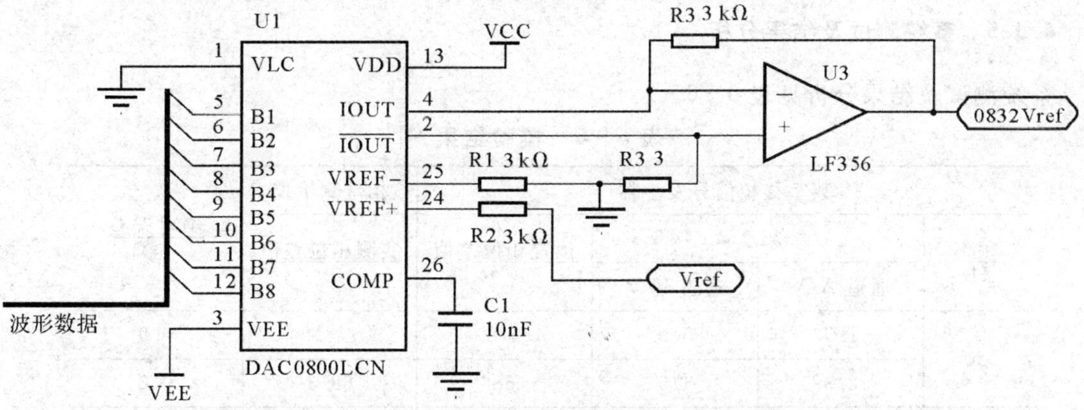

图 6 - 42 数模转换电路

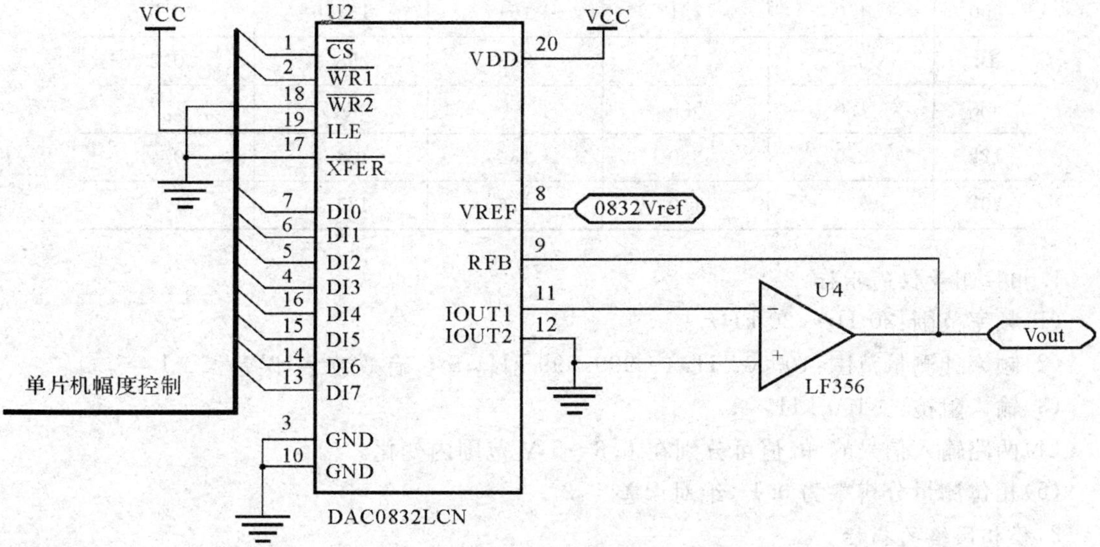

图 6 - 43 幅度控制电路

频率:1 000 Hz
相位差:152°
通道 A:4.5 V
通道 B:4.5 V

图 6 - 44 LCD 显示

6.3.4 系统软件设计

CPLD 的内部逻辑用 Verilog 语言描述。51 单片机程序用 C51 编写,主要功能是控制相位测量仪、频率计的操作,处理用户的键盘输入、控制液晶显示,控制移相信号发生器的输出频率、幅度和相位差。

6.3.5 系统测试及结果分析

系统测试及结果分析见表 6-6。

表 6-6 校验结果

数字移相信号发生器				相位测量仪	
频率/Hz	幅度		预置相位差值(°)	实测相位差值(°)	绝对误差(°)
	通道 A/V	通道 B/V			
20	1.0	5.0	178	178.9	0.9
	2.3	4.5	68	68.3	0.3
78	3.3	2.8	256	256.0	0.0
	4.5	1.2	356	355.2	0.8
650	4.0	2.1	164	163.5	0.5
1k	3.9	4.3	268	268.2	0.2
6k	1.0	5.0	84	85.7	1.7
12k	2.0	3.0	134	134.4	0.4
20k	5.0	1.0	176	174.4	1.6

1. 相位测量仪的指标

(1)频率范围:20 Hz～20 kHz。

(2)频率计测量范围:10.000 Hz ～ 999.999 kHz;5 位有效数字,误差＜±1 字。

(3)输入阻抗:≥100 kH。

(4)两路输入信号峰-峰值可分别在 0.3～5 V 范围内变化。

(5)相位测量分辨率为 0.1°,绝对误差 ≤2°。

2. 移相网络的指标

(1)在输入信号频率为 100 Hz,1 kHz,10 kHz 时,连续相移范围可达到－50°～50°。

(2)输出的两路信号峰-峰值可分别在 0.1 V～5 V 范围内变化。

3. 数字式移相信号发生器的指标

(1)频率范围:10～30 000 Hz。

(2)频率步进为 1 Hz,输出频率可预置。

(3)输出的两路正弦信号峰-峰值可分别在 0.1～5 V 范围内变化。

(4)相位差预置范围为 0～359°,步进为 1°。相位差的设置独立于频率。

(5)采用汉字液晶显示,人机界面友好。

6.4 简易心电图仪

本设计应用高精度的仪表放大器 INA128 组成放大电路对心电信号进行放大,采用有源滤波电路和数字滤波等技术对心电波形进行综合处理，实现了两路心电信号同时测量、显示存储及回放并配有语音提示功能。

6.4.1　系统任务说明

6.4.1.1　任务

设计制作一个简易心电图仪，可测量人体心电信号并在示波器上显示出来，如图 6－45 所示。

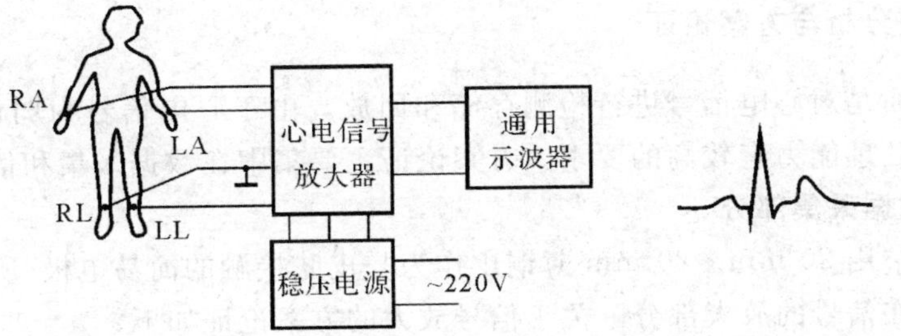

图 6－45　简易心电图仪框图

导联电极说明：

RA：右臂；LA：左臂；LL：左腿；RL：右腿。

第一路心电信号，即标准 I 导联的电极接法：RA 接放大器反相输入端（－），LA 接放大器同相输入端（＋），RL 作为参考电极，接心电放大器参考点。

第二路心电信号，即标准 II 导联的电极接法：RA 接放大器反相输入端（－），LL 接放大器同相输入端（＋），RL 作为参考电极，接心电放大器参考点。

RA，LA，LL 和 RL 的皮肤接触电极分别通过 1.5 m 长的屏蔽导联线与心电信号放大器连接。

6.4.1.2　要求

1. 基本要求

(1)制作一路心电信号放大器，技术指标如下：

1)电压放大倍数：1 000，误差：5%；

2)－3 dB 低频截止频率：0.05 Hz(可不测试，由电路设计予以保证)；

3)－3 dB 高频截止频率：100 Hz，误差：10 Hz；

4)频带内响应波动：在 3 dB 之内；

5)共模抑制比：60 dB(含 1.5 m 长的屏蔽导联线，共模输入电压范围：7.5 V)；

6)差模输入电阻：5 MΩ(可不测试，由电路设计予以保证)；

7)输出电压动态范围：＞10 V。

(2)按标准 I 导联的接法对一位参赛队员进行实际心电图测量。

1)能在示波器屏幕上较清晰地显示心电波形，心电波形大致如图 6－44 所示。

2)实际测试心电时，放大器的等效输入噪声(包括 50 Hz 干扰)：＜400 μV(峰-峰值)。

(3)设计并制作心电放大器所用的直流稳压电源。

直流稳压电源输出交流噪声：＜3 mV(峰-峰值，在对放大器供电条件下测试)。

2. 发挥部分

(1)扩展为两路相同的心电放大器,可同时测量和显示标准I导联和标准II导联两路心电图,并且能达到基本要求(2)的效果。

(2)具有存储、回放已测心电图的功能。

(3)将心电信号放大器－3 dB高频截止频率扩展到500 Hz,并且能达到基本要求(2)的效果。

(4)将心电信号放大器共模抑制比提高到80 dB以上(含1.5 m长的屏蔽导联线)。

6.4.2 系统分析与方案论证

本系统的用途是对心电信号进行检测存储和回放。由于心电信号为弱信号,因此本系统对抗干扰和信号处理能力有较高的要求。方案论证主要集中在数据采集和信号处理部分。

6.4.2.1 数据采集部分

因为系统要求用20 mm×20 mm薄铜皮作为与皮肤接触的简易电极,所以数据采集部分的方案选用主要在信号的放大部分。关于信号放大的方案论证如下:

(1)采用如OP07、NE5534等低噪声,具有一定精度的普通运算放大器来构建放大电路,但从体表采集到的信号除了人体心脏产生的电信号外,还包含肌电、呼吸以及50 Hz工频信号等带来的干扰。其中,工频干扰引起的共模信号可能远大于心电信号,从而影响系统对心电信号的分析。因此,CMR(共模抑制比)是衡量心电图仪性能的重要指标之一。心电图仪要求运算放大器的CMR不小于80 dB。上述两种运算放大器的共模抑制能力虽能满足这个要求,但用这样的单个运放构成的电路难以达到较高的CMR,故不采取此方案。

(2)采用低功耗、高精度的仪表放大器——INA128。其具有良好的共模输入抑制能力,CMR大于120 dB,而且只须外接一个电阻就可调节增益。INA128可将毫伏级的心电信号放大成伏级信号,便于测量。同时,INA128对直流电源的要求低,甚至只须2.25 V的直流电源电压就可表现出色的功能特性,静态电流只有700 μA,功耗非常低。因此,在小信号放大部分选择仪表放大器INA128。

6.4.2.2 心电信号处理

由于心电信号属于低频小信号,易受干扰,所以必须对所采集的信号进行高通、低通、陷波处理。因此我们将心电信号处理部分的方案论证主要放在滤波部分。

1. 高通滤波部分

考虑到本系统高通滤波器部分的截止频率较低,且对精度也没有严格要求,因此选用结构和设计都十分简单的RC一阶无源滤波,其效果不错且易于实现。

2. 低通滤波部分

低通滤波可选有源滤波或数字滤波。

(1)有源滤波方案。

1)一阶滤波。其结构相对简单且采用了集成运算放大器,因此具有高输入阻抗和低输出阻抗,同时由于具有缓冲作用,滤波效果比无源滤波器好,幅频特性曲线可达到－20 dB/10倍频程。但要想实现更明显的滤波效果,此方案仍未满足要求。

2)二阶滤波。它和一阶滤波采用类似的结构,但幅频特性曲线能达到－40 dB/10倍频程滤波,效果比一阶明显。

3)二阶以上的高阶滤波。它是由多个 1 阶和 2 阶滤波器组成的,效果自然要比上述两种滤波器好,但其电路比 1 阶和 2 阶复杂,所需电阻电容较多,而电阻电容的实际值很难与设计要求精确匹配,有时为了匹配一个阻值需要好几个电阻串并联,同时由于不能避免环境因素对电阻电容的影响,因此用的电阻电容越多,误差就越大,导致实际的滤波效果与设计时所期望的存在一定差距。本系统只对截止频率的精确度有要求而对系统的频域衰减速率未做特别要求,因此可以不必选择高阶滤波方案。

(2)数字滤波方案。数字滤波的优点是参数可调节性好,可以通过更改程序中的参数对截止频率进行精确的调节。由于参数不会随温度等环境因素改变,从而精确度得到保证。但是数字滤波对处理器的要求比较高,想要得到更好的滤波效果,就要求滤波器取更高的阶数处理器时钟周期尽可能小,乘法的计算速度尽可能大,一般非 DSP 处理器达不到要求。本系统的数字处理器凌阳 61A 单片机工作频率可达到 49.512 MHz 的时钟频率,而且提供计数器计时中断计数器的时钟源频率最高可以设置为 24.512 MHz,经过分频后有多种采样频率可选,而且凌阳单片机的汇编语言中已经有 FIR 算法,可以直接应用,因此可以做出 16 阶的数字滤波。虽然 16 阶的数字滤波器效果不是十分理想,不能充分发挥数字滤波的性能,但可以起辅助滤波作用。

综上所述,由于本系统除了波形处理外,还要求具有数字存储和回放功能,因此本系统采用模拟、数字滤波相结合的方案,对通过两种标准导联所采集的两路心电信号分别进行以 100 Hz和 500 Hz 为截止频率的模拟低通滤波,对要进行存储的信号,在用单片机采样的同时对其进行数字滤波,截止频率可设置低于 50 Hz,以避免工频信号干扰,使所存储回放的心电波形更为清晰。

3. 陷波处理

本系统要除去工频信号 50 Hz 的干扰,需要对混杂在心电信号里的 50 Hz 信号作尽可能大的衰减处理。处理方法集中在两种方案:自适应相干模板法和模拟陷波法。

通过图 6-44 所示的幅频特性可知,对于 $\omega=\omega_0$ 的其他频率信号,通过双 T 网络具有较强的负反馈,因为双网络具有良好的滤波特性,在仪表的电源噪声滤波电路中获得了较为广泛的应用,又因为双 T 网络具有比 RC 串并联网络更好的选频特性,故这里选用双 T 网络进行陷波。

6.4.3　系统设计

综合以上系统分析与方案论证,得出如图 6-46 所示的简易心电仪系统结构图。

1. 前置放大部分

如图 6-47 所示为心电信号放大电路。电极采集到的心电信号为 20 μV～20 mV,而灵敏的仪表放大器 INA128 只须外接一个电阻就能将信号放大 1～10 000 倍,其增益 G 与外接电阻的 R_G 的计算公式为 $R_G=50\ \mathrm{K}/G^{-1}$。当 $G=1\ 000$ 时,$R_G=50.05$。

2. 滤波器部分

(1)低通部分。如图 6-48 所示为设计低通滤波器的幅频特性曲线。

其中,Fpb(Pass band Frequency),Fsb(Stopband Frequency),由于系统要求高频截止频率为 500 Hz,因此在放大心电信号后对其进行滤波。滤波器设计采用 Filter Wizard 软件,设置衰减 3 dB 时对应频率为 500 Hz,衰减 10 d B 时对应频率为 900 Hz。软件计算生成了一个二阶巴特沃兹低通滤波器并给出了相关的电阻电容参数。其设计仿真图与设计电路图如

图6-49所示。

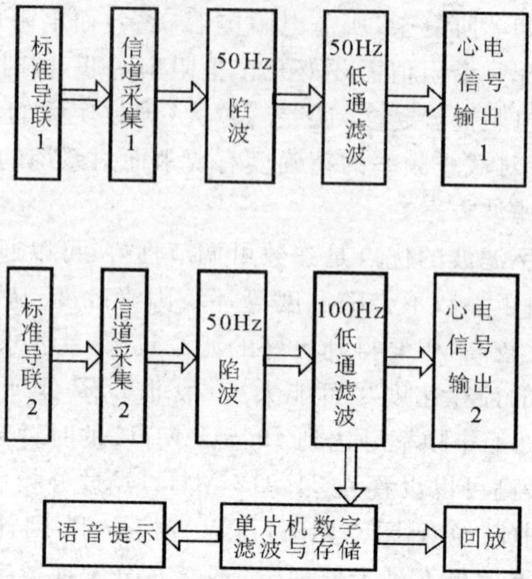

图 6-46　简易心电仪系统结构图

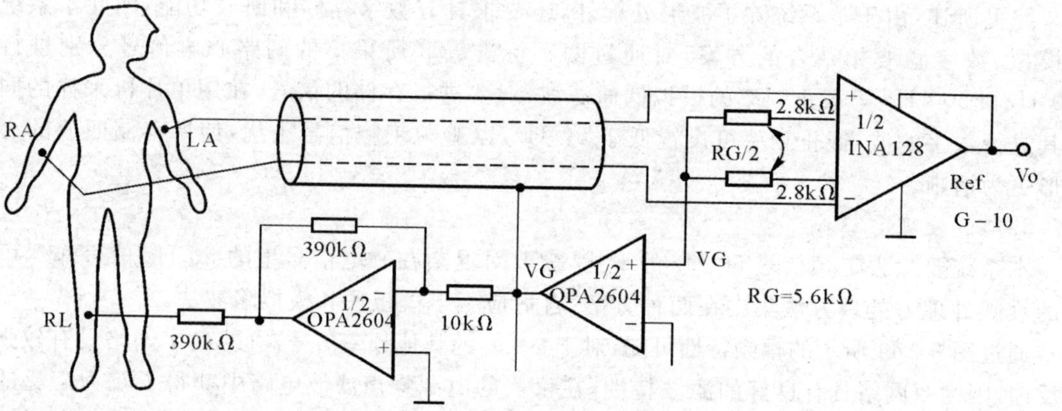

图 6-47　心电信号放大电路

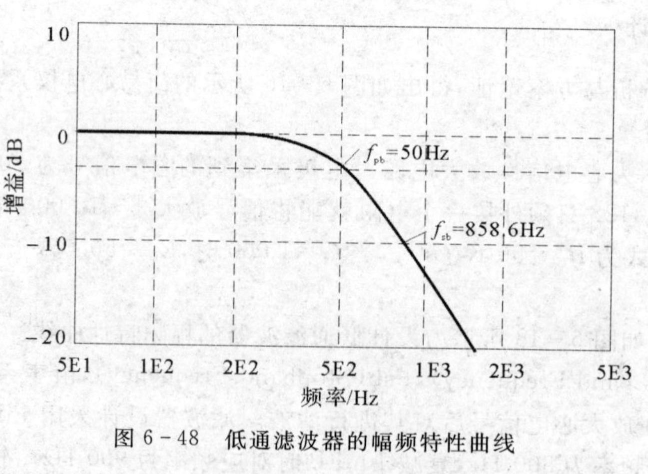

图 6-48　低通滤波器的幅频特性曲线

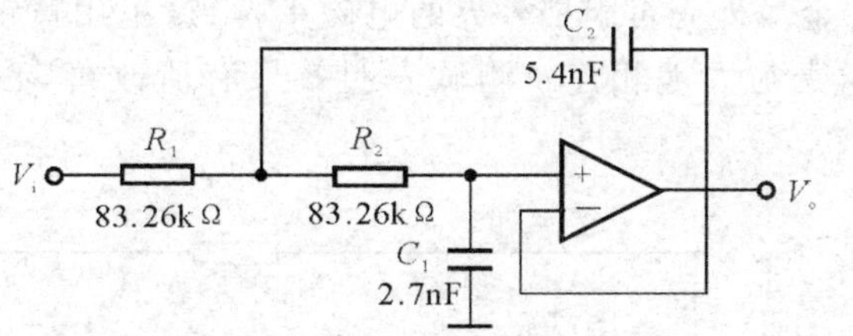

图 6－49　二阶巴特沃兹低通滤波器

如图 6－50(a)所示为低通滤波器的频率特性曲线，是经过 PSPICE 对图 4 的仿真结果图。其中滤波器为输入电压振幅为 1 V 的正弦波。从如图 6－50(b)所示可以看出滤波器的截止频率为 500 Hz，完全符合设计要求。

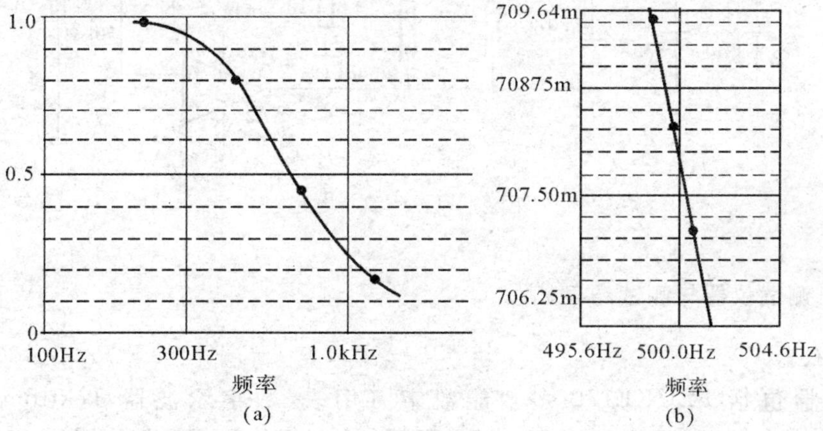

图 6－50　低通滤波器的频率特性曲线

(2)高通部分。系统要求心电放大器低频截止频率在设计中保证为 0.05 Hz，没有要求进行测试，可用无源的 RC 网络来实现。由公式 $f_L = \frac{1}{2\pi RC}$，取 C 为 4.7 μF，则

$$R = \frac{1}{2\times 3.14\times 4.17\times 10^{-6}\times 0.05} = 677.60\ \text{k}\Omega$$

这里选用 680 kΩ 的电阻。

(3)陷波部分。由于有工频电源磁场作用于导联与人体之间的环行电路，因此从人体探测到的心电信号自然就包括 50 Hz 工频信号及其谐波的干扰。微弱的心电信号往往被湮没在相对比较大的噪声干扰中，因此有必要对其进行抗干扰处理。为此这里使用了陷波器消除 50 Hz的工频干扰并使用相同软件设计了陷波器。

由于电阻电容值无法完全匹配设计参数，因此实际应用的双 T 带阻陷波器效果没有仿真的好，于是通过将输出信号以反馈的方式作用于输入端，提高了陷波的衰减倍数，使得陷波的效果更好。陷波器电路如图 6－51 所示。

3. 屏蔽盒

考虑到心电信号极其微弱，而测试环境存在着强烈的电磁干扰(周围有许多计算机)，尽管我们在前述的设计当中已尽量地排除了干扰，但本着精益求精的原则，还应为信号采集与放大

部分加上屏蔽盒。由于金属外壳可阻挡外界的电磁干扰，这里用黄铜皮做了一个方形的外壳加在电路板外并将金属壳与大地相连。测试表明效果有所改善，心电信号基线上的纹波变小了。

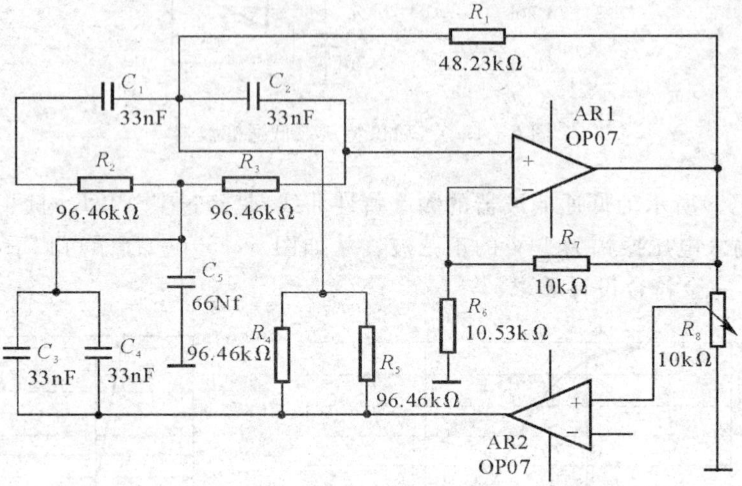

图 6-51　陷波器电路

6.4.4　测试仪器与测试结果

1. 测试仪器

测试仪器包括 FLUKE17B 多功能数字万用表，数字示波器 Tektronix，TDS1002，YB1620P 功率函数发生器，直流稳压电源 DF1731SL1ATA，FLUKE45 多功能测试仪。

2. 测试

针对系统的基本要求与扩展要求，进行测试。

(1)电压放大倍数与输出电压动态范围测试。通过 YB1620P 功率函数发生器产生一个小幅值电压信号作为输入，用示波器来检测其输出电压波形，读取输出波形的幅值，得到增益测试数据如表 6-7 所示，其中电压均为峰-峰值。

表 6-7　电压放大倍数与输出电压动态范围测试结果

序号	1	2	3	4	5
输入电压/mV	10.1	10.8	12.8	15.0	19.9
输出电压/V	10.1	10.7	12.8	14.9	20.0
实际增益/倍	1 000.0	990.7	1 000.0	993.3	1 005.0

结果分析：系统的放大倍数在 1 000±5% 的范围内，输出电压也满足动态范围大于±10 V 的要求。

(2)−3 dB 高频截止频率(理论截止频率 500 Hz)输入峰-峰值为 7 V 的正弦波，频率调节范围为 50～550 Hz，用示波器测量输出电压峰-峰值，所得低通滤波电路测试数据如表 6-8 所示。

表 6-8　低通滤波电路测试结果

序号	1	2	3	4	5	6	7
频率/Hz	54	85	156	207	373	442	511
输出电压/V	7.12	7.12	7.04	6.88	6.28	5.76	5.18
增益/dB	0	0	−0.10	−0.30	−1.10	−1.84	−2.76

(3)频带内响应波动指标测试。为了减小工频干扰，我们引用了陷波电路，所以对 50 Hz 左右的信号衰减是较大的，自然也就不能满足系统对“频带内响应波动在 3 dB 之内”的要求。

(4)直流稳压电源测试。因为示波器在测量毫伏级的信号时误差较大，所以用 FLUKE45 双显示多功能测试仪来检测自制电源的纹波。在给放大器供电情况下，输出交流噪声有效值为 0.1 mV。

(5)共模抑制比测试。由于选用的是仪表放大器 INA128，其 DATA SHEET 中已标明它的 CMR 能达到 120 dB，因此能满足题目对“共模抑制比大于等于 60 dB”的要求。

(6)人体心电信号测试。让被检测人员静卧，将电极安装在相应部位，在电极安装前用医用酒精涂抹在电极放置部位，清洁皮肤表面，以减小电极接触电阻，并叮嘱被检测人员保持平稳呼吸以减小基线漂移，同时全身肌肉放松以减小肌电干扰。测试得到心电信号与系统要求非常近似，但由于时间问题未及时记录。

两路信号(一路为 100 Hz 低通滤波，另一路为 500 Hz 低通滤波)，可同时接入示波器显示，其中用 100 Hz 低通滤波的波形明显比 500 Hz 低通滤波的波形清晰。

(7)波形存储与回放。先将用加法器处理过的心电信号输入 A/D，并按键进行存储，系统提示“存储完毕”后将输入端断开，按键回放波形，发现仍有输出且与刚才存储的一段匹配，从而验证了波形存储回放功能。

6.4.5　总结

在完成这个简易心电图仪的过程中，本系统把注意力主要集中在滤波器的设计和调试上。合理地运用软件设计滤波器可以节省很多功夫，但完全照搬也不能达到预想的效果，因为实际参数无法与设计精确匹配，本实例的做法是在关键的地方用可调器件，为电路留下余地，只要正确地调节就能达到指标要求。

6.5　手持式数字示波表

利用嵌入式技术设计的手持式数字示波表是集数字存储示波器、数字万用表和数字频率计等功能于一体的手持式电子测量仪表。本实例介绍的手持式数字示波表以 Motorola 的 DSP56805 为核心控制和数据处理芯片，Xilinx 的 XC2S50 实现图形液晶控制器、高速数据缓存和系统逻辑控制等控制功能。该示波表具有体积小、功耗低、携带使用方便等特点。

6.5.1　系统任务说明

手持式数字示波表集数字存储示波器、数字万用表、数字频率计 3 者功能于一体，采用电池供电，图形液晶显示，是电子测量领域里一类新型的实用仪器。本设计采用嵌入式设计技术，把微控制器、A/D 转换器、LCD 控制器等核心部件嵌入该系统，并利用嵌入式操作系统、ASIC 设计技术、LCD 图形显示技术及数字信号处理技术等综合设计的嵌入式仪器系统。该仪器功能齐全，并且体积小、重量轻，携带和操作都十分方便，具有极高的技术含量，很强的实用性和巨大的市场潜力，代表了当今电子测量仪器的一种发展趋势。

6.5.2 相关仪器工作原理

1. 模拟示波器工作原理

传统的模拟示波器把要观测的两个电信号加至示波管的 X，Y 通道以控制电子束的偏移，从而获得荧光屏上关于这两个电信号关系的显示波形。显然，这种模拟示波器体积大、成本高、价格贵，并且不太适合用于对非周期、单次信号的测量。

2. 数字示波器工作原理

现代数字存储示波器首先对模拟信号进行高速采样获得相应的数字数据并存储。用数字信号处理技术对采样得到的数字信号进行相关处理与运算，从而获得所需的各种信号参数(包括可能需要使用万用表测试的一些元器件电气参数)。根据得到的信号参数绘制信号波形，并可对被测信号进行实时的、瞬态的分析，以方便用户了解信号质量，快速准确地进行故障诊断。

测量开始时，操作者可通过中文界面选定测量类型(波形测量、元件测量)、测量参数(频率/周期、有效值、电阻阻值、二极管通断等)及测量范围(可选自动设置，由仪器自动设置最佳范围)。微处理器自动将测量设置解释到采样电路，并启动数据采集。采集完成后，由微处理器对采样数据按测量设置进行处理，提取所需要的测量参数，并将结果送显示部件。

如果需要，用户可选择自动测试方式：微处理器在分析首次采样得到的数据后会根据具体情况调整、修改测量设置，并重新采样。在经过几次这样的“采样-分析-调整-重采样”循环后，示波表即可完成即触即测功能，而无须人工调换量程，便于手持操作。

数字存储示波器与传统的模拟示波器相比具有很多突出的优点：

(1)可以根据被测信号的特点自动确定和调整测试条件，真正实现自动测试。

(2)能够较容易地实现对高速、瞬态信号的实时捕获。

(3) 在波形存储与运算方面有着明显的长处。

3. 万用表工作原理

模拟万用表通过电阻分压网络实现电参数的测量。目前有许多数字万用表的专用芯片，这些芯片内部一般集成有 A/D 转换器、LCD 液晶显示驱动器和测量模式选择开关等模块。其外围电路较简单，常常由测量输入电路、AC/DC 变换电路、电压基准电路和蜂鸣器等组成。电压、电容、电阻测量分别有一个外部基准电压，这个电压经过一个齐纳二极管稳压后再经微调电阻调节到各自所需的电压值。芯片的电压/电阻/电容/频率端口可分别测量交流/直流电压、电阻、电容、频率。

4. 频率计工作原理

被测信号经过整形电路，产生同频率的矩形波规则的脉冲信号。计数器根据所提供的矩形波上升沿进行计数，计数时间由选通时间控制部分决定，根据频率所处的范围来决定挡位。为提高测量精度，通常分级进行，即对频率较低的信号采用测周的方法进行，而对频率较高的信号则采用测频的方法。频率计常用计数器及单片机实现，也可通过可编程逻辑器件实现。

5. 数字示波表工作原理

数字示波表由高性能微处理器、高速 A/D 及数据处理电路组成。被测信号经信号输入通道进行调理，以满足最佳 A/D 转换要求。高速 A/D 转换后的数据存储在 FIFO 中，供微处理器进行处理。微处理器根据菜单的选择输入、执行相应的算法处理软件，得到相应的测量结果。

6.5.3　设计概述

1. 示波表的系统结构

基于 Motorola 的 DSP56805 芯片的手持式数字示波表，利用 Motorola DSP 芯片与现场可编程逻辑器件 FPGA 相结合，大大简化系统结构，使系统更精简，体积更小，并且充分利用 DSP 与 FPGA 可使数字示波表的功能得到充分的体现。而且在高速并行流水信号处理中，ASIC(FPGA)＋DSP＋RAM 是目前流行的一种方式，具有许多优点。

FPGA 具有现成的母片，可实现现场编程。使用 FPGA 可使设计方便，利用它灵活、校验快以及设计可随意改变的特点，可大大缩短研制时间。

Motorola DSP56805 芯片具有很强的微控制功能，拥有丰富的片内资源、输入输出端口，并有很强的数字信号处理能力。利用它作为中央处理单元，控制整个系统的运作，同时完成一些数据处理的功能。

数字存储示波表是一个完整的智能化测量系统，其中包括信号输入通道、数据采样、数据处理及存储、显示控制、电源供给等各部分。其系统结构如图 6－52 所示。

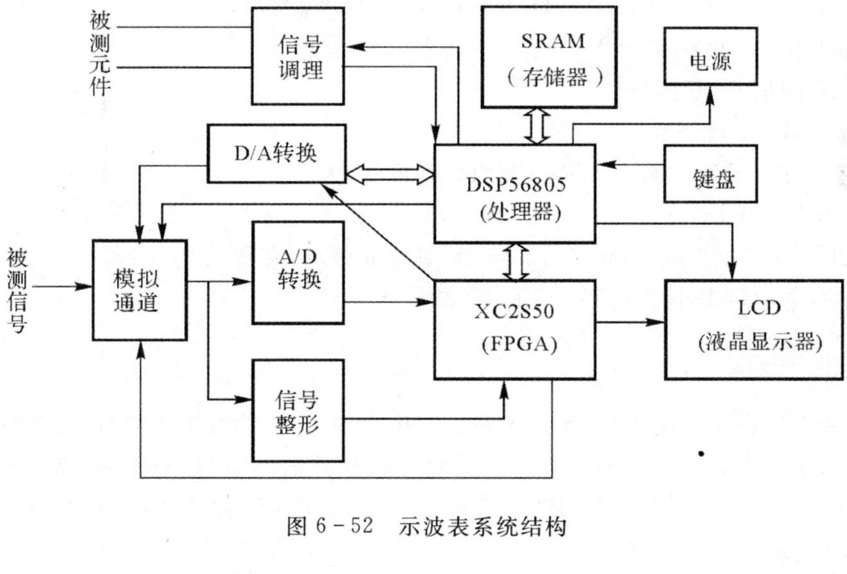

图 6－52　示波表系统结构

图中的模拟通道主要完成被测信号的程控放大和衰减、交/直流耦合、信号平移等预处理。使输入信号适合 A/D 转换的电气性能。被测信号的放大/衰减倍数、交/直流耦合方式由 FPGA 根据 DSP 的处理结果发出数字控制信号。而被测信号平移和触发电平则由 DSP 控制 D/A 转换器完成。

被测元件（电阻、二极管等元件）经过信号调理电路处理后，其信号送 DSP 内部的 A/D 转换器。根据 A/D 转换的结果，分析被测元件的参数值。

被测信号经预处理后分两路，一路送高速 A/D 转换器，转换后的数字量暂存在 FPGA 内部块 RAM 设计的 FIFO 中，供 DSP 读取并处理。另一路经过整形电路处理后，得到标准的矩形脉冲信号，并送 FPGA 中的测频/测周电路构成的频率计，从而测量出输入信号的频率。

利用 DSP56805 内部的 A/D 转换器实现键盘接口，充分利用了 DSP 内部系统资源，减少 I/O 脚的占用。微处理器 DSP56805 从 FPGA 的数据 FIFO 中取得数据并进行处理，获得用户需要的显示信息。微处理器还能够接收和正确分析用户从键盘输入的信息，并由此控制其他部分协调工作。

可编程逻辑芯片 XC2S50 内部有 4KB 的块 RAM，其中 2KB 的内部块 RAM 设计成双口 RAM，用作显示缓冲器，另外 2KB 的内部块 RAM 设计为 FIFO，作为 A/D 的高速缓冲器。由 FPGA 设计实现的图形液晶控制器能够直接驱动 320X240 点阵的单色图形液晶显示屏。频率计和系统的逻辑控制也由 XC2S50 实现。

DSP 的显示控制软件负责将微处理器处理后的显示数据映射到显示缓冲区中，并由 LCD 显示出来，从而完成一次测量。

2. 示波表性能指标

(1) 集数字存储示波器、万用表和频率计的功能于一体；手持；交/直流供电。

(2)模拟带宽 10 MHz；单次带宽 5 MHz；取样率 50 MS/s。

(3) 记录长度 2 KB；单通道。

(4)水平扫描 50 ns/div～10 s/div；垂直扫描 5 mV/div～5 V/div。

(5)测量信号参数：周期、频率、占空比、平均、有效、峰-峰值。

(6)测量电阻：100 Ω，1 kΩ，10 kΩ，100 kΩ，1 MΩ。

(7)测量电压：10 mV，30 mV，1 V，3 V，10 V，30 V。

(8)二极管测量、通断测量。

(9)频率计：10 MHz±5%。

(10)测量精度：示波器精度±5%；万用表精度±3%。

(11)校准信号：1 kHz/0.3 V。

(12)LCD：320×240 点 92 mm×72 mm，对比度可调，有背景光。

(13)其他：电池供电小于或等于 2 h，RS232 接口。

6.5.4 硬件描述

本系统为典型的嵌入式系统，硬件电路主要由 Motorola 的数字信号处理芯片 DSP56805、XILINX 的现场可编程门阵列 XC2S50、GSI 的静态存储器 GS71116、TI 的高速模/数转换芯片 TLC5580 、Microtips 的 MTG－F32240 液晶显示器和其他辅助器件组成。硬件电路比较简单。下面分模块介绍硬件电路。

1. DSP 控制核心电路

该电路主要由 Motorola 的 DSP56805 构成，如图 6－53 所示。系统外扩展 64 KB 的静态 RAM 作数据存储器，其中 2KB 的存储空间映射为 LCD 的显示缓冲区。另有 2 B 的存储空间作为 I/O 端口扩展，由 FPGA 译码后控制通道等操作。

DSP56805 的地址总线将分别连接到静态存储器 SRAM 和 FPGA 芯片，数据总线分别连接到 SRAM、FPGA 和 D/A 转换芯片。DSP 的部分多功能 I/O 口用于控制示波表的通道电路。

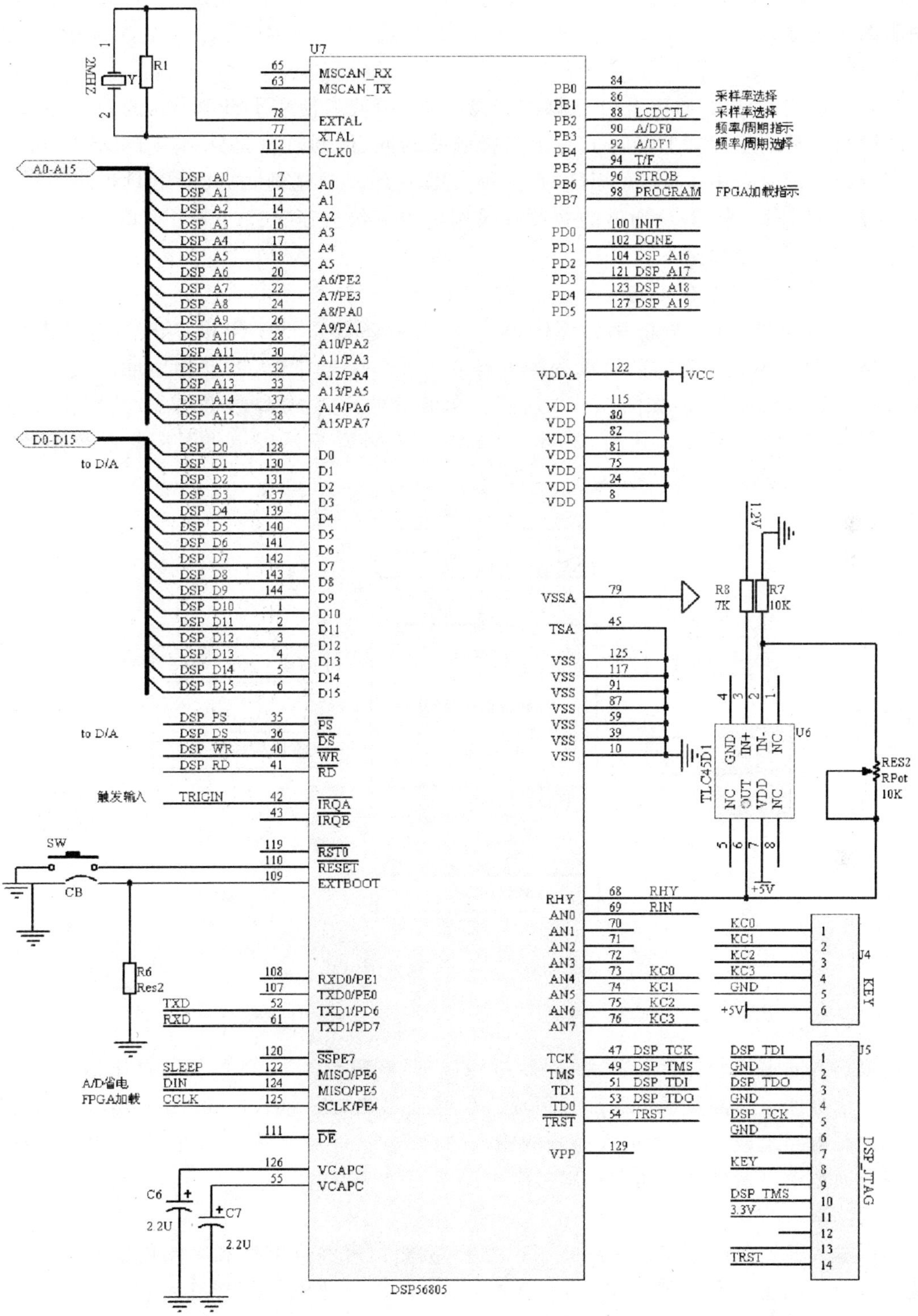

图 6－53　DSP56805 电路

DSP56805 内部有 8 通道的双 A/D 转换器，其中 4 个通道用于键盘接口，另一个 A/D 作万用表的测量输入。为了提高测量的精度和稳定度，DSP 的 RHY 输入端连接精密电压基准源。

为了不占用 DSP 的通用 I/O 引脚作键盘扩展，示波表使用 DSP56805 的内部 A/D 转换器扩展键盘。从一定程度上缓解了 I/O 引脚紧张的问题，同时也充分利用了 DSP56805 的片上已有资源。键盘采用 4×键盘矩阵，每 5 键占用一个 A/D 通道，总共使用 DSP56805 的四路 A/D 通道，占用同一个 A/D 通道的 5 按键采用电阻五级分压。通过 DSP56805 四路 A/D 的结果值来判断哪个键被按下。

2. FPGA 芯片及外围电路

示波表使用的 FPGA 芯片为 XILINX 的 SpartanXC2S50，该芯片内部有 4 KB 的块 RAM、384 个 CLB，共 5 万门的可编程逻辑器件。该芯片与 DSP56805 的地址总线、数据总线和部分控制信号线相连接，如图 6－54 所示。示波表的高速 A/D 数据输入、被测信号的整形电路与 FPGA 相连。FPGA 还为 320×240 点的单色液晶显示屏提供图形显示控制功能，并控制模拟输入通道和 D/A 转换器。

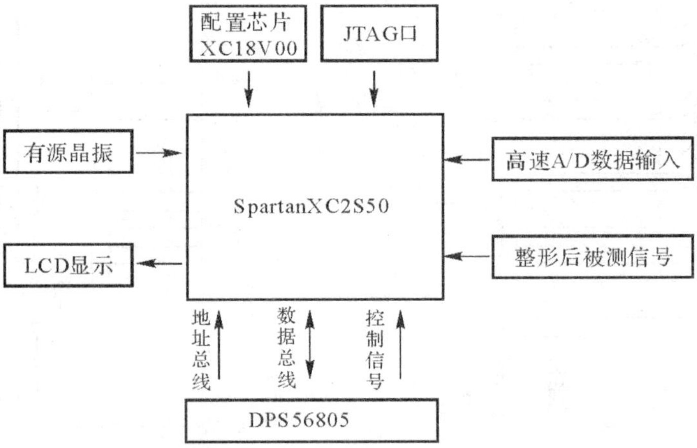

图 6－54　FPGA 及外围电路

3. 模拟通道

模拟输入通道接收外部待检测信号，进行调理，输出－0.5～0.5 V 的电压信号。模拟输入通道由信号通道与测量通道两部分组成。信号通道由输入耦合电路、衰减器、输入保护、跟随器及控制电路组成，完成对输入信号的输入耦合方式、信号衰减、保护控制及阻抗变换等功能。测量通道由测量驱动电路和标准参考电路及测量保护电路构成，完成对电阻、二极管等元件参数的测量。

模拟输入通道电路原理图如图 6－55 所示，被测信号经继电器和多路模拟开关进行多级衰减，后经放大，并与信号平移值叠加，送高速 A/D 进行转换。DSP 根据采样结果的大小确定衰减倍数。量程与程控开关的对应关系如表 6－9 所示。

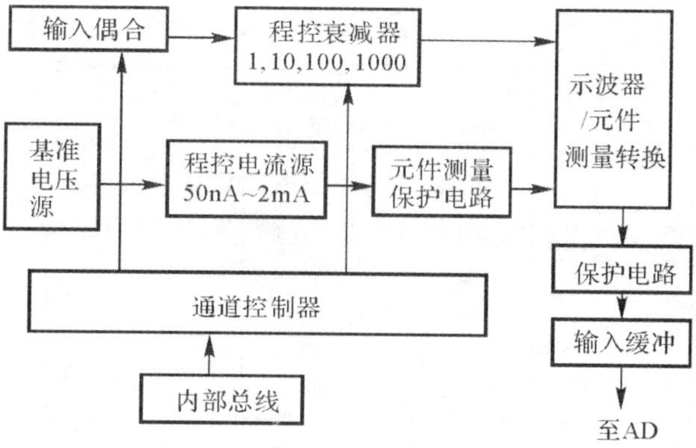

图 6-55　模拟输入通道电路原理图

表 6-9　程控开关与量程对应关系表格

	5 mV	19 mV	20 mV	50 mV	0.1 V	0.2 V	0.5 V	1 V	2 V	5 V	10 V	20 V
A	0	0	0	1	1	1	0	0	0	1	1	1
B	0	0	0	0	0	0	1	1	1	1	1	1
C	0	0	1	0	0	1	0	0	1	0	0	1
D	0	1	0	0	1	0	0	1	0	0	1	0

4. 信号调理及模/数转换电路

经模拟通道后的被测信号首先进行调理，再分别送高速 A/D 转换电路和信号整形电路进行处理，如图 6-56 所示。高速 A/D 转换器为 TI 的 TLC5580。其分辨率为 8 位，转换速率可根据需要调整，最高为 80 MHz。A/D 转换的数据结果送 FPGA 内的 FIFO 缓存。整形电路用高速比较器 TLC3016，将任意形状的模拟信号转换为标准的矩形脉冲信号，送 FPGA 的频率电路进行频率/周期的测量。

5. FPGA 内部功能

示波表中的 FPGA 主要是为 DSP 提供数据的输入输出接口。首先，为 DSP 提供数据处理的基准数据；其次根据 DSP 需要对输入数据进行一定的预处理，减少数据的冗余量，提高 DSP 的工作效率；再次为 DSP 提供显示单元的接口，将最终数据在 LCD 上进行显示；最后 FPGA 也为 DSP 对前级通道的控制提供接口。通过片内总线仲裁，FPGA 完全将自身映射成为 DSP 的外部存储器，使 DSP 系统的控制简化仅仅是对外部存储器的读写，提高了 DSP 及整个系统的工作效率。FPGA 内部功能模块如图 6-57 所示。

(1)A/D 采样控制器。为了使 A/D 工作在最佳的工作状态以得到最佳信噪比，系统设置四级 A/D 采样时钟，分别为 40 MHz，20 MHz，10 MHz，5 MHz。A/D 采样控制器根据 DSP 所发的 A/D 采样控制字选择输出 A/D 所需采样时钟信号。

(2)数据 FIFO。系统为 DSP 处理采样数据提供 2 KB 的 FIFO 作为高速数据缓存区。FIFO 通过满/空标志与 DSP 进行通信。

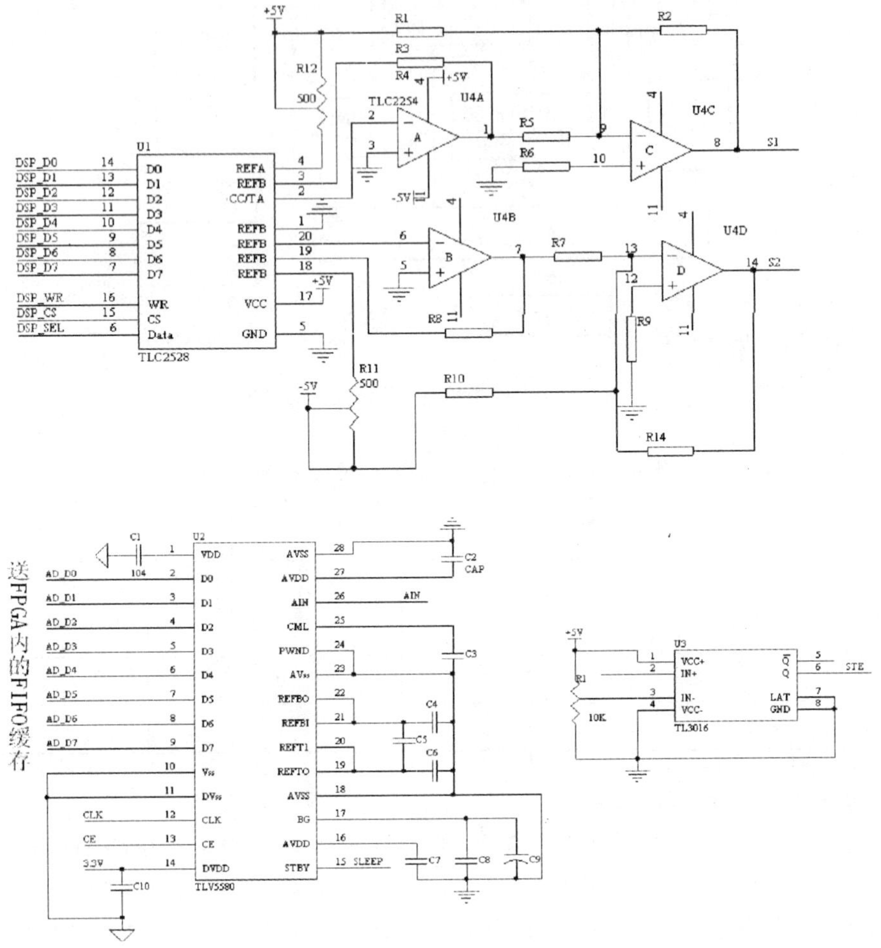

图 6－56　信号调理与模/数转换电路

(3)FIFO 采样控制器。考虑到本示波表测量信号的频率范围很宽，范围 0.1 Hz～10 MHz，应巧妙的设计 FIFO 的读写时钟。FIFO 的写时钟频率交给 DSP 控制。DSP 根据测频/测周所得数据来调整 FIFO 的写时钟频率，其调整的思路是让写入 FIFO 的数据尽量有用，即 DSP 读出 FIFO 的数据后尽量不用丢数，这些数据经过处理后能在 LCD 屏上显示出 2～4个周期的信号波形。这样做的好处是相当明显的，能够减少 DSP 的很多工作，软件丢数的事情交给了硬件来做，处理数据的速度大大提高，整个系统的性能得以改善。

FIFO 采样控制器为 DSP 提供写 FIFO 的端口操作。同时，为了避免大量冗余数据对 DSP 处理带来的额外负担，系统共设置 40 MHz～2 Hz，共 22 级 FIFO 采样频率以屏蔽冗余数据。FIFO 采样时钟的选择由采样控制器根据 DSP 所送控制字决定，伴随着每次状态字的写入，控制器自动使 FIFO 读写指针复位。

(4)频率计单元。系统采用精密频率计算法测量被测信号的频率及周期值，主要由分频模块、频率选择模块、测频模块、测周模块、数据选择模块和地址译码模块这 6 个模块组成，如图 6－58 所示。测量的结果数值送往 DSP 处理。

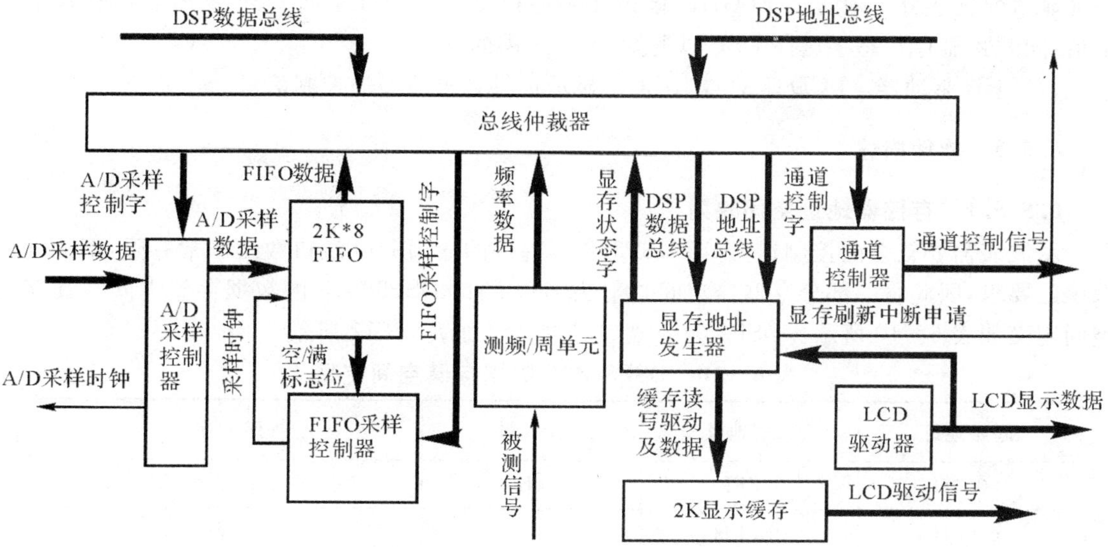

图 6-57 FPGA 内部功能模块

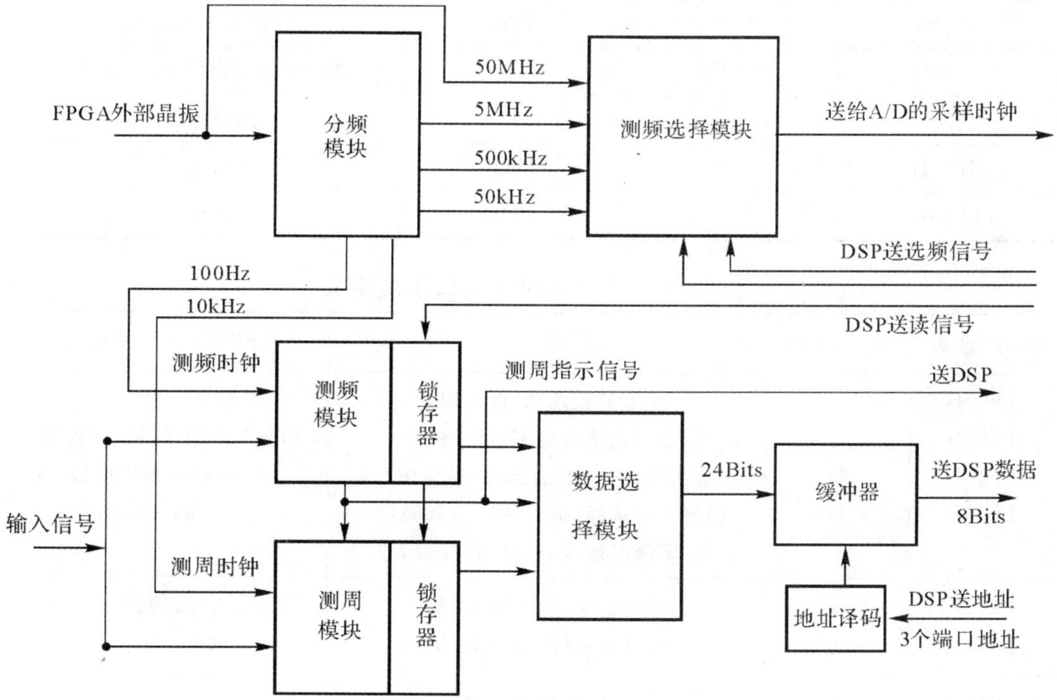

图 6-58 频率计功能框图

(5)显示缓存区。利用 FPGA 内部的块 RAM 设计 2KB 的双口 RAM 作为 LCD 显示缓存区。以此,将 DSP 的数据处理同波形显示脱离直接相关性,提高 DSP 工作效率。

(6)显存地址发生器。显存地址发生器根据 DSP 的地址总线产生显存的写指针,根据 LCD 驱动信号产生显存读指针。由于 FPGA 片内的存储单元不足以满足缓存整屏显示数据,整屏显示数据共分 5 帧送往 FPGA。该单元须通过显存读指针来向 DSP 发出显存刷新中断申请，同时将显存状态字送往 DSP 以通知 DSP 所需的帧。

(7)LCD 驱动器。LCD 驱动器为 LCD 显示提供各种所需的控制信号。

6.5.5 软件描述

6.5.5.1 存储器地址空间映射

示波表需要较多的控制信号，而 DSP56805 提供的通用 I/O 端口数目非常有限，不能满足系统的要求，因此将一部分存储器空间映射为 I/O 端口 DSP56805 的数据存储空间。其存储空间定义如表 6-10 所示。DSP56805 端口扩展定义如表 6-11 所示。

表 6-10 DSP56805 数据存储空间定义

起始地址	结束地址	容　量	用　途
0000H	07FFH	2K	DSP 内部 SAM
0800H	0BFFH	1K	保留
0C00H	0FFFH	1K	DSP 外设端口映射
1000H	1FFFH	4K	DSP 内部 FLASH
2000H	EFFFH	52K	DSP 数据存储器
F400H	F7FFH	2K	LCD 显示缓存(FPGA 实现)
F800H	FEFFH	1.75K	用户保留
FF00H	FF7FH	128B	端口扩展
FF80H	FFFFH	128B	保留

表 6-11 DSP56805 端口扩展定义

<table>
<tr><th>端口地址</th><th>读/写操作</th><th>端口数据位</th><th>FPGA/外部器件</th></tr>
<tr><td>FF00H
FF01H
FF02H
FF03H</td><td>写
写
写
写</td><td>通道量程控制(低 4 位)
万用表量程控制(低 4 位)
信号极性及交/直选择(低 2 位)
触发方式选择(低 3 位:交/直触发，上/下降沿触发，单位/连续触发)</td><td>FPGA 内部译码选通映射端口，端口数据通过 FPGA I/O 输出</td></tr>
<tr><td>FF10H
FF11H</td><td>无
无</td><td>触发电平(低 8 位 D/A)
信号平移(低 8 位 D/A)</td><td>FPGA 内部译码信号输出到外部器件</td></tr>
<tr><td>FF20H
FF11H</td><td>无
无</td><td>频率/周期低 16 位
频率/周期高 8 位(低 8 位数据有效)</td><td rowspan="3">FPGA 内部结果由数据线送 DSP</td></tr>
<tr><td>FF30H
FF31H</td><td>读
读</td><td>读 FIFO 数据(低 8 位数据位有效)
读 FIFO 状态标志(1 位)</td></tr>
<tr><td>FF40H</td><td>读</td><td>读显示缓冲区计数值(低 3 位)</td></tr>
</table>

6.5.5.2　示波表程序设计说明

Motorola DSP56805 芯片作为系统控制中心及数据处理中心，整个系统的运转受到它的控制，例如响应用户的按键操作，发出通道控制，A/D 采样时钟控制，FIFO 写时钟的选择，菜单及系统状态显示，数据的处理，信号或参数的自动测试等。

示波表的软件程序结构（见图 6－59）分为以下几个模块：系统初始化模块、键语分析模块、消息处理模块、系统控制模块、硬件控制模块、自动参数测试模块、状态显示模块、波形显示模块、其他功能模块。系统的初始化模块包括开机自检、硬件参数初始化、系统状态初始化（如通道的波形显示状态初始化）等；键语分析模块对面板上的用户输入进行分析处理，并转到相应的功能处理模块，通过对系统控制模块、硬件控制模块、自动参数测试模块或其他功能模块的函数功能调用来实现对来自键语分析的消息的处理功能；状态显示模块显示程序运行时的各种状态：当前数据采集的扫描速率、通道的垂直灵敏度等；波形显示模块显示采集的波形。

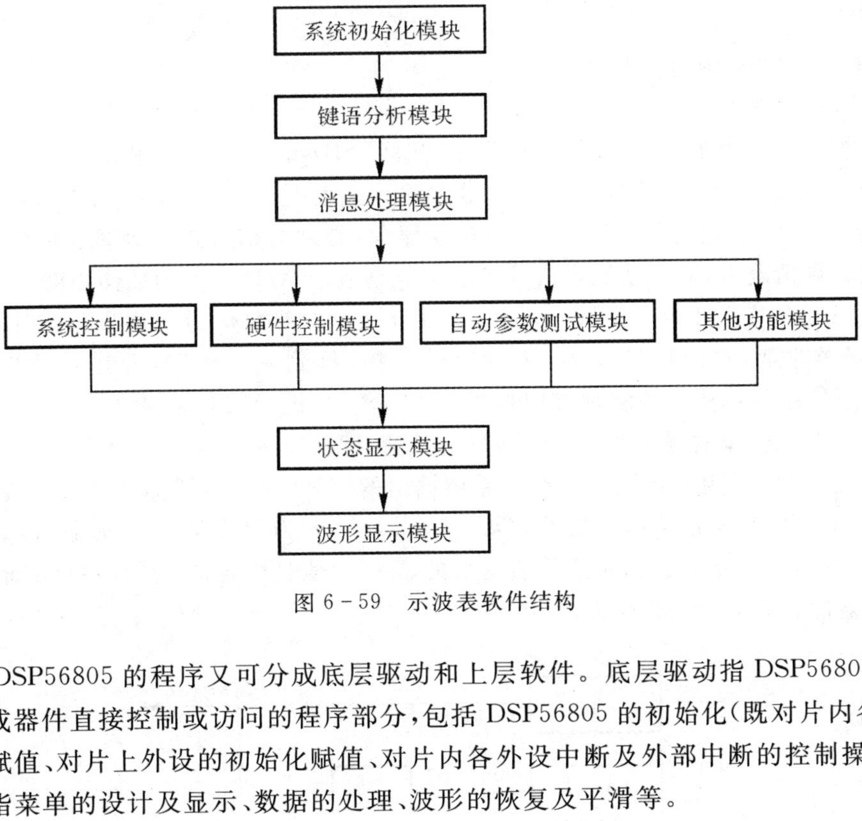

图 6－59　示波表软件结构

整个 DSP56805 的程序又可分成底层驱动和上层软件。底层驱动指 DSP56805 对本系统其他外设或器件直接控制或访问的程序部分，包括 DSP56805 的初始化（既对片内各核心寄存器的操作赋值、对片上外设的初始化赋值、对片内各外设中断及外部中断的控制操作）。上层软件主要指菜单的设计及显示、数据的处理、波形的恢复及平滑等。

6.5.5.3　处理算法及实现

1. 波形参数的测量

设 $u(t)$ 为任意周期性函数，则有如下结论：

(1) 有效值 U_1

$$U_1 = \sqrt{\frac{1}{T}\int_0^T [u(t)]^2 \, dt}$$

式中，T 为周期性函数的周期，U_1 为方均根值。

(2) 平均值 U_2 的表达式

$$U_2=\frac{1}{T}\int_0^t u(t)\mathrm{d}t$$

式中，U_2也称为 $u(t)$ 的直流分量或恒定分量。

(3) 平均绝对值简称均绝值（绝对值的平均值）

$$U_3=\frac{1}{T}\int_0^t \mid u(t) \mid \mathrm{d}t$$

它是 $u(t)$的绝对值在一个周期内的平均值，可用全波整流式仪表来测量，对正弦值指示值乘以 0.9 即是其平均绝对值的近似值。

(4)波顶因数 K_m

$$K_m=U_{max}/U_1$$

它是 $u(t)$的最大值 U_{max}和有效值 U_1之比。

(5)波形因数 K

$$K=U_1/U_3$$

K 是有效值 U_1 与平均绝对值 U_3之比。

2. 自适应幅度调整

当输入信号幅度很小，接近其最小量化刻度时(LSB)，转换误差会很大，甚至无法分辨；当信号幅度很大时，超过 A/D 转换器允许的最大输入幅度时，会因为限幅而失真，仍至于烧毁 A/D 转换器件。因此，在将信号送入 A/D 转换器前，必须对信号进行处理，使其在不通过人工进行面板控制情况下，能自动地将信号幅度调节到适于 A/D 转换的最佳幅度。

自适应幅度调整原理如图 6-60 所示。图中 n 表示对参数 w 进行逐步调整时的第 n 步调整。Z_{-1}为调整时延，它使比较误差 $e(n)$ 延时一拍，得到 $e(n-1)$，即用过去时段的误差 $e(n-1)$，通过一定的算法去预测现在时段的参数 $w(n)$，进而实现对输入信号 $u(n)$的预测。为了保证在 n 时段信号的输出对输入的线性时不变，即在 $y(n)=w(n)u(n)$时段，有 $y(t)=w(t)u(t)$，从而完成线性预测功能。$d(n)$为希望输出的信号电平值，即 A/D 转换器要求的信号输入电平，它与实际输出信号电平之差 $e(n)=d(n)-y(n)$为调节误差，$e(n)$越小，$y(t)$就越接近最佳要求输入电平，从而达到对信号预测目的。$d(n)$值是固定的，减小 $e(n)$只有调整参数 $w(n)$，其调整量取决于不同的算法。

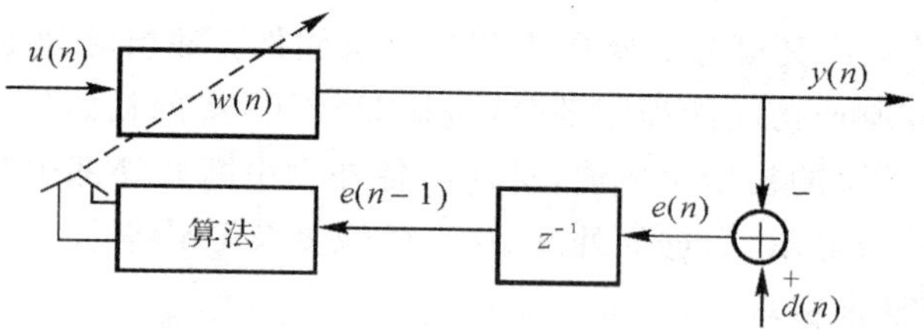

图 6-60　自适应幅度调整原理

3. 内插算法对波形的重建

设定的 LCD 波形显示区为 250×200 个数据点组成。因此需要根据采样数据恢复出最多 250 个点波形幅度数据。由于被测信号频率的变化及采样速率的不同，采样得到的数据不一定总是能满足显示要求，因此需要根据采样的数据来丢值或者内插。由内插算法来计算最终所要得到的显示数据。内插算法公式为

$$U_3=\frac{1}{T}\int_0^T|u(t)|\mathrm{d}t \quad X(t)=\sum_{n=-\infty}^{\infty}(nTs)\frac{\sin[\pi(t-nTs)/Ts]}{(\pi(t-nTs)/Ts)}$$

内插算法实现流程如图 6－61 所示。

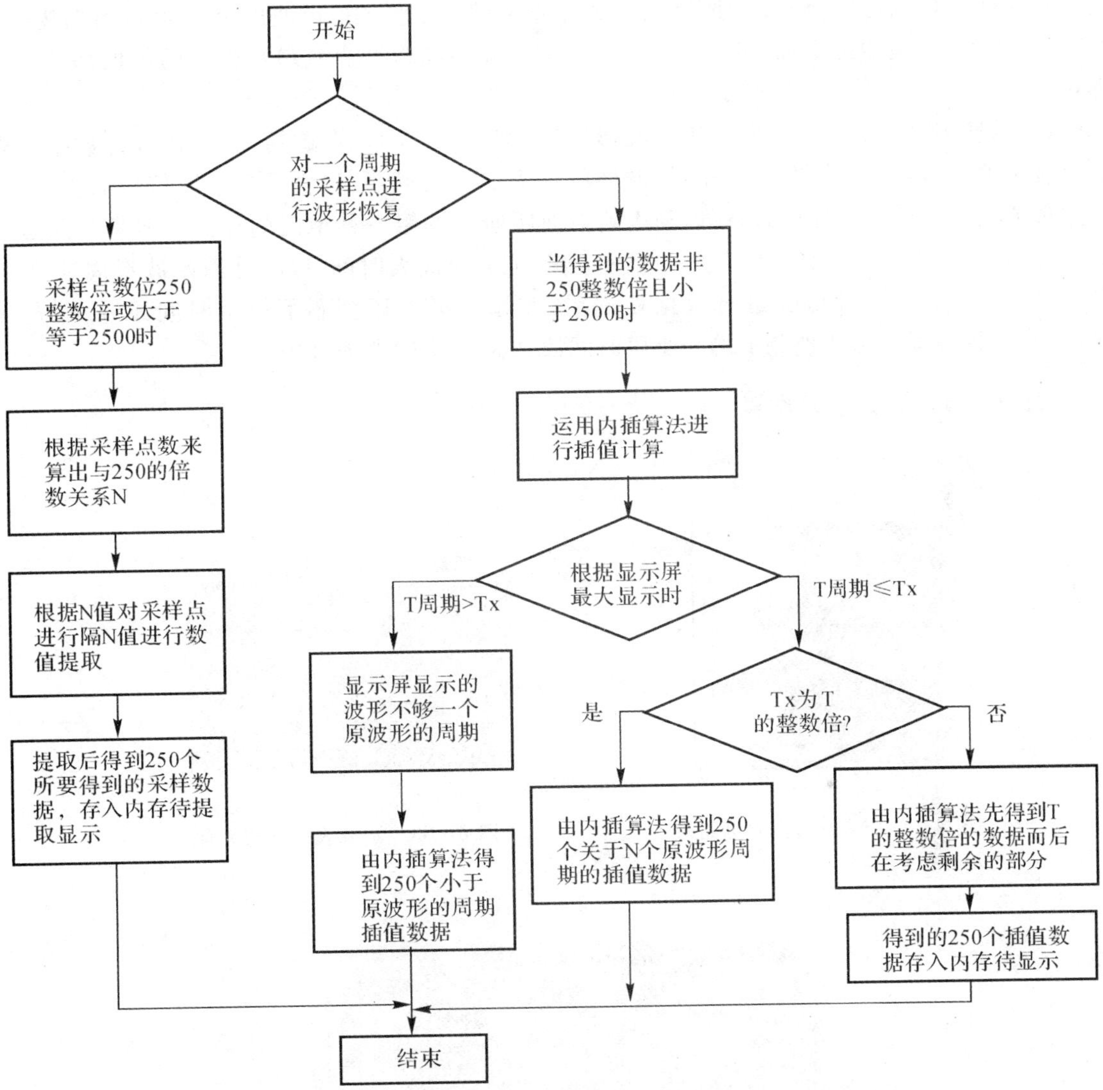

图 6－61　内插算法实现流程

(1)当显示屏显示的最大显示时间是原波形周期的整数倍时，从 RAM 中得到的采样数据进行处理，但是此时并不知道原采样信号对原始信号采集一个周期的信号的采样点是多少，即单周期采样个数 n＝原信号周期 T/采样信号周期 T_s。

当若 $n=T/T_s$ 小于 250，则利用采集的数据进行内插运算，但此时显示屏上的时间分割必须考虑到整个的显示情况，而并不是 $t=T_x/250$ 这种算法。首先用内插算法先求得一个信号周期的数据，但是这个周期所占用的时间段为整个显示屏时间的一部分，用内插所得到的数据个数同样也为 250 的一部分，即 $N_1=250/(T_x/T)$。而余下的点只须不断地复制前一个周期的数据就可以了，直到总共处理的数据达到 250 个数据为止。

(2)示波表显示的最大时间小于原波形周期,即($T_x<T$)。在此情况下示波屏的总共显示时间小于原信号的一个周期,这样在显示屏显示的波形就不能够为一个完整的信号周期。所以就不用考虑数据一个周期重新复制的问题了。在此种情况下,就利用所得到的采样数据直接进行内插计算,通过内插公式把得到的数据直接带到公式中,示波屏上的时间间隔为 $t=250/T_x$。然后再往数据中插入数据,每个数据的时间间隔为 t,直到最后得到的数据是 250 个即可。

(3)示波表显示的最大时间大于原波形周期,即($T_x>T$)。在此情况下,在进行数据处理的时候必须考虑到多种情况。首先,示波屏的最大显示时间 T_x 包含了多个原信号的周期 T,在这种情况下进行数据处理时,可以利用到上面所研究的第一种情况的算法。但是按照这种算法并不能解决所有的数据处理,因为显示屏所显示的最大时间 T_x 不是原始波形周期 T 的整数倍。当按照第一种情况进行数据处理后,在显示屏上还会剩下一个时间段 $T_a=T_x-NT$。在这种情况下必须把剩下的一小段时间段 T_a($T_a<T$)考虑进去。

6.5.6 实验电路板及结果

实验电路板及结果如图 6-62~图 6-65 所示。

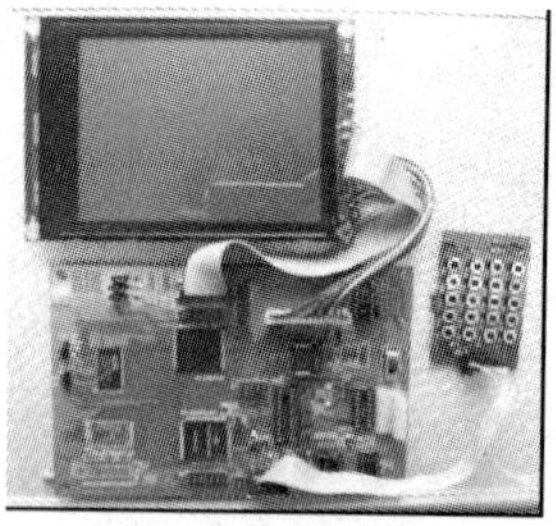

图 6-62 示波表实验电路板

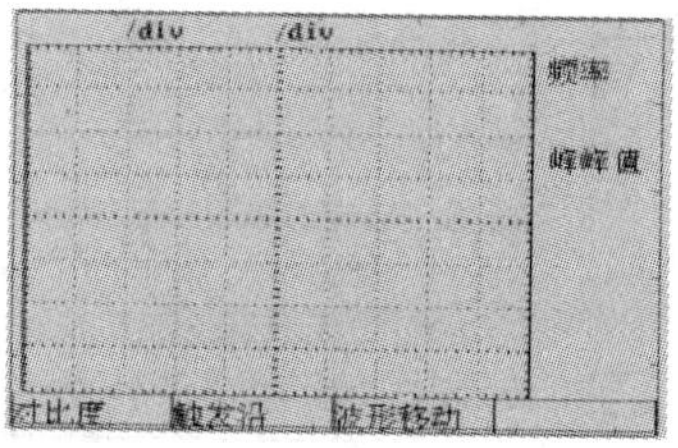

图 6-63 示波表的开机界面

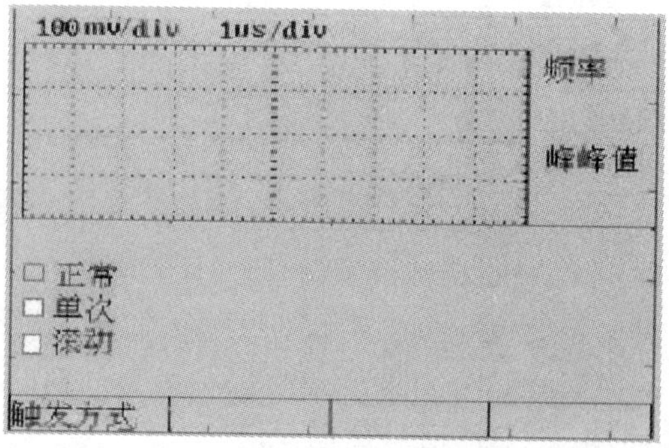

图 6-64 示波表的开机菜单

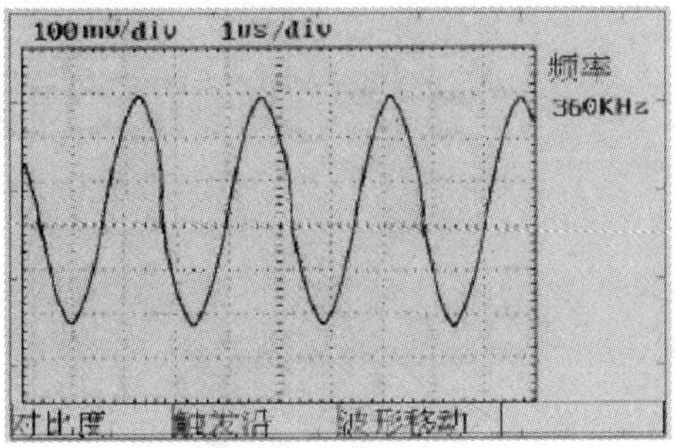

图 6-65　示波表的显示波形

6.5.7　结论

本文主要讨论了嵌入式应用系统手持式数字示波表的硬件/软件的设计思路和设计方案。本设计表明，以 Motorola 的 DSP56805 为核心处理器，XILINX 的 XC2S50 为逻辑控制系统实现的手持式示波表的设计方案完全是可行的。测试结果表明，本设计的技术指标达到了设计要求，具有非常广阔的应用前景。

第七章　电子系统的工程实践

7.1　元器件的测试与筛选

在调试装配之前，需要对元器件进行选择，需要按照设计要求选择合适的器件才能满足设计的最终要求。下面主要介绍几种常见的元器件。

7.1.1　电抗元件的测试与筛选

电抗元件包括电阻器、电容器和电感器。

7.1.1.1　电抗元件的标称值

电抗元件的规格是按特定系列提供的，目前主要采用 E 系列作为电抗元件规格。E 系列是按通项公式 $a_n=(\sqrt[E]{10})^{n-1}(n=1,2,3,\cdots)$ 取值的。常用的为 E6，E12，E24 系列，其对应的标称容量值与允许偏差如表 7－1 所示。若电路性能特别要求，则只能选择高精度系列规格。精密电抗元件可用 E48(偏差±2％)，E96(偏差±1％)，E192(偏差±0.5％)等系列，不过精度越高，则元件价格也越贵。

表 7－1　E24～E6 标称值系列及精度

<table>
<tr><th>系列</th><th>允许偏差</th><th colspan="13">标称容量值</th></tr>
<tr><td rowspan="2">E24</td><td rowspan="2">±5％</td><td rowspan="2">1.0</td><td>1.1</td><td>1.3</td><td>1.6</td><td>2.0</td><td>2.4</td><td>3.0</td><td>3.6</td><td>4.3</td><td>5.1</td><td>6.2</td><td>7.5</td><td rowspan="2">9.1</td></tr>
<tr><td>1.2</td><td>1.5</td><td>1.8</td><td>2.2</td><td>2.7</td><td>3.3</td><td>3.9</td><td>4.7</td><td>5.6</td><td>6.8</td><td>8.2</td></tr>
<tr><td>E12</td><td>±10％</td><td>1.0</td><td>1.1</td><td>1.5</td><td>1.8</td><td>2.2</td><td>2.7</td><td>3.3</td><td>3.9</td><td>4.7</td><td>5.6</td><td>6.8</td><td>8.2</td><td></td></tr>
<tr><td>E6</td><td>±20％</td><td>1.0</td><td></td><td>1.5</td><td></td><td>2.2</td><td></td><td>3.3</td><td></td><td>4.7</td><td></td><td>6.8</td><td></td><td></td></tr>
</table>

7.1.1.2　电抗元件的标注

1. 直标法

直标法是按照各类电子元器件的命名规则，将主要信息用字母和数字标注在元器件表面上，这种标注方法只适用于体积较大的元器件。如图 7－1 所示为一个采用直标法的电阻元件。

2. 色标法

在元件上用不同颜色的色环表示元件的标称值和偏差。现在常见的有 4 环和 5 环的电子元件。对于 4 环元件，前两环表示数字的有效值，第三环表示 10 的倍率，第四环表示元件的偏差；而对于 5 环元件，前三环表示数字的有效值，第四环

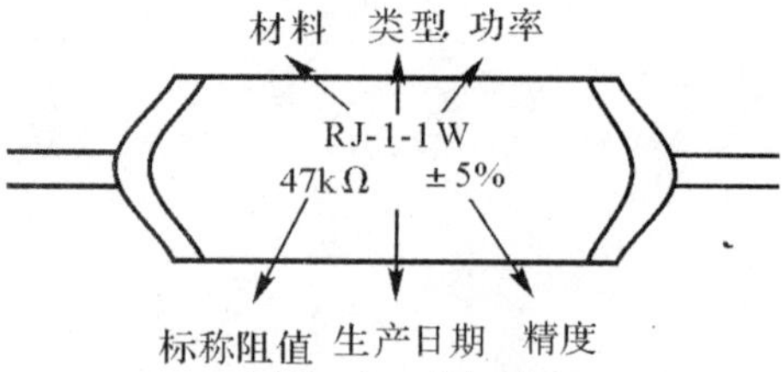

图 7－1　直标法

表示 10 的倍率,第五环表示元件的偏差。最常用这种方法的是电阻、部分电容和部分电感元件。

如表 7-2 所示列出了各种颜色所代表的意义。

表 7-2　色标法

颜色	有效数字	10 的倍数	允许偏差
黑色	0	10^0	—
棕色	1	10^1	±1%
红色	2	10^2	±2%
橙色	3	10^3	—
黄色	4	10^4	—
绿色	5	10^5	±0.5%
蓝色	6	10^6	±0.2%
紫色	7	10^7	±0.1%
灰色	8	—	—
白色	9	—	-20%-+50%
金色	—	10^{-1}	±5%
银色	—	10^{-2}	±10%
无色	—	—	±20%

如图 7-2 所示,用色标法表示电阻,其电阻大小为 470×10^5 Ω,精度为±2%。

3. 数码法

用三位数字表示元件标称值,从左至右,前两位数表示有效数,第三位为 10 的倍率,当 $n=9$ 时为特例,表示 10^{-1}。电阻的基本标注单位为 Ω,电容的基本标注单位为 pF,电感的基本标注单位为 μH。例如,电阻上表有 223,则表示这个电阻为 22×10^3 Ω。

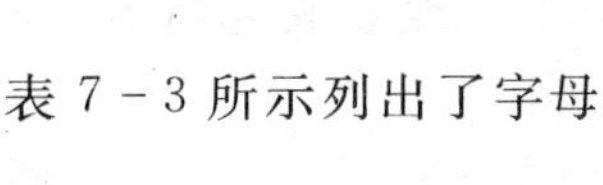

图 7-2　用色标法表示电阻

4. 文字符号法

文字符号法用数字和字母表示元件的标称值和精度。其中表 7-3 所示列出了字母所代表的常用电抗元件的偏差。

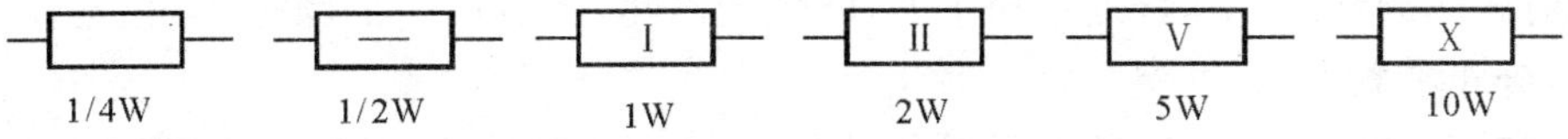

图 7-3　电阻器额定功率符号

在表示电抗元件时,可用单位符号表示小数点,如 4.7 Ω 可表示为 4Ω7, 4.7 kΩ 可表示为 4K7,0.1pF 可表示为 p10,2.2 μF 可表示为 2u2。

表 7-3 字母所代表的偏差

偏差(%)	±0.1	±0.25	±0.5	±1	±5	±10	±20	+20	+30	+50	+80	+100
								−10	−20	−20	−20	0
字母	B	C	D	F	J	K	M	—	—	S	E	H
备注	精密元件				一般元件			一般电容				

7.1.1.3 电阻器

电阻器是组成电路的基本元件之一。在电路中，电阻器用来稳定和调节电流、电压，组成分流器和分压器，在电路中起到限流、降压、去耦、偏置、负载、匹配、取样等作用。还可以用来调节时间常数、抑制寄生振荡等。

1. 电阻器的额定功率

电阻器的额定功率指电阻器在直流或交流电路中，在正常大气压力(86～106 kPa)及额定温度条件下，能长期连续负荷而不损坏或不显著改变其性能所允许消耗的最大功率。

如图 7-3 所示中列出了表示电阻器额定功率的图形符号：

2. 电阻器的分类

电阻器可分为固定电阻器、可变电阻器和敏感电阻器 3 大类，其符号如图 7-4 所示。在使用过程中阻值基本固定不能调节的称为固定电阻器。阻值可以调节的则称为可变电阻器，其又分为可变和半可变电阻器。半可变电阻器，主要用在阻值不经常变动的电路中，其转动结构较简单。敏感电阻器是指其阻值对某些物理量表现敏感的电阻元件。

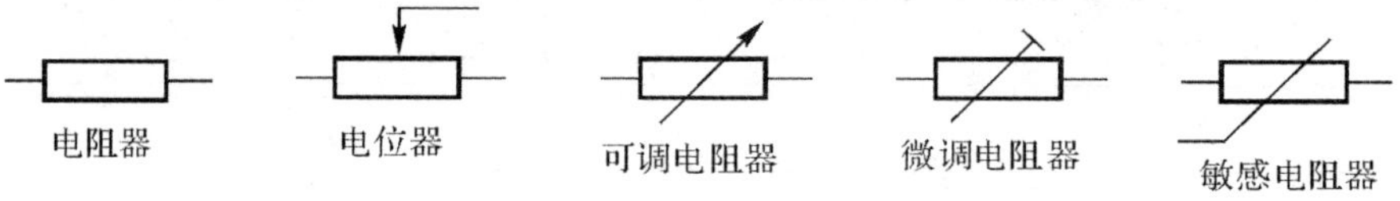

图 7-4 电阻器的符号

(1)固定电阻器。

1)碳膜电阻器。由碳氢化合物在真空中通过高温热分解，使碳在瓷质基体表面上沉积形成导电膜而制成的电阻称为碳膜电阻器。其特点是电阻阻值范围宽(10 Ω～10 MΩ)，可靠性较高，体积小，价格低廉。但其单位负荷功率较小，使用环境温度较低。

2)金属膜电阻器。真空条件下，在陶瓷表面上蒸发沉积一层金属氧化膜或合金膜而制成的电阻称为金属膜电阻器。其特点是工作范围广(－55～125℃)，温度系数小，噪声低，体积小。

3)线绕电阻器。线绕电阻器是用镍铬合金、锰铜合金等电阻丝绕在绝缘支架上制成的，在其外表涂有耐热的釉层。其特点是功率大，能经受高热，本身产生的噪声小，稳定性也好。但其体积大，分布参数大。

4)金属玻璃釉电阻器。这种电阻器是以金属、金属氧化物或难熔化合物作为导电相，以玻璃釉作黏结剂，与有机黏结剂混合成浆料，被覆于陶瓷或玻璃基体上，然后经烘干、高温烧结而成，又称厚膜电阻器。其特点是耐高温、高压、阻值范围宽(100 kΩ～100 MΩ)、温度系数小、稳定可靠、耐潮湿性好。

5)阻燃电阻器。这种电阻器是在电阻器的表面涂上一层含有阻燃剂的涂料。其特点是在火焰中不易燃烧(没有火焰)。

6)熔断电阻器。熔断电阻器是一种双功能元件,既有一般电阻器的功能,又有过负荷熔断的功能。常用有两种熔断电阻器,第一种,是金属膜熔断电阻器,在电阻体中加有一种熔断剂,当超过额定负荷时,构成电阻的特殊金属膜层将在熔断剂的作用下很快烧断,使电阻器开路。第二种,线绕熔断电阻器,当超过额定负荷时,电阻体上的低温合金熔珠即被熔化而使磷铜线弹开,电阻器开路。但是经人工修复还可继续使用。

7)水泥电阻。这种电阻器是将电阻丝卷绕在陶瓷骨架上构成一个电阻器的毛坯,将其装入陶瓷外壳,再用类似于水泥的无机黏合剂填充,经干燥、高温固化而成。其特点是体积小功率大、耐燃、耐电弧、耐潮湿。

(2)电位器。

1)单联电位器。单联电位器只有一个电位器,并有一个独立的转轴,应用最为广泛。

2)双联或多联电位器。双联或多联电位器是将两个或多个电位器组合在一起,用同一调节轴(或滑柄)对各联电位器作同步调节。另一种为同心异轴的结构,其中一个轴为空心轴,各联电位器作独立调节。双联或多联电位器常用于音调、音量等控制。

3)开关电位器。开关电位器是在电位器调节轴上加装开关装置,常见有推拉式和旋转式。通常用在收音机、电视机上作音量控制电位器和电源开关。

4)锁紧式电位器。锁紧式电位器是在电位器调节轴(或滑柄)上加装锁紧装置,当电位器调定后可以用锁紧装置加以固定,使电位器不在变动。一般用于不需要经常调整的电路。

(3)敏感电阻器。

1)热敏电阻器。阻值是随着环境和电路工作温度变化而变化的。它有两种类型,一种是正温度系数型(PTC),另一种是负系数型(NTC)。

2)光敏电阻。光敏电阻是利用半导体的光电效应制成的光电传感元件,其阻值随入射光的强弱而改变,当入射光的增强时,电导率随之增大,因而电阻值随之减小。光敏电阻主要用于遥控、遥测。

3)压敏电阻器。其伏安特性是非线性的,对外加电压非常敏感,当电阻器两端电压增加到某一特定值时,其电阻值急剧减小。

4)气敏电阻器。气敏电阻器是利用半导体表面吸附某种气体分子之后电阻率发生变化的特性制成的敏感元件。

5)力敏电阻器。某些金属和半导体材料的电阻率会随外加应力而改变,这种现象称为压力电阻效应,利用压力电阻效应制成的电阻器称为力敏电阻器。

3.电阻器的选用

(1)在选用电阻器时必需首先了解电子产品整机工作环境条件。

(2)既要从技术性能考虑满足电路技术以保证整机的正常工作,又要从经济上考虑其价格、成本,还要考虑其货源和供应情况。

(3)根据不同的用途选用。

(4)阻值应选取最靠近计算值的一个标称值,不要片面采用高精度和非标准系列的电阻产品。

(5)电阻器的额定功率选取一个比计算的耗散功率大一些(1.5～2倍)的标称值。

(6)选取耐压比额定值大一些的电阻产品。

7.1.1.4　电容器

电容器在电子线路中起到耦合、旁路、谐振、调谐、微分、积分、储能、滤波、隔直流以及控制电路中的时间常数等作用。

1.电容器的分类

按照电容量是否可调整,可分为固定电容器、可变电容器和微调电容器。按照用途可分为耦合电容器、旁路电容器、调谐电容器、滤波电容器以及高压电容器和低压电容器等。按照介质材料可分为固体有机介质电容器、固体无机介质电容器、电解电容器和气体电容器等。电容器在电路中的符号如图7-5所示。

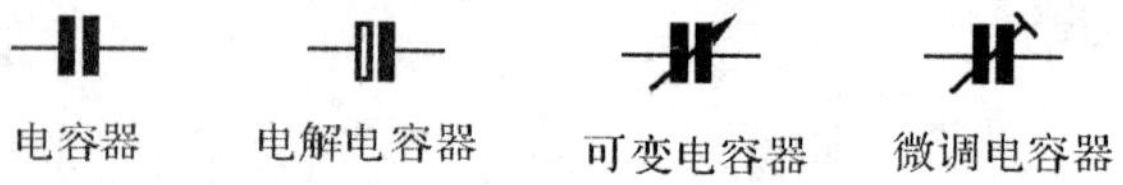

图7-5　电容器的符号

(1)有机介质电容器。

1)纸介电容。纸介电容是以纸作为介质,以金属箔作为电容器的极板,卷饶而成。这种电容器容量范围宽,耐压范围宽(36 V～30 kV),成本低,但体积大,tanδ大,因而只适应于直流或低频电路中。

2)金属化纸介电容器。电容的极板不用金属箔,而是在电容纸上蒸发一层金属薄膜作为电极,然后饶制而成。这种电容在电参数上与纸介电容器基本一致,但体积小。

3)有机薄膜电容器。在结构上与纸介电容基本一致,只是介质为有机薄膜(有涤纶、聚丙烯等)。其性能比纸介电容器要优越得多。

(2)无机介质电容器。

1)瓷介电容。以瓷片作为介质的电容称为瓷介电容。其容量范围较窄,一般从几 pF 到 0.1 μF 之间,体积小、重量轻、价格低廉。

2)云母电容。以云母为介质的电容称为云母电容。云母材料的优良电性能和机械性能,使得云母电容具有损耗小、温度系数小、耐压高、可靠性高、性能稳定、容量精度高等优良电参数。

3)玻璃电容器。以玻璃为介质的电容器称为玻璃电容器。这种电容具有良好的防潮性和抗振性,能在200℃高温下长期稳定工作,其性能介于云母与瓷介之间,成本低,体积较小 。

(3)电解电容。

电解电容以金属氧化物膜做介质,以金属和电解质组作为电容的两极。金属为正极,电解质为负极。使用电解电容时应注意极性。

(4)可变电容器。

1)微调电容器。这种电容器的特点是用螺钉调节两组金属片的距离或面积以改变电容量。

2)可变电容器。其特点是定片组与支架一起固定,动片组联旋柄可自由旋动。

2.电容器的合理选用

电容器种类很多,性能指标各异,选用时应考虑如下各因素:

(1)电容器额定电压。

(2)标称容量及精度等级。

(3)体积。

(4)成本。

7.1.1.5　电感器

电感器(也称电感线圈)的应用范围很广泛,它在调谐、振荡、耦合、匹配、滤波、陷波、延迟、补偿及偏转聚焦等电路中,都是必不可少的。

1. 电感器的分类

电感器按工作特征分成固定和可变两种。按磁导体性质分成单层、蜂房式、有骨架式或无骨架式。

如图 7-6 所示为电感器在电路图中的图形符号。

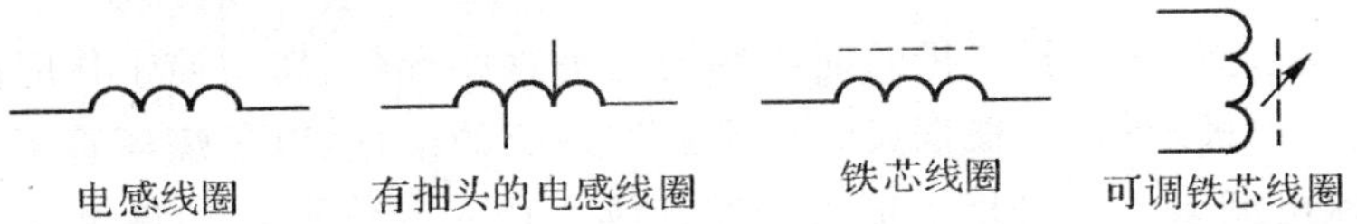

图 7-6　电感器的符号

2. 几种常用电感器

(1)小型固定电感器。小型固定电感器有卧式和立式两种。这种电感器是将漆包线或丝包线直接饶在棒形、工字形、王字形等磁芯上,外表裹覆环氧树脂或封装在塑料壳中。它具有体积小、重量轻、结构牢固(耐振、耐冲击)、防潮性好、安装方便等优点。

(2)平面电感器。平面电感器是在陶瓷或微晶玻璃基片上沉积金属导线而成。主要采用真空蒸发,光刻电镀及塑料包封等工艺。平面电感器在稳定性、精度及可靠性方面较好。平面电感应用的频率范围在几十兆赫兹至几百兆赫兹的电路中。

(3)中频变压器。中频变压器也叫中周线圈,其电感量可通过调节它的磁芯来改变。它广泛地应用于调幅、调频收音机、电视机、通信接收机等电子设备中。

(4)罐形磁芯电感器。它是采用铁氧体罐形磁芯制作的电感器。具有闭合磁路,有较高的有效磁导率和电感系数,在体积较小的情况下,可制出较大的电感量。如在中心柱上开适当的气隙,不但可改变电感系数,而且可提高 Q 值和减少电感温度系数。其广泛应用于 LC 滤波器、谐振回路和匹配回路等方面。

3. 电感器的选择和使用

电感器的选用方法类似于电阻器和电容器。同时还应注意以下几点:

(1)外观检查。电感器选用时要检查其外观,不允许有线匝松动,引线接点活动等现象。

(2)线圈通、断检测。检查线圈通、断时,应使用精度较高的万用表或欧姆表,因为电感线圈的阻值均比较小,必须仔细区别正常阻值与匝间短路。

(3)带调节芯电感器的检查。带调节芯的电感器在成品出厂时,其电感量均已调好并在调节芯封上蜡或点油漆加以固定,一般情况不允许随意调整。

7.1.2 半导体器件的测试与筛选

7.1.2.1 半导体二极管

二极管的主要特性是单向导电性。二极管的种类繁多，按用途分为整流、检波、稳压、阻尼、开关、发光和光敏二极管等。按采用的材料的不同可分为锗二极管、硅二极管和砷化镓二极管；按工作原理分有隧道二极管、变容二极管、雪崩二极管、双基极二极管等。二极管的图形符号如图 7-7 所示。

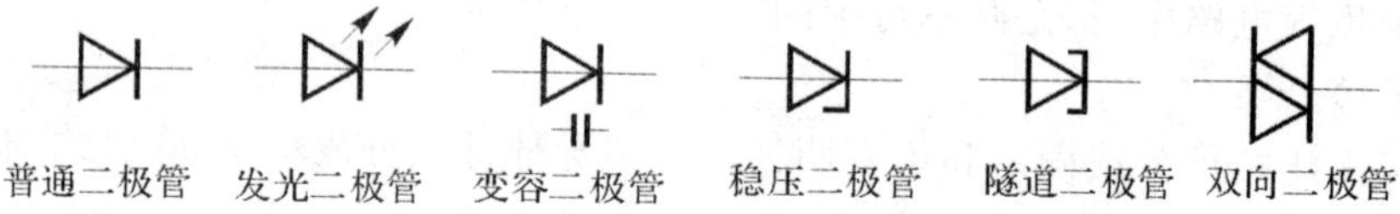

图 7-7 二极管的符号

二极管的主要参数：在选择二极管时必须要考虑这些参数，切勿使工作时的电压、电流、功率超过手册中规定的极限值，并根据设计原则选取一定的余量，以免烧坏管子。

(1)最大整流电流 I_F。I_F是指二极管长期连续工作时允许通过的最大正向平均电流。I_F的数值是由二极管允许的温升所限定。

(2)最大反向工作电压 U_R。U_R是指工作时加在二极管两端的反向电压不得超过此值，否则二极管可能被击穿。

(3)反向电流 I_R。I_R是指在室温条件下，在二极管两端加上规定的反向电压时，流过管子的反向电流。通常希望 I_R值越小越好。反向电流越小，说明二极管的单向导电性越好。

(4)最高工作频率 f_M。f_M主要取决于 PN 结结电容的大小。结电容越大，则二检管允许的最高工作频率越低。

7.1.2.2 半导体三极管

晶体管可分为两大类：一类是结型晶体管，由两个 PN 结组成，有 PNP 和 NPN 两种结构。这类晶体管工作时，半导体中的电子和空穴两种载流子同时参与导电，所以又叫双极型晶体管。另一类是场效应晶体管，有结栅场效应晶体管、金属－氧化物－半导体(MOS)场效应晶体管及肖特基势垒场效应晶体管等结构。这类晶体管工作时，只有半导体中的多数载流子起主要作用，所以又叫单极型晶体管。三极管的符号如图 7-8 所示。

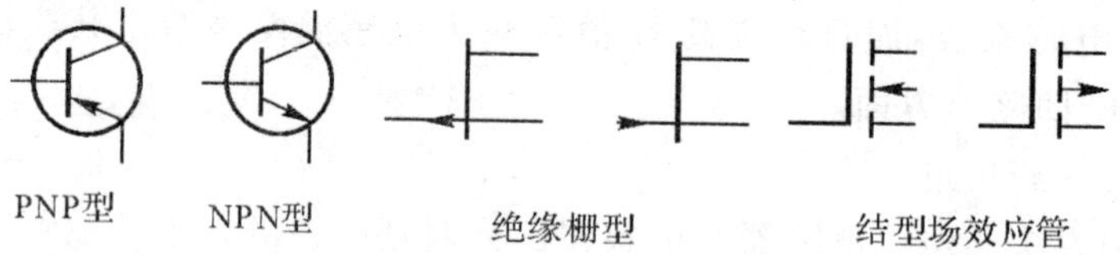

图 7-8 三极管的符号

1. 选用原则

晶体管的正常工作需要一定条件，超过允许条件范围则可能是晶体管不能正常工作，甚至会遭到永久性损坏。因而，选用时应考虑以下各因素：

(1)选用的晶体管，切勿使工作时的电压、电流、功率超过手册中规定的极限值，并根据设计原则选取一定的余量，以免烧坏管子。

(2)对于大功率管，特别是外延型高频功率管，在使用中的二次击穿往往使功率管损坏。为了防止第二次击穿，就必须大大降低管子的使用功率和电压。

(3)选择晶体管的频率，应符合设计电路中的工作频率范围。

(4)根据设计电路的特殊要求，如稳定性、可靠性、穿透电流、放大倍数等，均应进行合理选择。

2. 三极管使用注意事项

(1)焊接时应选用 20～75 W 电烙铁，每个管脚焊接时间应小于 4 s，并保证焊接部分与管壳间散热良好。

(2)管子引出线弯曲处离管壳的距离不得小于 3 mm。

(3)大功率管的散热器和管子低部接触应平整光滑，在散热器上用螺钉固定管子，要保证个螺钉的松紧一致，结合紧密。

(4)管子应安装牢固，避免靠近电路中的发热元件。

3. 场效应管使用的注意事项

(1)结型场效应管与一般晶体三极管的使用注意事项相仿，可把 D,G,S 三极比作 C,B,E 三极，而 D,S 极可互换使用。

(2)绝缘栅型场效应管应特别注意避免栅极悬空。

7.1.3　集成电路的测试与筛选

1. 分类

集成电路按制造工艺分为：半导体集成电路、薄膜集成电路、厚膜集成电路和混合集成电路。半导体集成电路按有源器件分为双极型、MOS 型以及双极－MOS 型集成电路。

按集成度分有小规模(SSI)、中规模(MSI)、大规模(LSI)、超大规模(VLSI)和甚超大规模(ULSI)集成电路。

2. 使用与注意事项

(1)集成电路在使用时不允许超过极限值，在电源电压变化不超过额定值的±10%时，电参数应符合规范值。电路在使用的电源接通与断开时，不得有瞬时电压产生，否则会使电路击穿。

(2)集成电路使用温度一般在－30～85℃之间，在系统安装时应尽量远离热源。

(3)集成电路如用手工焊接时，不得使用大于 45 W 的电烙铁，连续焊接时间应不超过 10 s。

(4)对于 MOS 集成电路，要防止栅极静电感应击穿。

7.2　装配工艺

产品安装技术是现代发展最快的制造技术。从安装工艺特点可将迄今为止安装技术的发展分为 5 代，如表 7－4 所示。

表 7-4 安装技术的时代划分

	时间	技术缩写	代表元器件	安装基板	安装方法	焊接技术
第一代	50～60年代		长引线元件,电子管	接线铆接端子	手工安装	手工烙铁焊
第二代	60～70年代	THT	晶体管,轴向引线元件	单,双面 PCB	手工/半手工插装	手工焊浸焊
第三代	70～80年代	THT	单,双列直插 IC 轴向引线元器件编带	单面及多层 PCB	自动插装	波峰焊,在流焊
第四代	80～90年代	SMT	SMC,SMD 片式封装 VSI,VLSI	高质量 SMB	自动贴片	波峰焊,再流焊
第五代	90 年代	MPT	VLSIC,LSIC	陶瓷硅片	自动安装	倒焊接,特种焊接

第二代与第三代安装技术,代表元器件特征明显,而安装方法并没有根本改变,都是以长引线元器件穿过印制板过孔的安装方式,一般称为通孔安装(through hole mounting technology,THT)。第四代表面安装技术则发生根本性变革,从元器件到安装方式,从 PCB 设计到连接方法都以全新面貌出现,它使电子产品体积缩小,重量变轻,功能增强,可靠性提高,推动信息产业高速发展。SMT 已经在很多领域取代了 THT,并且这种趋势还在发展,预计未来90%以上产品将采用 SMT。第五代微组装技术是表面安装技术的进一步发展。从技术工艺讲它仍属于"安装"范畴,但与我们通常所说的安装相差甚远,使用一般工具、设备和工艺是无法完成的。MPT 目前还处于技术发展和个别领域应用的阶段,但它代表当前电子系统安装技术发展的方向。

7.2.1 过孔安装技术

7.2.1.1 元器件的布局与排列

元器件布局、排列是按照电子产品电原理图,将各元器件、连接导线等有机的连接起来,并保证电子产品可靠稳定的工作。如果布局、排列的不合理,产品的电气性能、机械性能都将下降,也给装配和维修带来不便。

1. 元器件布局的原则

①应保证电路性能指标的实现;②应有利于布线,方便于布线;③应满足结构工艺的要求;④应有利于设备的装配、调试和维修。

2. 元器件排列的方法及要求

(1)元器件的标志方向应按照图纸规定的要求,安装后能看清元件上的标志。若装配图上没有指明方向,则应使标记向外易于辨认,并按照从左到右、从下到上的顺序读出。

(2)安装元件的极性不得装错,安装前应套上相应的套管。

(3)安装高度应符合规定要求,同一规格的元器件应尽量安装在同一高度上。

(4)安装顺序一般为先低后高,先轻后重,先易后难,先一般元器件后特殊元器件。

(5)元器件在印刷板上的分布应尽量均匀,疏密一致,排列整齐美观。不允许斜排、立体交叉和重叠排列。

(6)元器件的引线直径与印刷焊盘孔径应有 0.2～0.4 mm 的合理间隙。

(7)一些特殊元器件的安装处理，MOS 集成电路的安装应在等电位工作台上进行，以免静电损坏器件。发热元件要与印刷板面保持一定的距离，不允许贴面安装，较大元器件的安装应采取固定(绑扎、粘、支架固定等)措施。

3.安装方法

安装方法可分为立式插装、卧式插装、倒立插装、横向插装和嵌入插装。

(1)卧式插装(见图 7-9(a))。将元器件紧贴印制电路板的板面水平放置。

(2) 立式插装(见图 7-9(b))。立式插装是将元器件垂直插入印制电路板。

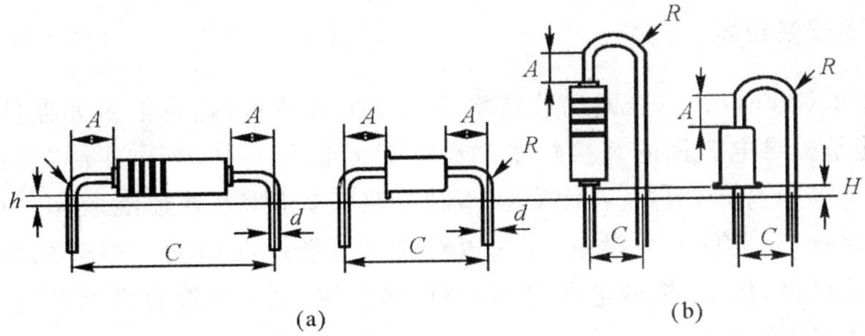

图 7-9　水平安装和垂直安装

(3)横向插装(见图 7-10)。将元器件先垂直插入印制电路板，然后将其朝水平方向弯曲。

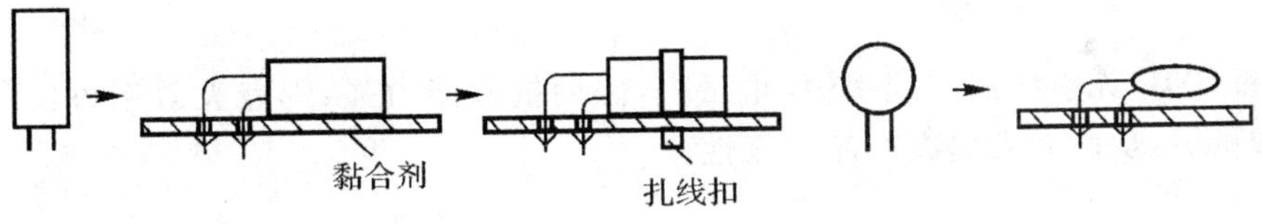

图 7-10　横向插装

(4) 倒立插装与嵌入插装。将元器件倒立或嵌入置于印制电路板上。

(5)晶体管的插装(见图 7-11)。一般以立式安装最为普遍。引线不能留的太长，以保持晶体管的稳定性。但对于大功率自带散热片的塑封晶体管，为提高其使用功率，往往需要再加一块散热板。

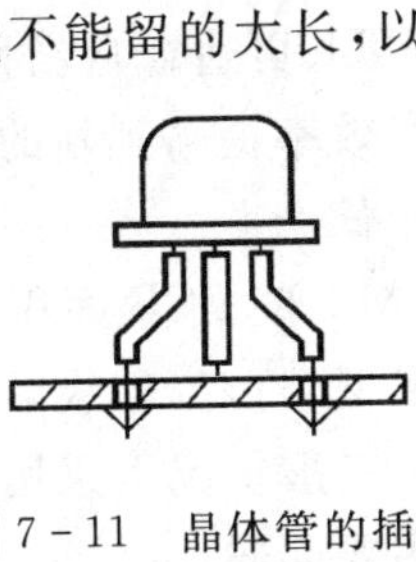

图 7-11　晶体管的插装

(6)集成电路的安装。弄清引出线的排列顺序后，再插入电路板。在插装集成电路时，不能用力过猛，以防止弄断和弄偏引线。

(7) 变压器、电解电容器、磁棒的安装。变压器的安装：装小型变压器时将固定脚插入印制电路板的相应孔位，并进行锡焊 。安装电源变压器时则要采用螺钉固定。

电解电容器的安装：一般采用弹性夹固定。

磁棒的安装：一般采用塑料支架固定。

7.2.1.2 元器件安装注意事项

(1)元器件插好后,其引线的外形处理有弯头的,有切断成形等方法,要根据要求处理好,所有弯脚的弯折方向都应与铜箔走线方向相同。

(2)安装二极管时,除注意极性外,还要注意外壳封装,特别是玻璃壳体易碎,引线弯曲时易爆裂。对于大电流二极管,有的则将引线体当作散热器,故必须根据二极管规格中的要求决定引线的长度。

(3)为了区别晶体管的电极和电解电容的正负端,一般是在安装时,加带有颜色的套管区别。

(4)大功率三极管一般不宜装在印制板上。因为它发热量大,容易使印制板受热变形。

7.2.2 表面安装技术

表面安装技术(STM)又称表面贴装技术或表面组装技术,是将电子元器件直接安装在印制电路板或其他基板导电表面的装接技术。在电子工业生产中 SMT 实际是包括表面安装元件(SMC)、表面安装器件(SMD)、表面安装印制电路板(SMB)、普通混装印制电路板(PCB)、点黏合剂、涂焊锡膏、元器件安装设备、焊接以及测试等技术在内的一整套完整的工艺技术的统称。SMT 涉及材料、化工、机械电子等多学科、多领域,是一项综合性高新技术。

SMT 主要优点如下:

1. 高密度

SMC,SMD 的体积只有传统元器件的 1/3～1/10 左右,可以装在 PCB 的两面,有效利用了印制板的面积,减轻了电路板的重量。一般采用了 SMT 后可使电子产品的体积缩小 40%～60%,重量减轻 60%～80%。

2. 高可靠

SMC 和 SMD 无引线或引线很短,重量轻,因而抗震能力强,焊点失效率可比 THT 至少降低一个数量级,从而大大提高产品可靠性。

3. 高性能

SMT 密集安装减小了电磁干扰和射频干扰。尤其高频电路中减小了分布参数的影响,提高了信号传输速度,改善了高频特性,使整个产品性能提高。

4. 高效率

SMT 更适合自动化大规模生产,采用自动控制系统可使整个生产过程实现高度自动化,将生产效率提高到新的水平。

5. 低成本

SMT 使 PCB 面积减小,成本降低;无引线和短引线使 SMD,SMC 成本降低,安装中省去引线成型、打弯,剪线的工序;频率特性提高,减少调试费用;焊点可靠性提高,减小调试和维修成本。一般情况下采用 SMT 后可使产品总成本下降 30%以上。

主要问题:

(1)元器件有缺憾。表面安装元器件目前尚无统一标准,给使用带来阻碍。品种不齐全,价格高于普通器件也是发展中的问题。

(2)技术要求高。如元器件吸湿引起装配时元器件裂损,结构件热膨胀系数差异导致焊接开裂,组装密度大而产生的散热问题复杂等。

(3)初始投资大。生产设备结构复杂,涉及技术面宽,费用昂贵。

7.3　元器件的焊接

装配、焊接是电子设备制造中极为重要的一个环节,任何一个设计精良的电子装置,没有相应的焊接工艺保证是难以达到技术指标的。这里的焊接就是按电路工作原理,用一定的工艺方法连接成电子装置。虽然连接方法有多种(例如铆接、绕接、压接、黏结等),但使用最广泛的方法是锡焊。现代科技的飞速发展,电子产业高速增长,驱动着焊接方法和设备不断推陈出新。从元器件选择、测试,直到装配成一台完整的电子设备,须经过多道工序。在专业生产中,多采用波峰焊、再流焊、倒装焊等自动化设备。但在产品研制、设备维修中,目前仍广泛地应用手工装配焊接方法。

7.3.1　锡焊及其焊接机理

焊接是金属加工的基本方法之一。通常焊接技术分为熔焊、压焊和钎焊 3 大类。锡焊属于钎焊中的软钎焊。习惯把钎料称为焊料。采用铅锡焊料进行焊接称为铅锡焊,简称锡焊。被焊接的零件通称焊件,一般情况下是指金属零件。

锡焊,简略地说,就是将铅锡焊料熔入焊件的缝隙使其连接的一种焊接方法,其特征是:

(1)焊料熔点低于焊件。焊接时将焊件与焊料共同加热到焊接温度,焊料熔化而焊件不熔化。

(2)连接的形式是由熔化的焊料润湿焊件的焊接面产生冶金、化学反应形成结合层而实现的。

虽然机理不同,但锡焊可以用浆糊黏性物品来简单比喻,使其在电子装配中获得广泛应用。锡焊有如下特点:

(1)铅锡焊料熔点低于 200℃,适合半导体等电子材料的连接。

(2)只须简单的加热工具和材料即可加工,投资少。

(3)焊点有足够强度和电气性能。

(4)锡焊过程可逆,易于拆焊。

关于锡焊机理,有不同的解释和说法,如图 7－12 所示为焊点剖面示意图。从理解锡焊过程,指导正确焊接操作来说,以下几点是最基本的。

1. 扩散

焊接就其本质上说,是焊料与焊件在其界面上的扩散。可以用原子物理学来理解金属之间的这种扩散。通常,金属原子以结晶状态排列原子间的作用力的平衡维持晶格的形状和稳定。当两块金属接近到足够小的距离时,界面上晶格的紊乱导致部分原子自从一个晶格点阵移动到另一个晶格点阵,从而引起金属之间的扩散。这种发生在金属界面上的扩散结果,使两块金属结合成一体,实现了金属之间的"焊接"。扩散有两个基本条件:

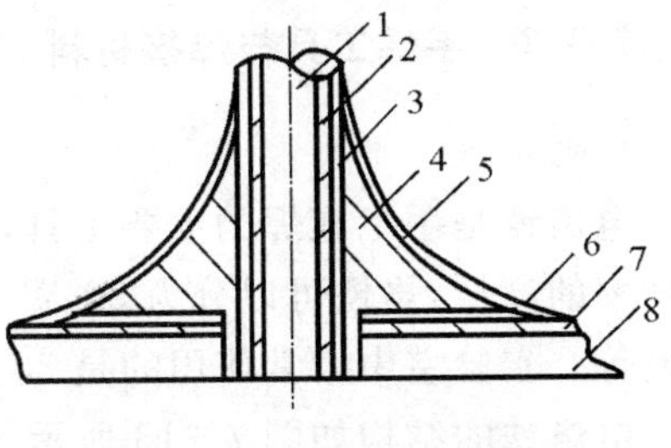

图 7－12　焊点剖面示意图
1－母材;2－镀层;3、6－结合层;4－焊料层;5－表面层;7－铜箔;8－基板

(1)距离。两块金属必须接近到足够小的距离。只有在一定小的距离内,两块金属原子间引力作用才会发生。金属表面的氧化层或其他杂质都会使两块金属达不到这个距离。

(2)温度。只有在一定温度下金属分子才具有动能,使得扩散得以进行。实际上在常温下扩散进行是非常缓慢的。

2. 润湿

润湿是发生在固体表面和液体之间的一种物理现象。如果液体能在固体表面漫流开,我们就说这种液体能润湿该固体表面,例如水能在干净的玻璃表面漫流而水银就不能,就是说水能润湿玻璃而水银不能的润湿玻璃。这种润湿作用是物质所固有的一种性质。

从力学的角度可以解释润湿现象。不同的液体和固体,它们之间相互作用的附着力和液体的内聚力是不同的,其合力就是液体在固体表面漫流的力。当力的作用平衡时流动也停止了,液体和固体交界处形成一定的角度,这个角称润湿角,也叫接触角,是定量分析润湿现象的一个物理量。润湿角 θ 角从 $0\sim 180^{\circ}$,θ 角越小,润湿越充分,在实践中我们以 90° 为润湿的分界。

锡焊过程中,熔化的铅锡焊料和焊件之间的作用正是这种润湿现象。如果焊料能润湿焊件,我们则说它们之间可以焊接,观测润湿角是锡焊检测的方法之一。润湿角越小,焊接质量越好。一般地,质量合格的铅锡焊料和铜之间润湿角可达 20°,实际应用中一般以 45° 为焊接质量的检验标准。

3. 结合层

焊料润湿焊件的过程中,满足金属扩散的条件,所以焊料和焊件的界面有扩散现象发生。这种扩散的结果,在焊料和焊件界面处形成一种新的金属合金层,通常称之为结合层。结合层的成分既不同于焊料又不同于焊件,而是一种既有化学作用(生成金属化合物),又有冶金作用(形成合金固溶体)的特殊层。由于结合层的作用将焊料和焊件结合成一个整体实现金属连续性。

铅锡焊料和铜在锡焊过程中生成结合层的厚度可达 $12\sim10\ \mu m$。由于润湿扩散过程是一种复杂的金属组织变化和物理冶金过程,结合层的厚度过薄或过厚都不能达到最好的性能、结合层小于 $1.2\ \mu m$,实际上是一种半附着性结合,强度很低;而大于 $6\ \mu m$ 则使组织粗化,产生疏性,降低强度。理想的结合层厚度是 $1.2\sim3.5\ \mu m$,强度最高,导电性能好。

综上所述,我们获得关于锡焊的理性认识:将表面清洁的焊件与焊料加热到一定温度,焊料熔化并润湿焊件表面,在其界面上发生金属扩散并形成结合层,从而实现金属的焊接。

7.3.2 手焊工具与焊接材料

1. 电烙铁

电烙铁是手工施焊的主要工具,选择合适的烙铁,合理地使用是保证焊接质量的基础。根据功率的高低,烙铁可以分为 30 W,50 W,…,1 000 W 等;按功能分,又有普通型、恒温型、调温型等。实验室中最常使用的是 35 W 内热式电烙铁。

电烙铁的结构如图 7－13 所示。主要包括以下几个部分:

(1)发热元件,发热元件是电烙铁中的能量转换部分,俗称烙铁芯。它是将镍铬发热电阻丝缠在云母、陶瓷等耐热、绝缘材料上构成的。内热式与外热式主要区别在于外热式发热元件在传热体的外部,而内热式的发热元件在传热体的内部,也就是烙铁芯在内部发热。显然,内热式能量转换效率更高。因而，同样温度的烙铁内热式体积、重量都小于外热式。

(2)烙铁头，作为能量存储和传递的烙铁头，一般用紫铜制成。在使用中，因高温氧化和焊剂腐蚀会变得凸凹不平，须经常清理和修整。

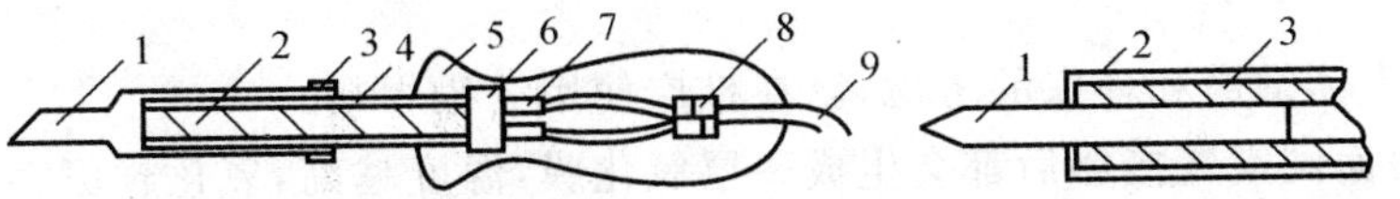

(a)　(b)

图 7-13　电烙铁的结构

(a)典型内热式电烙铁；(b)外热式电烙铁

1—熔铁头；2—烙铁芯；3—卡箍；4—金属外壳；5—手把；6—固定座；7—接线柱；8—线卡；9—软电线

1—烙铁头；2—金属外壳；3—烙铁芯

(3)手柄，一般用木料或胶木制成，设计不良的手柄，升温过高会影响操作。

(4)接线柱，这是发热元件同电源线的连接处。一船烙铁有 3 个接线柱，其中一个是接金属外壳的，接线时应用三芯线将外壳接保护零线。

2. 焊料和助焊剂

焊料是易熔金属，熔点应低于被焊金属。焊料熔化时，在被焊金属表面形成合金而与被焊金属连接到一起。焊料按成分分类，有锡铅焊料、银焊料、铜焊料等。在一般电子产品装配中，主要使用锡铅焊料，俗称为焊锡。

锡(Sn)是一种质软低熔点金属，熔点为 232℃。在高于 132℃时是银白色，低于 13.2℃时呈灰色，低于－40℃变成粉末。常温下锡的抗氧化性强，并且容易同多数金属形成金属化合物。纯锡质脆，机械性能差。

铅(Pb)是一种浅青白色软金属，熔点 327℃，塑性好，有较高抗氧化性和抗腐蚀性。铅属于对人体有害的重金属，在人体中能引起铅中毒。纯铅的机械性能也很差。

锡铅合金：锡与铅熔合成合金(即锡铅焊料)后，具有一系列锡和铅不具备的优点。

(1)低熔点，各种不同成分的锡铅合金熔点均低于锡和铅的熔点，有利于焊接。如图7-14所示展示了锡铅不同比例混合后所对应的熔点。

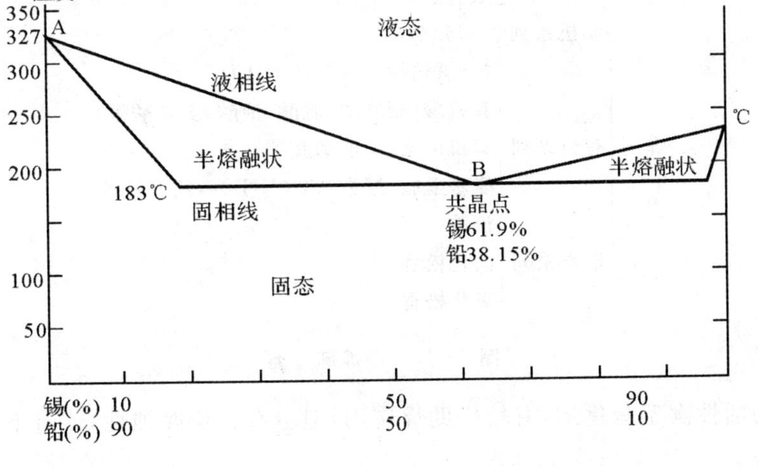

图 7-14　锡铅不同比例混合所对应的熔点

(2)机械强度高,合金的各种机械强度均优于纯锡和铅。

(3)表面张力小,黏度下降,增大了液态流动性,有利于焊接时形成可靠接头。

(4)抗氧化性好,铅具有的抗氧化性优点在合金中继续保持,使焊料在熔化时减少氧化量。

目前,出于人体健康和环保的考虑,已在推广使用无铅焊料。

由于金属表面同空气接触后都会生成一层氧化膜,温度越高,氧化越厉害。这层氧化膜阻止液态焊锡对金属的润湿作用,犹如玻璃上沾上油就会使水不能浸润一样。助焊剂就是用于清除氧化膜一种专用化学材料,它不像电弧焊中的焊药那样参与焊接的冶金过程,而仅仅起清除氧化膜的作用。不要试图用焊剂除掉焊件上各种污物。

(1)助焊剂的三大作用。

1)除去氧化膜。其实质是助焊剂中的氯化物、酸类同氧化物发生还原反应,从而除去氧化膜。反应后的生成物变成悬浮的渣,漂浮在焊料表面。

2)防止氧化。液态的焊锡及加热的焊件金属都容易与空气中的氧接触而氧化。助焊剂在熔化后,漂浮在焊料表面,形成隔离层,因而防止了焊接面的氧化。

3)减小表面张力,增加焊锡流动性,有助于焊锡浸润。

(2)对助焊剂的要求。

1)熔点应低于焊料。只有这样才能发挥助焊剂的作用。

2)表面张力、黏度、比重应小于焊料。

3)残渣应容易清除。焊剂都带有酸性,而且残渣影响外观。

4)不能腐蚀母材。焊剂酸性太强,在除去氧化层的同时,也会腐蚀金属,造成危害。

5)不产生有害气体和刺激性气味。

(3)助焊剂的分类及应用。

助焊剂分类如图 7-15 所示。无机焊剂活性最强,常温下即能除去金属表面的氧化膜。但这种强腐蚀作用很容易损伤金属及焊点,电子焊接中是不用的。这种焊剂用机油乳化后,制成一种膏状物质,俗称焊油。虽然活性很强,焊接后可用溶剂清洗。一般用于金属板等容易清洗的焊件,除非特别准许,一般电子焊接中不允许使用这类焊剂。

- 焊剂
  - 无机系列
    - 酸
      - 正磷酸(H_3PO_4)
      - 盐酸
      - 氟酸
    - 盐-氯化物($ZnCl_2$,NH_4Cl)
  - 有机系列
    - 有机酸(硬脂酸,乳酸,油酸,氨基酸等)
    - 有机卤素(盐酸苯胺等)
    - 氨基酰胺,尿素,$CO(NH_4)_2$,乙二胺等
  - 松香系列
    - 松香
    - 活化松香
    - 氧化松香

图 7-15 助焊剂分类

有机焊剂的活性次于氯化物,有较好助焊作用,但也有一定腐蚀性,残渣不易清理,且挥发物对操作者有害。

松香的主要成分是松香酸和松脂酸酐。在常温下几乎没有任何化学活力，呈中性而当加热到熔化时，表观为酸性。可与金属氧化膜发生化学反应，变成化合物而悬浮在液态焊锡表面，这也起到焊锡表面不被氧化的作用。同时还能降低液态焊锡表面张力，增加它的流动性。焊接完毕恢复常温后，松香又变成稳定的固体，无腐蚀，绝缘性强。经常使用松香溶于酒精制成的“松香水”。松香同酒精的比例一般以 1∶3 为宜，也可根据使用经验增减，但不宜过浓，否则使用时流动性能差。

在松香水中加入活化剂，如三乙醇胺，可增加它的活性。不过在一般手工焊中并非必要，只是在浸焊或波峰焊的情况下才使用。

注意：松香反复加热后会产生碳化(发黑)而失效，因此发黑的松香是不起作用的。现在出现一种新型焊剂——氢化松香，它由松脂中提炼而成。常温下性能比普通松香稳定，加热后酸价高于普通松香，因而具有更强的助焊作用。

7.3.3　手工焊接基本操作

1. 焊接操作姿势与卫生

焊剂加热挥发出的化学物质对人体是有害的，如果操作时鼻子距离烙铁头太近，则很容易将有害气体吸入。一般烙铁与鼻子的距离应至少不少于 20 cm，通常以 40 cm 为宜。

电烙铁握法有 3 种，如图 7-16 所示。反握法动作稳定，长时间操作不易疲劳，适于大功率烙铁的操作。正握法适于中等功率烙铁或带弯头电烙铁的操作。一般在操作台上焊印制板等焊件时，多采用握笔法。

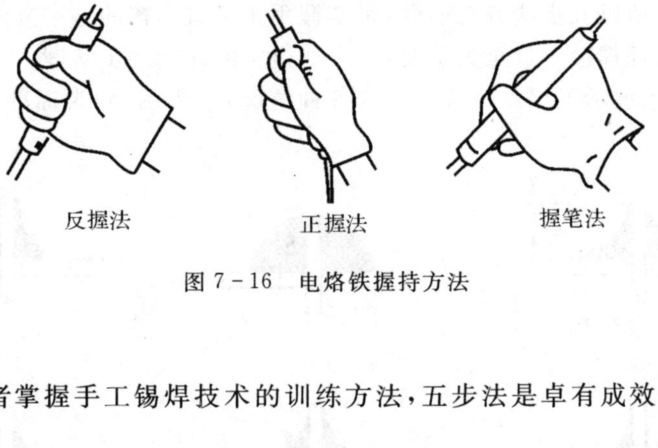

图 7-16　电烙铁握持方法

2. 五步训练法

作为一种初学者掌握手工锡焊技术的训练方法，五步法是卓有成效的。这里专门予以讨论。

不少电子爱好者中通行一种焊接操作法，即先用烙铁头沾上一些焊锡，然后将烙铁放到焊点上停留等待加热后焊锡润湿焊件。这种方法，不是正确的操作方法。虽然这样也可以将焊件焊起来，但却不能保证质量。从我们所了解的锡焊机理不难理解这一点。

当我们把焊锡熔化到烙铁头上时，焊锡丝中的焊剂附在焊料表面，由于烙铁头温度一般都在 250～350℃以上，当烙铁放到焊点上之前松香焊剂将不断挥发，而当烙铁放到焊点上时由于焊件温度低，加热还用一段时间，在此期间焊剂很可能挥发大半甚至完全挥发，因而在润湿过程中由于缺少焊剂而润湿不良。同时由于焊料和焊件温度差得多。结合层不容易形成，很难避免虚焊。还因为焊剂的保护作用丧失后焊料容易氧化，质量就得不到保证。正确的方法应该是五步法(见图 7-17)。

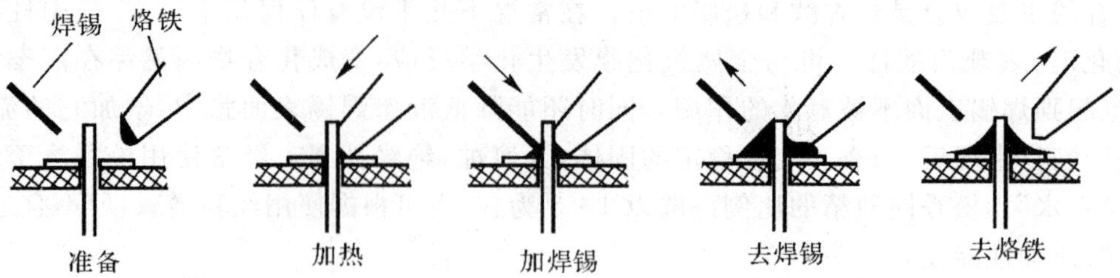

图 7-17　五步法

(1)准备施焊。准备好焊锡丝和烙铁，此时特别强调的是烙铁头部要保持干净，即可以沾上焊锡(俗称吃锡)。

(2)加热焊件。将烙铁接触焊接点，注意首先要保持烙铁加热焊件各部分，例如印制板上引线和焊盘都使之受热，其次要注意让烙铁头的扁平部分(较大部分)接触热容量较大的焊件，烙铁头的侧面或边缘部分接触热容量较小的焊件，以保持焊件均匀受热。

(3)熔化焊料。在焊件加热到能熔化焊锡的温度后将焊丝置于焊点，焊料开始熔化并润湿焊点。

(4)移开焊锡。在熔化一定量的焊锡后将焊锡丝移开。

(5)移开烙铁。在焊锡完全润湿焊点后移开烙铁，注意移开烙铁的方向应该是大致45°的方向。上述过程，对一般焊点大约2～3 s。对于热容量较小的焊点，例如印制电路板上的小焊盘，有时用三步法概括操作方法，即将上述步骤(2)，(3)合为一步，(4)，(5)合为一步。实际上细微区分还是五步，所以五步法有普遍性，是掌握手工烙铁焊接的基本方法。特别是各步骤之间停用的时间，对保证焊接质量至关重要，只有通过实践才能逐步掌握。

如图7-18所示展示了焊点经常出现的各种情况，其中图(a)为标准焊点，其他都是缺陷焊点。

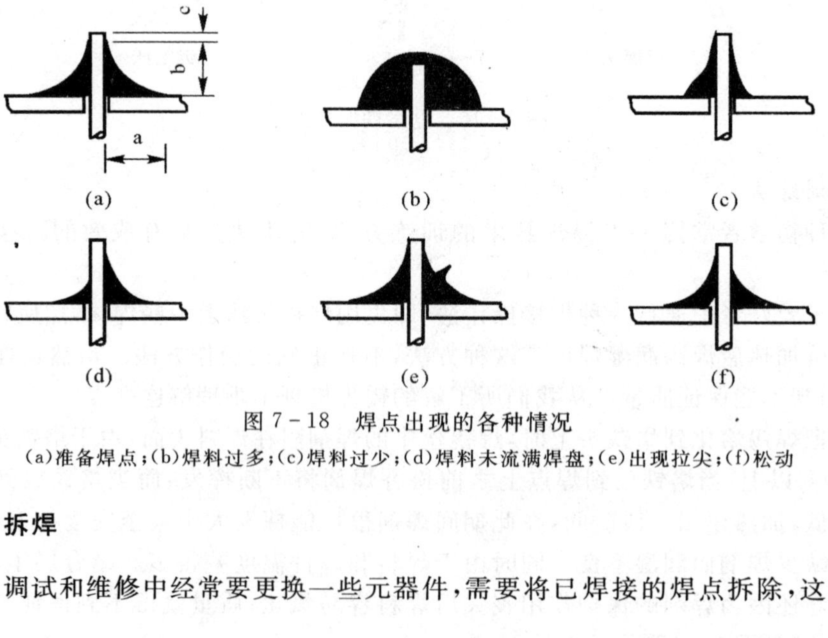

图 7-18　焊点出现的各种情况

(a)准备焊点；(b)焊料过多；(c)焊料过少；(d)焊料未流满焊盘；(e)出现拉尖；(f)松动

7.3.4　拆焊

在安装、调试和维修中经常要更换一些元器件，需要将已焊接的焊点拆除，这个过程就是拆焊。

1. 拆焊的原则

(1)拆焊时要尽量避免所拆卸的元器件因过热和机械损伤而失效。

(2)拆焊印制电路板上的元器件时要避免印制焊盘和印制导线因过热和机械损伤而剥离或断裂。

(3)拆焊过程中要避免电烙铁及其他工具烫伤或机械损伤周围其他元器件、导线等。

2. 拆焊的操作要求

(1)严格控制加热的温度与时间。

(2)拆焊时不要用力过猛。

(3)拆焊时不能用电烙铁去撬焊接点或晃动元器件引脚,这样容易造成焊盘的剥离和引脚的损伤。

3. 拆焊的方法

(1)剪断拆焊法。

(2)分点拆焊法。

(3)集中拆焊法。

(4)采用吸锡器或吸锡烙铁拆焊法。

(5)采用空针头拆焊法。

(6)采用吸锡材料拆焊法。

(7)间断加热拆焊法。

7.4　调试技术

电子产品装配好后,必须要对整个系统进行调试和检测,最终发现设计的缺陷和安装的错误,并改进与纠正。还需要调整电路的参数,确保产品的各项功能和性能指标均达到设计要求,只有完全符合设计标准的电子产品才能被允许投入市场。调试是保证电子产品生产质量及其重要的环节。调试工作包括调整和测试两个部分,调整主要是指对电路参数的调整,即对整机内可调元器件及与电气指标有关的调谐系统、机械传动部分进行调整,使之达到预定的性能要求;测试则是在调整的基础理论上,对整机的各项技术指标进行系统地测试,使电子产品各项技术指标符合规定的要求。

7.4.1　调试要点

(1)通电前的检查(调试准备),便于发现和纠正比较明显的安装错误。

(2)通电调试,包括通电观察、静态调试和动态调试。

(3)整机调试,包括外观检查、结构调试、通电检查、电源调试、整机统调、整机技术指标综合测试及例行试验等。

7.4.2　常用的调试与检测的仪表

1. 传统电子测量仪器仪表

(1)专用仪器:为专用产品而设计的。

(2)能产生各种信号的信号发生器。

(3)各种模拟/数字电表及万用表。

(4)示波器、波形分析仪、逻辑分析仪等信号波形分析仪器。

(5)频率计、相位计等测频率、时间、相位测试仪器。

(6)RLC、电桥、晶体管测试仪、集成电路测试仪等元器件测试仪。

(7)扫频仪、阻抗测量仪、网络分析仪、失真度测试仪等电路特性测试仪。

(8)各种放大器、滤波器、衰减器等辅助仪器。

2. 虚拟仪器

虚拟仪器是指仪器不具有传统仪器的电源、机壳、面板，而是通过计算机显示器及键盘、鼠标实现面板操作和显示功能的。对被测信号通过数据采集卡采集到存储设备，由专用的虚拟软件进行处理。充分利用计算机实现对测试数据的采集、存储和快速处理。

7.4.3 故障诊断技术

以下介绍几种常用的故障诊断方法：

7.4.3.1 观察法

通过看、听、摸、嗅等人体感觉来判断电子线路的故障。这种检测方法主要针对比较明显的故障。

1. 通过看发现故障所在

通过人的眼睛去观察是否有故障出现，包括以下一些情况：保险管、熔断电阻是否烧断；电阻器是否有烧坏变色、电解电容器是否有漏液和爆裂的现象。印制电路板的铜箔有无翘起，焊盘是否开裂而断路。机内线路板上是否有金属类导电物而导致元器件的引线间短路。机内的各种连接导线、排线有没有脱落、断线和过流烧毁的痕迹等；机内的传动零件是否有异位、断裂、磨损严重的现象。例如传动机构齿轮的齿牙是否有断裂、损坏，皮带是否太松，皮带轮的沟槽是否磨损等；机内印制板上的元器件引线之间、集成电路各引脚之间是否有短路，焊点是否有松动、脱焊等现象；塑封晶体管有无开裂、散热器安装有无松动；插头座接触是否良好、开关簧片有无变形；查看电池是否漏液、电池夹的弹簧有无生锈或接触不良的现象；对于显示器件，可观察其播放的图像是否正常，如无图像或图像变形、字符缺少笔画，显像管尾部有蓝光闪烁等。

2. 通过摸发现故障所在

通过人的手去触摸元器件是否温升过高或无温升等现象，从中发现问题的一种检测方法。但要注意安全，只有在确定电子产品的底板不带电的情况下才能采用此种方法。以下一些情况可能会出现故障：用手触摸一般集成电路塑封包装时，一般都没有温升或很低的温升；用手触摸大功率晶体管、功放集成电路和电源集成电路时有一定的温度，但手放在上面应以不烫手为正常；用手触摸电源变压器时仍还是冷冰冰的毫无温升或温升不明显，应考虑其负载是否有正常的耗能或存在故障；用手触摸电阻器、电容器时，其表面温度应能使手有所感觉，但不感到不适。

3. 通过听觉发现故障所在

通过耳朵去听电子产品的箱体内是否有异常的声音出现。当听到电子产品的内部有“劈啪”声音时，表明机内有打火现象；听到设备有失真情况产生时，表明功放电路或发音设备(喇叭)有故障；听到传动装置有碰撞、冲击及不规律的摩擦声出现，表明有机械故障。

4. 通过闻发现故障所在

通过用鼻子去闻电子产品在通电工作时，是否有不正常的气味散发出来，以此来判断故障的部位和性质。

7.4.3.2　测量法

用各种测量仪器或仪表对电路中的参数进行测量，判断与技术要求中的指标是否相符合。

1. 电阻检测法

利用万用表的电阻挡(欧姆挡)，测量所怀疑的元器件的阻值，或元器件的引线脚与共用地端之间的阻值，并与正常值进行比较，从中发现故障所在的检测方法。

(1)用电阻检测法检测元器件的好坏。用电阻检测法可检测电阻器、电容器、电感器、晶体三极管、变压器、传声器、开关件等的好坏。

①用电阻检测法可粗略地判断晶体管 β 值。

②用电阻检测法可以判断故障大概发生在哪一单元电路。

③用电阻检测法可粗略地判断集成电路的好坏。

(2)在线电阻的测量。在线电阻的检测是指元器件的引线脚仍在焊点上，没有脱开印制电路板时，用欧姆挡检测引线脚之间阻值大小的方法。用该方法可以大致判断元器件是否开路或短路。

(3)离线电阻值的测量。指将电路中元器件引线的一端或两端从电路板上拆焊下来，然后再对元器件进行测量的方法。此方法能比较准确地判断元器件的好坏。

2. 电压检测法

用万用表的电压档测量电路电压、元器件的工作电压并与正常值进行比较，以判断故障所在的检测方法。最常用的是直流电压检测法。

(1)直流电压的测量。通过直电压的测量：可判断各单元电路静态工作的情况；可确定整机工作电压是否正常；可判断电路所提供的偏置电压是否正常；可以判断集成电路本身及其外围电路是否工作正常；可判断电池的好坏；通过测量电路关键点的直流电压，可大致判断故障所在的围。如图 7－19 所示展示了用直流电压的测量集成电路的方法。

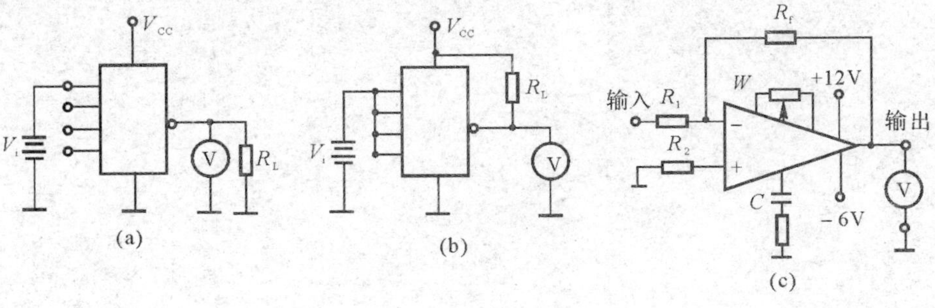

图 7－19　直流电压的测量集成电路

(2)交流电压的测量。交流电压的测量一般是对输入到电子产品中的市电电压的测量，以及经过变压器或开关电源输出的交流电压的测量。

3. 电流检测法

用万用表的电流档去检测电子电路的整机电流、单元电路的电流、某一回路的电流、晶体管的集电极电流以及集成电路的工作电流等，并与其正常值进行比较，从中发现故障所在的检测方法。检测电流时需要将万用表串入电路。

电流检测法比较适用于由于电流过大而出现烧坏保险管、烧坏晶体管，使晶体管发热、电阻器过热以及变压器过热等故障的检测。

4. 示波器/逻辑状态检测法

用示波器/逻辑分析仪测量出电路中关键点波形的形状、幅度、宽度及相位与维修资料给出的标准波形进行比较，从中发现故障所在。

应用示波器检测法的同时再与信号源配合使用，就可以进行跟踪测量，即按照信号的流程逐级跟踪测量信号，当前面测试点的信号正常，而后面测试信号不正常，说明故障就发生在前后两个测试点之间的电路中。

7.4.3.3 代替检测法

代替法就是用好的元器件去替代所怀疑的元器件的检测方法，如果故障被排除，表明所怀疑的元器件就为故障件。

代替法使用时必须有的放矢，决不能盲目地乱换元器件，如果频繁使用，则可能造成人为故障并使故障扩大化。

(1)如怀疑电容器、电阻器、电感有开路或失效及参数下降时，只要拿一只与原型号相同或相近的并在所怀疑的器件上一试，就能确定原器件是否失效。但对于短路故障的器件，此种方法无效果。

(2)如怀疑晶体管是击穿短路故障时，可采用代替法。

(3)如怀疑高频调谐器、偏转线圈、变压器、光电耦合器等元器件有故障时，可采用代替法。

(4)如怀疑某单元电路有故障时，也可用相同功能的电路进行代换。

第八章　电子系统设计题选

8.1　数字智力竞赛抢答器的设计

8.1.1　设计说明

比赛中为了准确、公正、直观地判断出第一抢答者，所设计的抢答器通常由数码显示、灯光、音响等多种手段指示出第一抢答者。同时还应设计记分、犯规和奖惩记录等多种功能。数字智力竞赛抢答器原理图如图 8－1 所示。

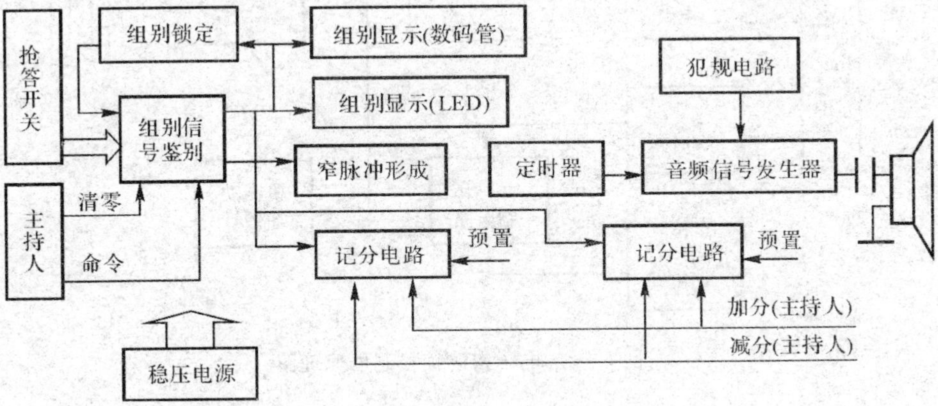

图 8－1　数字智力竞赛抢答器(自动记分)原理图

8.1.2　设计要求

1. 基本部分

(1)自制稳压电源。

(2)抢答器可供 4 组使用，组别键(信)号可以锁存。抢答指示用发光二极管(LED)。

(3)记分部分独立(不受组别信号控制)，至少用两位 2 组数码管指示，步进有 10 分、5 分两种选择，并且具有预置、递增、递减功能。

(4)要求性能可靠、操作简便。

2. 发挥部分

(1)增加抢答路数。

(2)数码管显示组别键(信)号。

(3)自动记分(受组别信号控制)。当主持人分别按步进得分键、递增键或递减键，能够将分值自动累计在某组记分器上)。

(4)超时报警。

(5)其他。

其他说明:一人独立完成基本部分(1)～(4),难度系数1.0。两人合作必须完成基本部分(1)～(4)和发挥部分(1)～(5),难度系数均为1.0。一人独立完成基本部分(1)～(4)和发挥部分(1)～(5),难度系数1.4。

8.2 电子密码锁的设计

8.2.1 设计说明

要求电子器件设计制作密码锁的控制电路,使之在输入正确的代码时,输出信号以启动执行机构动作,并且用红、绿LED指示关、开锁状态。电子密码锁控制器原理如图8-2所示。

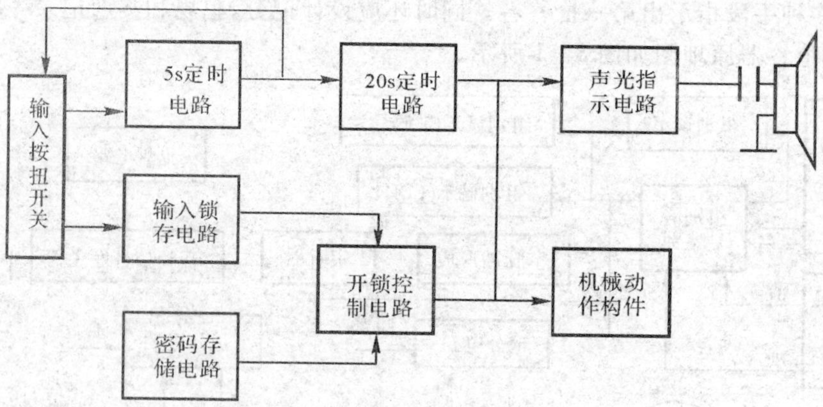

图8-2 电子密码锁控制器原理图

8.2.2 设计要求

1.基本部分

(1)自制稳压电源。

(2)密码锁控制器中存储一个4位代码,当开锁按扭开关(可设置6至8位,其中只有4位有效,其余2至4位为虚设)的输入代码等于存储代码时启动开锁控制电路,并且用绿灯亮、红灯灭表示开锁状态。

(3)从第一个按扭触动后的5 s内若未能将锁打开,则电路自动复位并由扬声器发出持续10～20 s的报警信号,同时用绿灯灭、红灯亮表示关锁状态。

(4)要求性能可靠、操作简便。

2.发挥部分

(1)密码锁控制器中存储的4位密码可以修改。

(2)开锁信号可以推动机械执行构件(如利用继电器使电磁铁吸拉物件)产生动作。

(3)其他。

其他说明:要求一人独立完成基本部分(1)～(4)和发挥部分(1)～(3),难度系数均为1.0。

8.3 可编程彩灯控制器的设计

8.3.1 设计说明

彩灯是由发光二极管(LED)构成的 8×8 或 16×16 矩阵板，当行、列有效时，其交叉点的 LED 被点亮，当多个 LED 被点亮时即可形成一定的图案或字符。改变点亮方式将产生不同的效果。举例 8×8 矩阵板显示“中”字图样以及对应的行译码器输出和列存储器存储代码表。彩灯控制器原理图如图 8-3 所示。

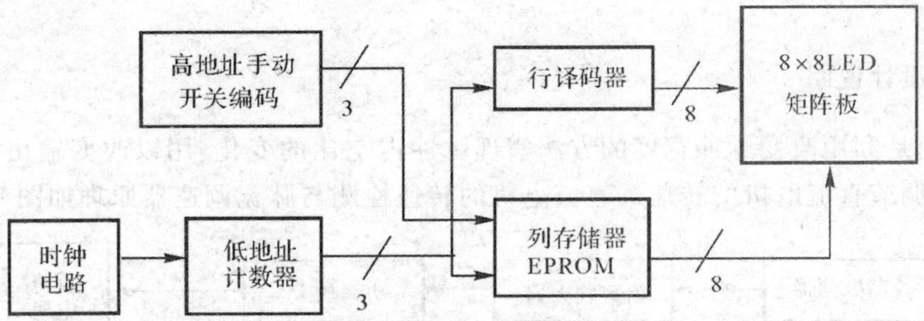

图 8-3 彩灯控制器原理图

高位地址	低位地址	行译码输出	列存储器存储的代码
$A_9 \sim A_3$	$A_2\,A_1\,A_0$	$Y_0\,Y_1\,Y_2\,Y_3\,Y_4\,Y_5\,Y_6\,Y_7$	$D_7\,D_6\,D_5\,D_4\,D_3\,D_2\,D_1\,D_0$
全 0	0 0 0	1 0 0 0 0 0 0 0	0 0 0 1 0 0 0 0
全 0	0 0 1	0 1 0 0 0 0 0 0	0 0 0 1 0 0 0 0
全 0	0 1 0	0 0 1 0 0 0 0 0	1 1 1 1 1 1 1 0
全 0	0 1 1	0 0 0 1 0 0 0 0	1 0 0 1 0 0 1 0
全 0	1 0 0	0 0 0 0 1 0 0 0	1 0 0 1 0 0 1 0
全 0	1 0 1	0 0 0 0 0 1 0 0	1 1 1 1 1 1 1 0
全 0	1 1 0	0 0 0 0 0 0 1 0	0 0 0 1 0 0 0 0
全 0	1 1 1	0 0 0 1 0 0 0 1	0 0 0 1 0 0 0 0

8.3.2 设计要求

1. 基本部分

(1)自备稳压电源。

(2)用 LED 设计安装一块 8×8 矩阵板及其驱动电路。

(3)用 EPROM 存储器存放待显示的字符，字符数量不少于 8 个，比如显示“徐”“州”“师”“范”“大”“学”“物”“理”“系”。

(4)字符替换用手动开关编码控制。

2. 发挥部分

(1)字符替换形式多样。

(2)提高显示字符的数量。

其他说明:要求一人独立完成基本部分(1)～(4),难度系数均为1.0。一人独立完成基本部分(1)～(4)和发挥部分(1),难度系数均为1.2。

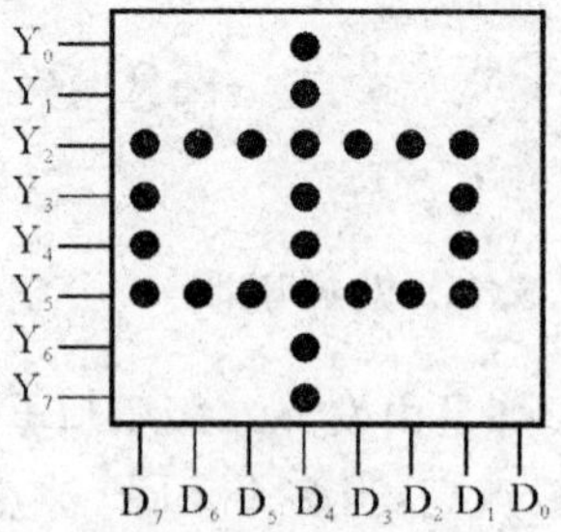

8.4 直流电机的转速检测与脉宽调速器的设计

8.4.1 设计说明

脉宽调速是利用改变脉冲宽度的方法实现脉冲占空比的变化,用以改变输出直流电压的平均值,达到调节直流电机的转速。直流电机的转速检测与脉宽调速器原理如图8-4所示。

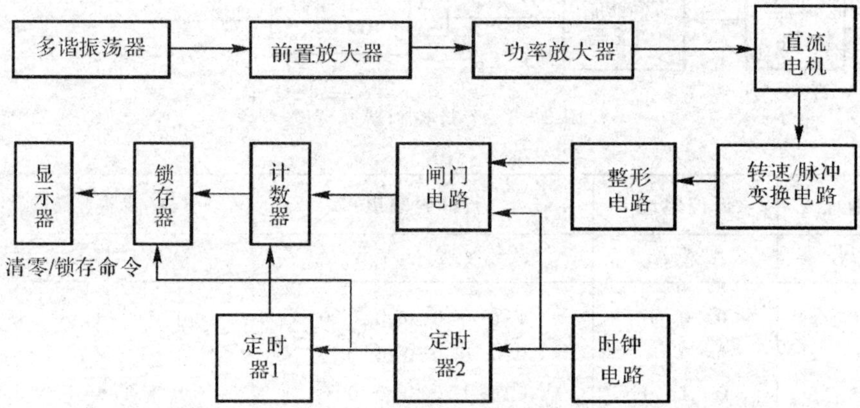

图8-4 直流电机的转速检测与脉宽调速器原理图

8.4.2 设计要求

1. 基本部分

(1)设计一个多谐振荡器,频率调节范围为3～5 kHz,占空比调节范围为30%～70%。

(2)选用额定电压不超过12 V,额定电流不超过0.5 A的玩具直流电机作实验,根据电机的实际参数设计功率放大器,使之推动直流电机工作。

(3)设计直流电机的转速检测电路,该电路可用光电转换方法实现。

(4)设计转速显示电路,用2位数码管显示直流电机每秒钟所转的圈数。

2. 发挥部分

(1)用4位数码管显示直流电机每分钟所转的圈数。

(2)直流电机的圈数/分可以预置,通过负反馈自动调节多谐振荡器的脉宽使实际转速稳定在预置的转速(圈数/秒或圈数/分)。

(3)其他。

其他说明:要求两人独立完成基本部分(1)～(4),难度系数均为1.0;完成发挥部分(2)、(3),难度系数均为1.2。

8.5　数字式电容测量仪的设计

8.5.1　设计说明

框图中的外接电容是定时电路中的一部分。当外接电容的容量不同时,与定时电路所对应的时间也有所不同,即 $C=f(t)$,而时间与脉冲数目成正比,脉冲数目可以通过计数译码获得。电容测量仪原理图如图8-5所示。

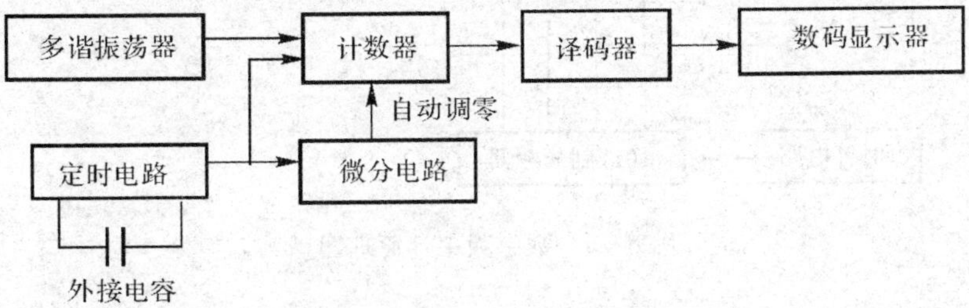

图8-5　电容测量仪原理图

8.5.2　设计要求

1. 基本部分

(1)自制稳压电源。

(2)被测电容的容量在0.01～100 μF范围内。

(3)设计两个的测量量程。

(4)用3为数码管显示测量结果,测量误差小于20%。

2. 发挥部分

(1)至少设计两个以上的测量量程,使被测电容的容量扩大到100 pF～100 μF范围内。

(2)测量误差小于10%。

(3)其他。

其他说明:要求一人独立完成基本部分(1)～(4),难度系数均为0.9;一人完成基本部分(1)～(4)和发挥部分(1)～(3),难度系数均为1.1。

8.6　数字频率计的设计

8.6.1　设计说明

数字频率计用于测量正弦信号、矩形信号等波形的频率,其概念是单位时间里的脉冲个数，如果用一个定时时间 T 控制一个闸门电路，时间 T 内闸门打开，让被测信号通过而进入计数译码，可得到被测信号的频率 $f_x = \frac{N}{T}$，若 $T = 1$ s，则 $f_x = N$。数字频率计原理图如图 8-6 所示。

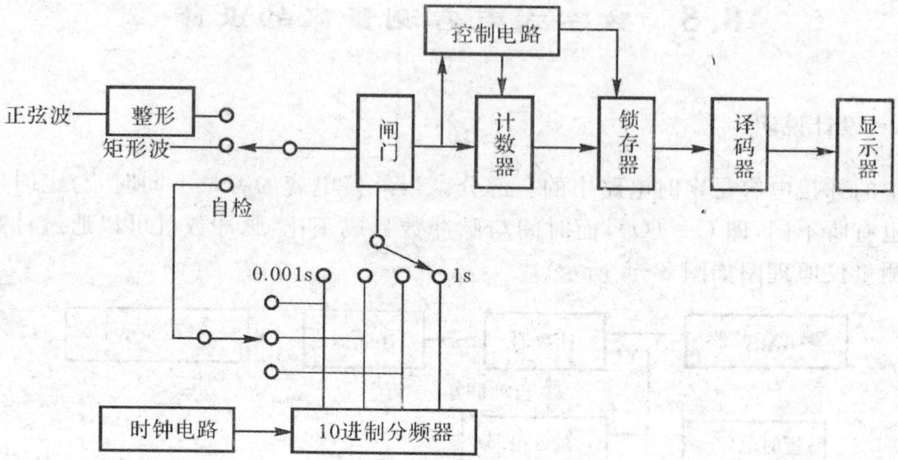

图 8-6　数字频率计原理图

8.6.2　设计要求

1. 基本部分

(1)被测信号的频率范围为 1 Hz～100 kHz，分成两个频段，即 1 Hz～999 Hz，1～100 kHz。

(2)具有自检功能，即用仪器内部的标准脉冲校准测量精度。

(3)用 3 为数码管显示测量数据，测量误差小于 10%。

2. 发挥部分

(1)用发光二极管表示单位，当绿灯亮时表示 Hz，红灯亮时表示 kHz。

(2)具有超量程报警功能，在超出当前量程挡的测量范围时，发出灯光和音响信号。

(3)测量误差小于 5%。

其他说明：要求两人完成基本部分(1)～(3)和发挥部分(1)～(3)，难度系数均为 1.1。

8.7　乒乓球比赛模拟机的设计

8.7.1　设计说明

乒乓球比赛是由甲乙双方参赛，加上裁判的 3 人游戏(也可以不用裁判)，乒乓球比赛模拟机是用发光二极管(LED)模拟乒乓球运动轨迹的电子游戏机。乒乓球比赛模拟机原理如图8-7 所示。

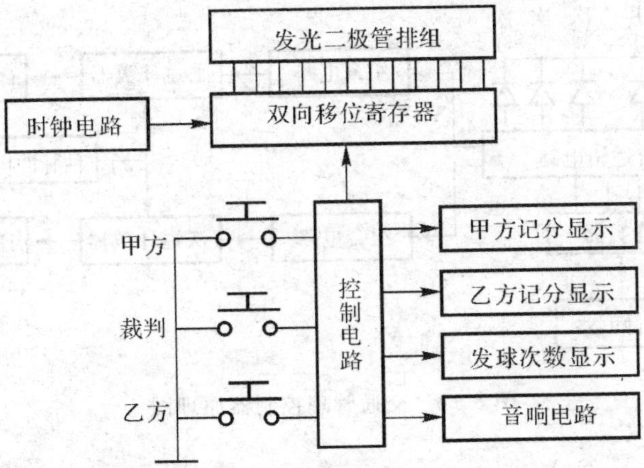

图 8-7　乒乓球比赛模拟机原理图

8.7.2　设计要求

1. 基本部分

(1)至少用 8 个 LED 排成直线，以中点为界，两边各代表参赛双方的位置，其中一个点亮的 LED(乒乓球)依次从左到右，或从右到左移动，“球”的移动速度能由时钟电路调节。

(2)当球(被点亮的那只 LED)移动到某方的最后一位时，参赛者应该果断按下自己的按扭使“球”转向，即表示启动球拍击中，若行动迟缓或超前，表示未击中或违规，则对方得一分。

(3)设计自动记分电路，甲乙双方各用一位数码管显示得分，每记满 9 分为一局。

2. 发挥部分

(1)甲乙双方各设一个发光二极管表示拥有发球权，每得 5 分自动交换发球权，拥有发球权的一方发球才能有效。

(2)发球次数能由一位数码管显示。

(3)一方得分，电路自动响铃 3 s，此期间发球无效，等铃声停止后方可比赛。

(4)其他。

其他说明：要求一人完成基本部分(1)～(3)，难度系数均为 1.0；二人同时发挥部分(1)～(4)，难度系数均为 1.0。

8.8　十字路口交通管理控制器的设计

8.8.1　任务说明

在主、支道路的十字路口分别设置 3 色灯控制器，红灯亮禁止通行，绿灯亮允许通行，黄灯亮要求压线车辆快速穿越。根据车流状况不同，可调整 3 色灯点亮或关闭时间。交通管理控制器原理图如图 8-8 所示。

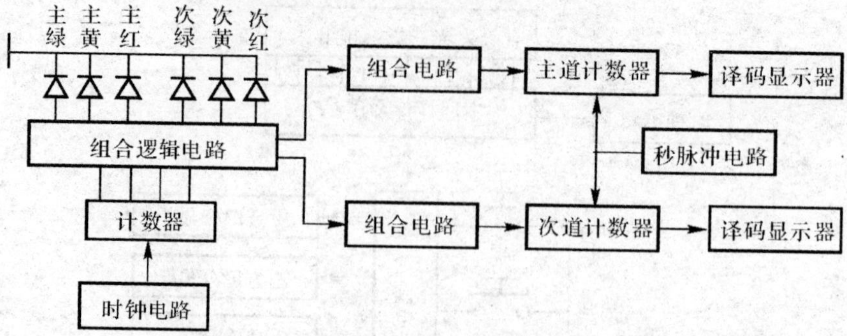

图 8-8　交通管理控制器原理图

8.8.2　设计要求

1. 基本部分

(1)自制稳压电源。

(2)主道路绿、黄、红灯亮的时间分别为 60 s,5 s,25 s。

次道路绿、黄、红灯亮的时间分别为 20 s,5 s,65 s。

(3)主、次道路时间指示采用倒计时制,用 2 位数码管显示。

时序关系应该符合如下要求:

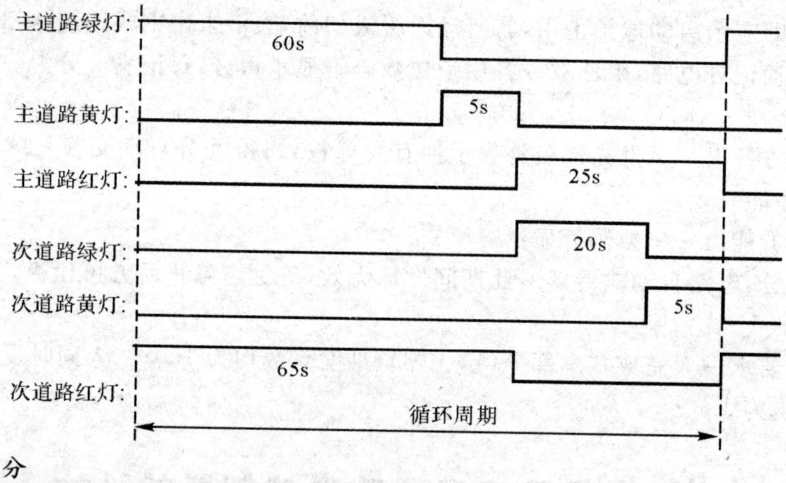

2. 发挥部分

(1)主、次道路绿、黄、红灯亮的时间可以预置。

(2)主、次道路绿、黄、红灯亮的时间可以分别调整。

(3)其他。

其他说明:要求两人完成基本部分(1)~(3)和发挥部分(1)~(4),难度系数均为 1.0。

8.9 洗衣机控制器的设计

8.9.1 设计说明

洗涤常规模式洗衣机控制器原理如图 8-9 所示。

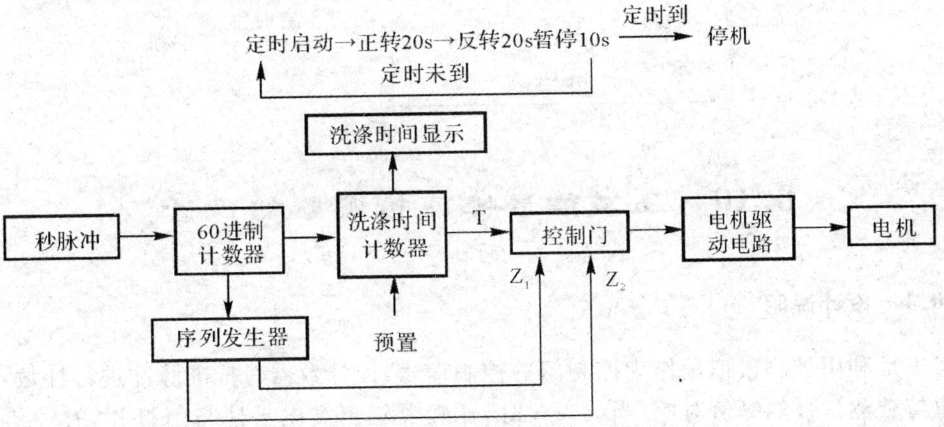

图 8-9 洗衣机控制器原理图

8.9.2 设计要求

1. 基本部分

(1)设电机用 J_1,J_2 两个继电器控制,参考驱动电路如图 8-10 所示。洗涤时间在 20 min 内由用户自行设定。

Z_1	Z_2	J_1	J_2	电机
0	0	不动	不动	停止
0	1	不动	动作	停止
1	0	动作	不动	反转
1	1	动作	动作	正转

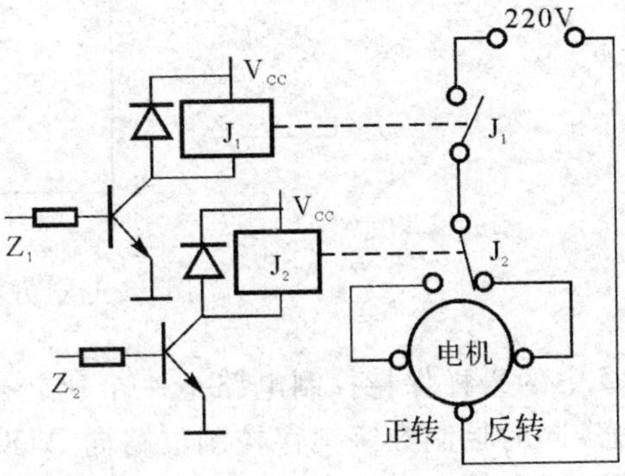

图 8-10 参考驱动电路

(2)用两位数码管显示洗涤的预置时间(以分钟为单位),按倒计时方式对洗涤过程作计时显示,直到时间到而停机。

(3)当定时时间达到终点时,一方面使电机停机,同时发出音响信号提醒用户注意。

2.发挥部分

(1)电机驱动电路采用无触点的双向可控硅，电流和耐压不低于 1A/400 V。

(2)增加洗涤轻柔模式。

其他说明：

要求一人完成基本部分(1)～(3)难度系数为 1.0，同时完成发挥部分(1)～(2)难度系数为 1.1。

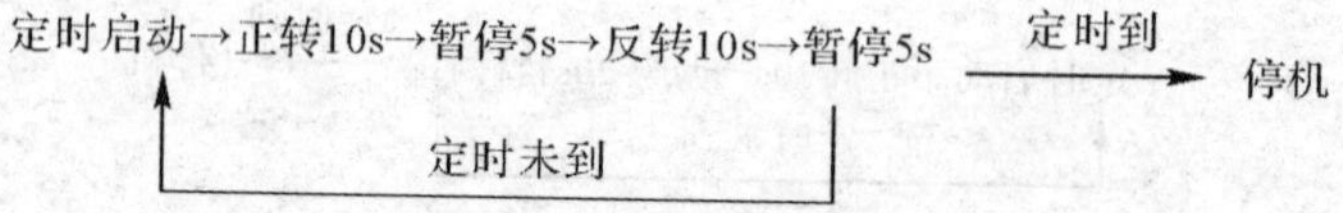

8.10 压力信号峰值检测器的设计

8.10.1 设计说明

方案 1 是利用被测模拟量作为控制门的控制信号，使计数器对标准脉冲进行计数，计数器的当前值与被测信号的峰值对应，当 $v_i > v_o$ 时，比较器输出高电平使与门打开，时钟信号进入计数器计数；当 $v_i < v_o$ 时，比较器输出低电平使与门关闭，计数器停止计数。可见只要当前计数器保持的数字量不是最大值，计数器就会继续计数，直到计数器保持的状态与 v_i 的最大值相等为止，由此实现信号峰值检测。方案 1 原理图如图 8-11 所示。

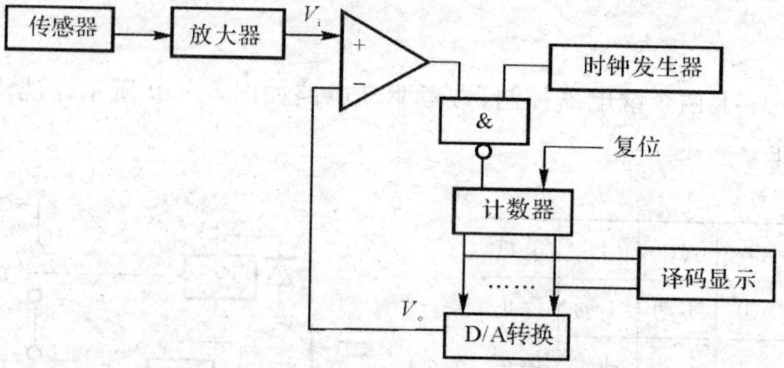

图 8-11　方案 1 原理图

方案 2 中的采样保持控制电路是一个比较器，当 $V_+ > V_-$ 时，$V_o = 1$，控制采样保持器处于采样状态，同时控制数字锁存控制电路向 ADC 发出锁存信号。当 $V_+ < V_-$ 时，$V_o = 0$，并控制采样保持器处于保持状态，同时控制数字锁存控制电路向 ADC 发出保持信号，保持输入信号(v_i)曾经出现的最大值。最后经译码显示，实现信号峰值检测。方案 2 原理图如图 8-12 所示。

8.10.2 设计要求

1.基本部分

(1)测量结果用 4 位数字显示，显示范围为 0 000～1 999 kg。

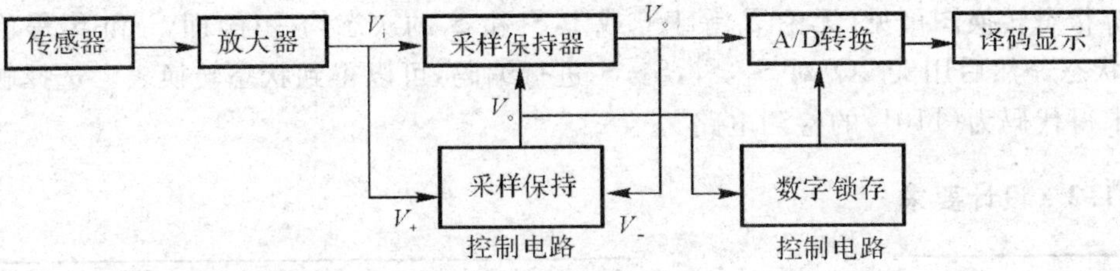

图 8-12　方案 2 原理图

(2)传感器输出在实验时用 0～5 mV 的信号源模拟传感器。

(3)要求检测仪能稳定的保持输入信号的峰值。

2. 发挥部分

自制压力(或拉力)传感器。

其他说明：

一人完成基本部分(1)～(3)，难度系数为 1.1；两人完成基本部分和发挥部分，难度系数为 1.0。

8.11　声控电子锁的设计

8.11.1　设计说明

声控电子锁是利用掌声的节奏开锁的，代码检测电路是系统的主要部分。

电子锁原理图如图 8-13 所示。

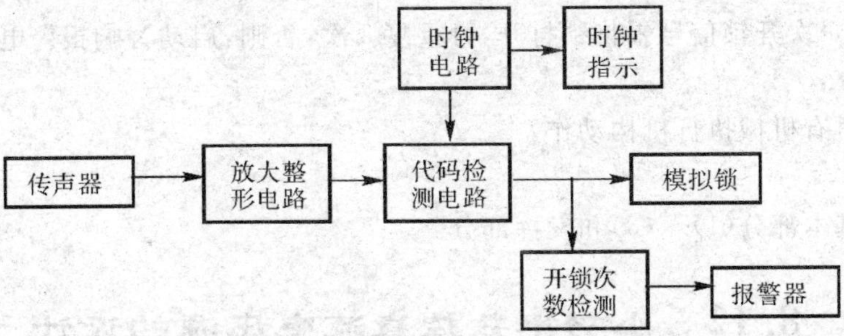

图 8-13　电子锁原理图

假设掌声的节奏产生的序列脉冲为 011101100，当中包括了开锁代码 1101(代码可由用户另行设定)时，代码检测电路输出开锁信号。因此，代码检测电路实为“1101 序列检测器”。在此提供设计要点。设 X 为输入，Y 为输出，S 为状态，则状态表和状态转换图为：

序列数：	1	2	3	4	5	6	7	8	9
输入 X：	0	1	1	1	0	1	1	0	0
输出 Y：	0	0	0	0	0	1	0	0	0
状态 S：	S_0	S_1	S_2	S_2	S_3	S_4	S_2	S_3	S_0

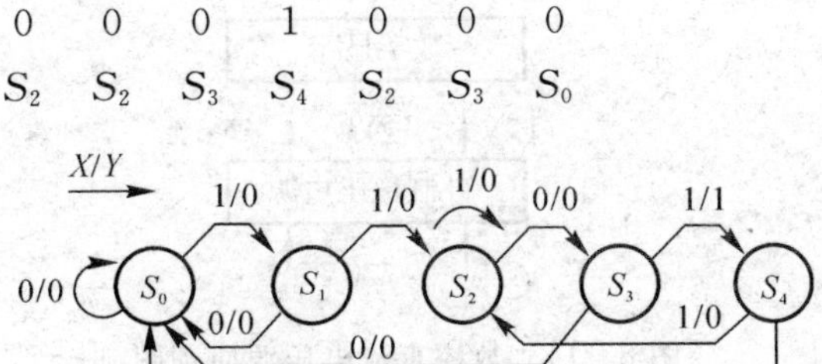

分析状态转换图可见,无论 X 等于0或1,S_1 和 S_4 的次态均一样,即 S_1 和 S_4 等价,所以可省去 S_4 状态。然后用 Q_1,Q_0 对 S_0,S_1,S_2,S_3 进行编码,可以得到状态转换表。选择触发器,由状态表求得代码为(1101)的检测电路。

8.11.2 设计要求

S	Q_1 Q_0
S_0	0 0
S_1	0 1
S_2	1 0
S_3	1 1

Q \ X	0	1
$Q_1^n Q_0^n$	$Q_1^{n+1} Q_0^{n+1} Y$	$Q_1^{n+1} Q_0^{n+1} Y$
0 0	0 0 0	0 1 0
0 1	0 0 0	1 0 0
1 0	1 1 0	1 0 0
1 1	0 0 0	0 1 1

1.基本部分

(1)设计一个由掌声的节奏(序列脉冲)控制的电子锁,序列脉冲由4位0,1代码构成(代码可自行设定)。当掌声产生的序列脉冲包含有自行设定的代码,使电路输出一个高电平(也可以是低电平有效),推动执行机构动作把锁打开。执行机构可由两个 *LED* 模拟,用绿灯亮、红灯灭表示开锁,用绿灯灭、红灯亮表示关锁。

(2)掌声速度应与电路的时钟一致(例如1次/s),电路中设一个 *LED* 指示时钟脉冲变化。

(3)若输入1次开锁信号未将锁打开,可重复3次,否则,启动音响报警电路并自锁。

2.发挥部分:

当锁打开时有机械执行机构动作。

其他说明:

一人完成基本部分(1)~(3)和发挥部分。

8.12 小功率数控直流电压源的设计

8.12.1 设计说明

设计出有一定输出电压范围和功能的数控电源,其原理示意图如图8-14所示。

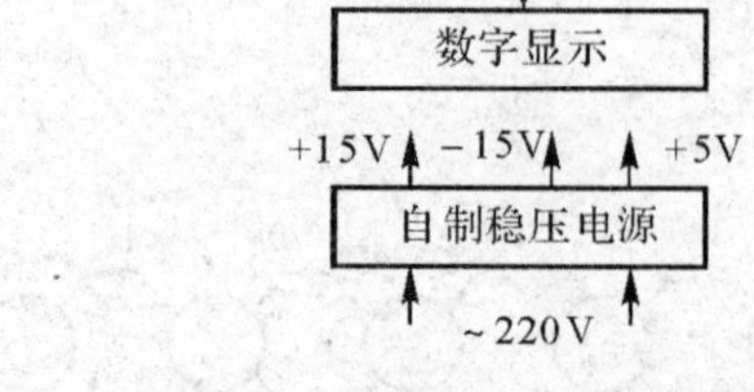

图8-14 数控直流电压源原理图

8.12.2　设计要求

1. 基本要求

(1)输出电压：范围 0～9.9 V，步进 0.1 V，纹波不大于 10 mV。

(2)输出电流：500 mA。

(3)输出电压值由数码管显示。

(4)由“＋”、“－”两键分别控制输出电压步进增减。

(5)自制一稳压直流电源，输出±15 V，＋5 V。

2. 发挥部分

(1)输出电压可预置在 0～9.9 V 之间的任意一个值。

(2)用自动扫描代替人工按键，实现输出电压变化(步进 0.1 V 不变)。

(3)扩展输出电压种类(比如三角波等)。

其他说明：

二人完成基本部分(1)～(4)，难度系数为 1.2；二人完成基本部分(1)～(4)和发挥部分(1)(2)，难度系数为 1.3。

参考文献

[1] 张国良,敬斌,刘延飞.自主移动机器人设计与制作[M].西安:西安交通大学出版社,2008.

[2] 郭锁利,刘延飞,李琪,等.基于 Multisim 9 的电子系统设计、仿真与综合应用[M].北京:人民邮电出版社,2008.

[3] 韩力,等. Electronics Workbench 应用教程[M].北京:电子工业出版社,2002.

[4] 张辉,等.通信原理[M]。西安:西安电子科技大学出版社,2002.

[5] 周良权.电子技术基础[M].北京:科学技术文献出版社,1999.

[6] 王延才.电工电子技术 EDA 技术仿真实验[M].北京:机械工业出版社,2003.

[7] 周政新.电子设计自动化实践与训练[M].北京:中国民航出版社,1998.

[8] 朱力恒.电子技术仿真实验教程[M].北京:电子工业出版社,2003.

[9] 杨元挺.电子技术技能训练[M].北京:高等教育出版社,2002.

[10] 郭兵.电子设计自动化(EDA)技术及应用[M].北京:机械工业出版社,2003.

[11] 路而红.虚拟电子实验室——Electronics Workbench[M].北京:人民邮电出版社,2001.

[12] 阎石.数字电子技术基础[M].北京:高等教育出版社,1998.

[13] 郭勇.EDA 技术基础[M].北京:机械工业出版社,2001.

[14] 米德.超大规模集成电路系统导论[M].北京:科学出版社,1986.

[15] 全国大学生电子设计竞赛组委会.全国大学生电子设计竞赛获奖作品选编[M].北京:北京理工大学出版社,2001.

[16] 黄正瑾.电子设计竞赛赛题解析[M].南京:东南大学出版社,2003.